U0266586

国家自然科学基金重点项目(51934008)
国家自然科学基金创新研究群体项目(52121003)

放煤规律与智能放煤

Top Coal Drawing Mechanism and Intelligent Drawing

王家臣　魏炜杰　张国英　李良晖　著

科学出版社

北　京

内 容 简 介

本书针对放顶煤开采的顶煤放出规律和基于煤岩图像识别的智能放煤技术进行系统阐述。内容包括放顶煤开采科技进展、BBR 体系、顶煤放出体理论方程及形态特征、煤岩分界面理论方程及形态特征、顶煤物理性质对放煤规律的影响、综放支架对放煤规律的影响、不同煤层条件下的放煤规律、图像识别智能放煤技术以及智能放煤技术现场应用等。

本书是一本专注放煤规律研究的著作,也是一本系统介绍图像识别智能放煤原理和技术的著作,可作为高等院校采矿工程及相关专业的教学参考书,也可供煤矿开采、煤矿机电、智能控制等领域的教师、研究人员、工程技术人员、设计人员阅读参考。

图书在版编目(CIP)数据

放煤规律与智能放煤=Top Coal Drawing Mechanism and Intelligent Drawing / 王家臣等著. —北京:科学出版社,2022.6

ISBN 978-7-03-072328-4

Ⅰ. ①放… Ⅱ. ①王… Ⅲ. ①放顶煤开采 Ⅳ. ①TD823.4

中国版本图书馆CIP数据核字(2022)第086768号

责任编辑:李 雪 李亚佩 / 责任校对:王萌萌
责任印制:师艳茹 / 封面设计:无极书装

科学出版社 出版

北京东黄城根北街 16 号
邮政编码:100717
http://www.sciencep.com

北京九天鸿程印刷有限责任公司 印刷
科学出版社发行 各地新华书店经销

*

2022 年 6 月第 一 版 开本:720×1000 1/16
2022 年 6 月第一次印刷 印张:19 1/4
字数:388 000

定价:268.00 元
(如有印装质量问题,我社负责调换)

前　言

　　放煤工艺是放顶煤开采独有的工艺环节，也是放顶煤开采区别于综采的根本标志。研究放煤规律的目的就是指导确定放煤工艺和参数，以提高顶煤回收率、降低含矸率。作者及研究团队近 30 年来持续地进行放煤规律研究，主要成果有 2002 年提出的顶煤放出散体介质流理论以及 2015 年建立的 BBR 体系等。近年来在已有研究成果的基础上，综合考虑煤层条件、支架影响、顶煤块度分布等方面，对顶煤放出体、煤岩分界面、提高顶煤回收率的放煤工艺等进行了深入研究，其研究成果构成了本书的主体内容。2018 年出版的《放顶煤开采基础理论与应用》一书对放煤规律进行了一般性描述，本书个别内容概述了部分原有成果以作为过渡，使本书内容更加完整，增加了本书可读性，特此说明。

　　智能放煤是应用放顶煤开采技术时亟须攻克的关键技术。作者自 2009 年申请并获得第一个基于图像识别的自动化放煤发明专利以来(煤矸识别与自动化放煤控制系统，专利号：ZL200910152006.X)，持续开展智能放煤理论与实验研究工作，近两年取得了突破性进展，从理论研究走向了现场应用，这得益于张国英教授在计算机图像识别方面做出的突出贡献以及潘卫东副教授和杨胜利教授在工程实践方面的强力推进、杨克虎教授研发的顶煤运移时间测量系统、李良晖博士开展的大量实验和现场测试工作。本书还得到了李杨副教授、张锦旺副教授、王兆会副教授、宋正阳副教授以及研究团队其他成员的支持和帮助，在此一并表示感谢。同时要感谢淮北矿业(集团)有限责任公司、开滦(集团)有限责任公司在智能放煤技术工程实践方面给予的大力支持。

　　本书的智能放煤仅介绍基于图像识别的智能放煤技术，并不涉及诸如红外、声波、振动等其他技术路线的智能放煤技术，这也是作者经过十余年的研究和探索，最终确定的智能放煤技术开发的技术路线。

　　本书由王家臣规划、设计和统稿，其中第 1 章、2.1 节、2.5 节、5.2 节由王家臣撰写；2.2 节、2.3 节、2.4 节、第 3 章、第 4 章、5.3 节、5.4 节由魏炜杰撰写；6.1.2 节、6.1.3 节、6.2.2 节由张国英撰写；6.1.1 节、6.1.4 节由李良晖撰写；5.1节、6.2.1 节由杨胜利撰写；6.3 节由潘卫东撰写；6.4 节由张国英和潘卫东撰写。

　　2022 年是我国引进和创新发展放顶煤开采技术 40 周年，作者作为一直从事放顶煤开采技术研究的高校教师，积极倡导和开展符合工程实际的理论研究，推动多种条件下的工程实践，参与和见证了我国放顶煤开采技术的快速发展和重大创新。作者出于对放顶煤开采技术的深厚情怀，在我国创新发展放顶煤开采技术

40 周年之际，特出版本书以作纪念。

　　本书内容研究和出版过程中，得到了国家自然科学基金重点项目"深埋弱胶结薄基岩厚煤层开采岩层运动与控制研究"（批准号 51934008）、国家自然科学基金创新研究群体项目"煤炭资源绿色智能安全开采"（批准号 52121003）、国家自然科学基金青年科学基金项目"基于差异照度的综放开采煤矸混合度精准识别研究"（批准号 51904305）和"浅埋综放覆岩非连续大变形条件下顶煤破碎机理与冒放性控制研究"（批准号 51904304）的支持，在此特做说明和感谢。

　　由于研究条件和作者水平有限，书中难免有不足之处，相关理论研究和工程实践还需要持续推进，敬请读者给予指导和批评指正。

中国矿业大学（北京）

放顶煤开采煤炭行业工程研究中心

王家臣

2022 年 2 月 7 日

目　　录

1 绪 论

1.1 放顶煤开采科技进展

1.1.1 放顶煤开采科技成果

放顶煤开采技术是开采厚煤层的有效方法，实现了厚煤层一次采全高开采，是开采厚煤层的一项革命性技术，解决了厚煤层分层开采时上分层遗留煤柱导致的应力集中、采空区易发火、下分层巷道支护困难、首采分层瓦斯相对涌出量大、产量低、成本高等难题。我国从 1982 年开始研究正规长壁工作面综合机械化放顶煤开采技术，40 年来取得了巨大成功和重大科技创新，放顶煤开采技术已经成为我国开采厚煤层的主要方法，也是我国在世界煤炭开采行业的标志性技术。1964 年法国首先在中南部煤田的布朗齐煤矿试验成功了综合机械化放顶煤开采技术，之后在苏联、南斯拉夫、罗马尼亚、匈牙利等地得到了推广应用。当时放顶煤开采技术主要用于边角煤和煤柱开采，并不作为正规采煤法进行应用，最高月产只有 4.96 万 t(法国的布朗齐煤矿)。我国从 1982 年开始试验放顶煤开采技术，1984 年第一个缓倾斜特厚煤层综合机械化放顶煤开采工艺与装备在沈阳蒲河煤矿进行井下工业试验，由于支架设计不合理和采空区发火，工业试验未成功。1985~1986 年，在甘肃窑街矿务局二矿进行了急倾斜特厚煤层水平分段综合机械化放顶煤开采工业试验，取得成功[1]。1990 年以后，我国的放顶煤开采技术进入了创新发展的快车道，在适用的煤层条件、支架与配套装备、开采工艺、岩层控制技术、理论研究等方面取得了重大创新，使放顶煤开采技术获得了突破性进展并大范围应用，取得了举世瞩目的成绩。可以说，综合机械化放顶煤开采技术原理起步于欧洲，但是放顶煤开采技术的发展和创新，真正发挥这项技术的优势，以及开展大规模工程实践和应用是由我国实现的。

我国开始试验放顶煤开采技术的早期，由于资金紧张、认识不足以及技术水平欠缺等，一些煤矿企业试验和应用了单体支柱炮采放顶煤开采技术、普采放顶煤开采技术、悬移支架放顶煤开采技术、轻型综采支架放顶煤开采技术等，由于上述放顶煤开采技术的支架阻力偏低，对采场围岩控制效果不好，影响了工作面正常采放循环，使放顶煤开采技术的优势并未得到充分发挥，工作面产量较低。近 20 年来，各煤矿企业广泛采用综合机械化放顶煤开采技术，而且支架趋于重型化、大型化，支架额定工作阻力逐渐增大。目前放顶煤支架最大采高达 7m，支架额定工作阻力最大达 21000kN。支架的架型也从早期的四柱式发展到四柱式与两柱式并存。走向长壁放顶煤开采的煤层厚度最大可达20m,煤层倾角最大可达60°,工作面的采高从2m到7m,工作面产量最大可达1500万t/a。对于煤层厚度大于20m的急倾斜煤层,开发了水平分段放顶煤开采技术,工作面产量可达400万t/a。应用放顶煤开采技术的开采深度为100~1000m,煤层单轴抗压强度可达35MPa,放顶煤开采技术在我国展现出了巨大的优势和广泛的适用范围。2004年我国放顶煤开采技术和装备输出到澳大利亚,2006年在澳斯达煤矿投入应用,建起了澳大利亚第一个放顶煤工作面。除澳大利亚外,印度、土耳其、俄罗斯等国也有个别煤矿在应用放顶煤开采技术,并进行了一些基础研究[2-4]。关于放顶煤开采技术的发展历程在《放顶煤开采基础理论与应用》一书中有详细介绍[5]。

我国放顶煤开采技术的创新发展离不开科技支撑,2000年以来,全国共获得与放顶煤开采相关的国家科学技术进步奖7项,其中一等奖1项、二等奖6项,见表1-1。这些国家科学技术进步奖反映了我国在不同时期放顶煤开采技术取得的一些重要进展,包括开采理论、技术与装备。

表 1-1 2000~2020 年与放顶煤开采技术相关的国家科学技术进步奖

序号	年份	等级	成果名称	主要完成单位
1	2016	二等奖	急倾斜厚煤层走向长壁综放开采关键理论与技术	中国矿业大学(北京) 冀中能源峰峰集团有限公司 甘肃靖远煤电股份有限公司 湖南科技大学
2	2014	一等奖	特厚煤层大采高综放开采关键技术及装备	中国煤炭科工集团有限公司 大同煤矿集团有限责任公司 煤炭科学研究总院 天地科技股份有限公司 中煤科工集团上海研究院 中煤张家口煤矿机械有限责任公司 煤科集团沈阳研究院有限公司 中国矿业大学(北京) 中国矿业大学 中煤北京煤矿机械有限责任公司
3	2012	二等奖	大倾角煤层综采综放工作面成套装备关键技术	山东科技大学 天地科技股份有限公司 西安煤矿机械有限公司 新汶矿业集团有限责任公司 中煤张家口煤矿机械有限责任公司 四川神坤装备股份有限公司
4	2011	二等奖	综放开采顶煤放出理论与厚煤层开采围岩控制技术及应用	中国矿业大学(北京) 山西潞安矿业(集团)有限责任公司 淮北矿业(集团)有限责任公司 中煤平朔煤业有限责任公司 大同煤矿集团有限责任公司 山西晋城无烟煤矿业集团有限责任公司

续表

序号	年份	等级	成果名称	主要完成单位
5	2010	二等奖	特厚煤层安全开采关键装备及自动化技术	山西潞安矿业(集团)有限责任公司 中国矿业大学 佳木斯煤矿机械有限公司
6	2009	二等奖	自动化放顶煤关键技术与装备研发及其在国内外的应用	兖矿集团有限公司 天地科技股份有限公司 兖州煤业股份有限公司
7	2000	二等奖	坚硬厚煤层综放开采关键技术研究	大同矿务局 中国矿业大学(北京) 太原理工大学 煤炭科学研究总院太原分院

资料来源：国家科学技术奖励工作办公室。

据不完全统计，我国已经出版放顶煤方面的学术图书 40 余部，见表 1-2。这些图书中，有一些是偏于基础理论的，如《放顶煤开采基础理论与应用》（王家臣，张锦旺，王兆会著，2018）、《综放开采顶煤顶板活动规律的研究与应用》（闫少宏，富强著，2003）、《放顶煤开采理论与技术》（靳钟铭著，2001）、《放顶煤开采基础理论》（于海勇，贾恩立，穆荣昌著，1995）；有一些是偏于工程实践的，如《大采高自动化综放开采技术》（刘克功著，2009）、《厚煤层全高开采新论》（赵景礼著，2004）、《综合机械化放顶煤开采技术》（樊运策等著，2003）、《现代放顶煤开采理论与实用技术》（孟宪锐，李建民著，2001）；也有一些是具体矿区放顶煤技术的归纳总结和提炼，如《大同矿区特厚煤层综放开采理论与技术》（于斌，刘长友著，2014）、《兖州矿区综合机械化放顶煤开采的实践与认识》（吴则智著，1997）。

表 1-2 已经出版放顶煤方面的学术图书(不完全统计)

序号	第一作者	年份	书名	出版社
1	何富连	2020	综放沿空煤巷破坏与控制	科学出版社
2	王家臣	2018	放顶煤开采基础理论与应用	科学出版社
3	李红涛	2017	厚煤层放顶煤条件下上行开采机理与应用研究	中国矿业大学出版社
4	王振平	2017	深井高地温综放开采防灭火技术	煤炭工业出版社
5	闫少宏	2017	综放开采组合短悬臂梁铰接岩梁结构形成机理与应用	煤炭工业出版社
6	杨胜利	2016	急倾斜煤层采场围岩控制理论与技术	煤炭工业出版社
7	钟亚平	2016	开滦注浆减沉综放开采特厚路桥煤柱技术研究	煤炭工业出版社
8	王志强	2015	错层位巷道布置矿山压力与围岩控制	应急管理出版社
9	潘卫东	2014	综放开采中煤体属性的超声波探测技术	煤炭工业出版社

续表

序号	第一作者	年份	书名	出版社
10	臧传伟	2014	综放工作面端头顶板稳定性控制及放煤技术	煤炭工业出版社
11	孟秀峰	2014	综放开采小煤柱护巷技术研究	煤炭工业出版社
12	于斌	2014	大同矿区特厚煤层综放开采理论与技术	中国矿业大学出版社
13	冯国财	2014	水库下特厚煤层综放开采技术研究与实践	国防工业出版社
14	刘长友	2013	安全高效综放开采理论与技术	中国矿业大学出版社
15	黄庆国	2012	特厚煤层综放开采实践与矿压规律研究	煤炭工业出版社
16	王国法	2010	放顶煤液压支架与综采放顶煤技术	煤炭工业出版社
17	南华	2010	综放特厚顶煤破坏机理研究	煤炭工业出版社
18	王家臣	2009	厚煤层开采理论与技术	冶金工业出版社
19	滕永海	2009	综采放顶煤地表沉陷规律研究及应用	煤炭工业出版社
20	刘克功	2009	大采高自动化综放开采技术	煤炭工业出版社
21	黄福昌	2007	厚煤层综放开采沉陷控制与治理技术	煤炭工业出版社
22	金智新	2006	特厚煤层综采放顶煤开采理论与实践	煤炭工业出版社
23	史元伟	2006	综采放顶煤工作面岩层控制与工艺参数优选	中国矿业大学出版社
24	张文江	2004	特厚坚硬煤层综合机械化放顶煤开采技术	煤炭工业出版社
25	赵景礼	2004	厚煤层全高开采新论	煤炭工业出版社
26	闫少宏	2003	综放开采顶煤顶板活动规律的研究与应用	煤炭工业出版社
27	樊运策	2003	综合机械化放顶煤开采技术	煤炭工业出版社
28	董志峰	2003	轻型放顶煤液压支架及其与围岩关系理论与实践	中国科学技术出版社
29	任秉钢	2002	中国综合机械化放顶煤开采	煤炭工业出版社
30	郭金刚	2002	提高综放采出率的理论与技术	煤炭工业出版社
31	索永录	2001	坚硬煤层综采放顶煤开采技术	陕西科学技术出版
32	王卫军	2001	急倾斜煤层巷道放顶煤理论与实践	煤炭工业出版社
33	靳钟铭	2001	放顶煤开采理论与技术	煤炭工业出版社
34	孟宪锐	2001	现代放顶煤开采理论与实用技术	中国矿业大学出版社
35	宋选民	2001	综放采场顶煤冒放性控制理论及其应用	煤炭工业出版社
36	周英	1999	普通放顶煤开采技术	煤炭工业出版社
37	张顶立	1999	综合机械化放顶煤开采采场矿山压力控制	煤炭工业出版社
38	尚海涛	1997	综合机械化放顶煤开采技术	煤炭工业出版社
39	吴则智	1997	兖州矿区综合机械化放顶煤开采的实践与认识	煤炭工业出版社
40	于海勇	1995	放顶煤开采基础理论	煤炭工业出版社
41	杨振复	1995	放顶煤开采技术与放顶煤液压支架	煤炭工业出版社
42	高荣	1995	放顶煤工作面设备与开采技术	冶金工业出版社

序号	第一作者	年份	书名	出版社
43	李中伟	1995	放顶煤开采技术与实践经验	煤炭工业出版社
44	赵宏珠	1995	厚煤层放顶煤开采设备与技术	煤炭工业出版社
45	于海勇	1992	放顶煤开采理论与实践	中国矿业大学出版社

通过中国知网检索分析，1982～2022 年主题包含"综放"或"放顶煤"发表在北大核心及以上期刊的论文 5316 篇。其中主要主题分布和次要主题分布见图 1-1。

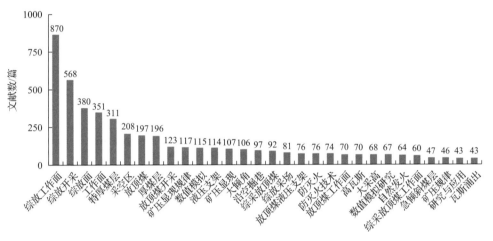

(a) 主要主题分布

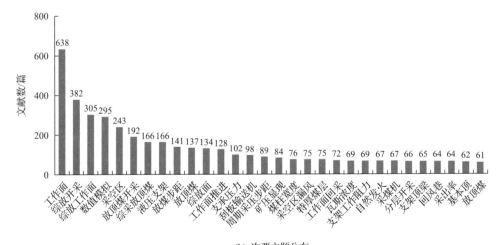

(b) 次要主题分布

图 1-1 放顶煤开采领域学术论文的主题分布

统计 SCI 数据库 1982～2022 年主题为"top coal caving"（放顶煤）的学术论

文共 475 篇，图 1-2 是发表"top coal caving"主题的 SCI 论文数量最多的前 10 位作者的发文量。统计 EI 数据库 1982～2022 年主题为"top coal caving"的期刊及会议论文共 946 篇，图 1-3 是发表"top coal caving"主题的 EI 论文数量最多的前 10 位作者的发文量。

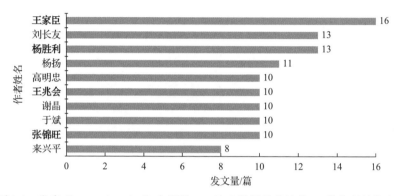

图 1-2　发表"top coal caving"主题的 SCI 论文数量最多的前 10 位作者的发文量

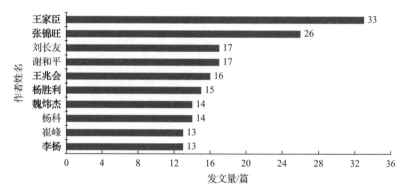

图 1-3　发表"top coal caving"主题的 EI 论文数量最多的前 10 位作者的发文量

上述的国家科学技术进步奖、出版的图书和发表的学术论文，反映了我国以及世界范围内近 40 年来在放顶煤开采领域所做的工作和取得的学术成果，当然这些统计不一定全面，也不一定精准，但是可以看出放顶煤开采的学术研究、科技进展与创新的概貌。发表 SCI、EI 论文数量最多的前 10 位作者均为我国作者，其中本书作者团队成员占 50%，见图 1-2、图 1-3 中名字标为粗体的作者。在发表"top coal caving"主题的 SCI 论文数量最多的前 20 位作者中，只有 2 位国外作者，这也说明我国在放顶煤开采领域的学术研究处于国际领先和主导地位。

1.1.2　放顶煤开采科技与工程问题

放顶煤开采技术除与综采技术有一些共性问题外，还有一些特有的科技与工程问题[5]。

1.1.2.1 顶煤破碎机理与冒放性

顶煤破碎机理是指顶煤破碎的力学机制，是放顶煤开采所特有的研究内容，也是放顶煤开采需要解决的最基础理论问题。顶煤破碎程度与煤体强度、裂隙发育程度、矿山压力、顶煤中的夹矸分布、支架工作阻力、开采工艺等因素有关，但主要取决于煤层自身的物理力学性质。近年来作者提出了顶煤破碎是在工作面前方铅垂支承压力的加载和在采空区方向失去约束的卸载共同作用下发生的渐进破坏，顶煤破碎的难易程度主要取决于顶煤的裂隙发育程度和分布，并建立了评价顶煤破碎块度的理论模型。在工程上经常采用顶煤冒放性指标来表示顶煤破碎和放出的难易程度，这是一个综合性指标，通常采用模糊评判或者工程类比法确定。

研究顶煤破碎机理和评判顶煤冒放性的目的是确定煤层是否适合采用放顶煤开采技术，顶煤易破碎、冒放性好的厚煤层采用放顶煤开采时会有较高的顶煤回收率和开采效率。对于顶煤冒放性不好的煤层，如果采用放顶煤开采时需要对顶煤进行人工预破碎或者弱化，如大同煤矿集团有限责任公司曾经在侏罗系煤层(忻州窑矿)采用顶煤预爆破技术进行放顶煤开采取得成功。但是随着近年来大采高技术进步和高产高效的要求，人工预破碎(弱化)顶煤作为工作面开采的常规技术会逐渐被淘汰。正确评判煤层是否适合放顶煤开采是一个具有重大工程意义的研究工作，是确定煤矿企业选取合理开采技术的前提。评判合理，可以确定合适的放顶煤开采技术或者大采高开采技术，从而获得经济效益。

1.1.2.2 放煤规律与顶煤回收率

放煤规律与顶煤破碎机理一样都是放顶煤开采技术所特有的基础研究内容。放煤规律是放顶煤开采技术的核心研究内容，就是研究破碎后的顶煤在支架上方的运动规律与放出过程。顶煤破碎机理和冒放性研究主要是服务于厚煤层开采技术选择，如顶煤容易破碎的厚煤层可以选用放顶煤开采，否则选择大采高或者分层开采是更合适的。建立符合放顶煤开采的放煤理论，对顶煤放出过程进行正确描述，预测顶煤回收率与含矸率，指导采放工艺与参数确定，指导实际生产中提高顶煤回收率与降低含矸率，实现精准放煤是研究放煤规律的根本目的。

研究放煤规律必须考虑支架掩护梁和尾梁的影响、支架周期性步距式移动、移架过程中支架上方顶煤周期性下落、放煤步距、破碎煤岩的物理力学性质等，在放煤规律的早期研究中对放顶煤开采技术的特殊性考虑得不足。放煤与放矿无论在过程上还是在边界条件上都有很大差异，因此需要建立符合放煤过程和条件的放煤理论。

自放顶煤开采技术在我国应用以来，就一直存在质疑放顶煤开采顶煤回收率偏低的声音。近年来的大量研究表明，采用科学的采放工艺可以保证顶煤(纯煤)

回收率在 85%以上。顶煤回收率既和放煤工艺设计有关，也与顶煤冒放性、工作面布置、支架设计、放煤工操作等有关。提高顶煤回收率、降低含矸率是放顶煤开采的永恒研究主题。

1.1.2.3 支架与围岩关系

采场支架与围岩关系是煤炭开采领域传统的、经典的研究内容，其核心是通过支架与围岩相互作用关系的研究，给出支架设计的类型与参数，实现对围岩，尤其是对顶板的经济、有效控制。当我国综采(综放)支架制造处于较低水平、支架工作阻力较低时，控制顶板稳定、保障工作面安全是实现安全开采的首要任务之一，支架与围岩关系的研究也显得尤其重要。十余年来，我国支架制造水平迅速提升，国产支架已经出口到美国、澳大利亚、俄罗斯、土耳其等国家，支架工作阻力处于世界最高水平，除极特殊地质条件外(断层、陷落柱、火成岩侵入、薄基岩、顶板涌水等)，大阻力支架均可对顶板实现可靠控制，这也给支架与围岩关系研究带来了一些新内容，即在支架与围岩关系的研究中，要注重特殊地质条件。此外除要求支架对顶板可靠控制外，还要注重对煤壁的稳定控制，以实现工作面快速推进。

放顶煤工作面采场围岩控制主要是指工作面煤壁控制和顶煤控制，以及通过顶煤、直接顶实现对基本顶的有效控制。顶煤控制主要是防止机道上方和支架间的顶煤冒漏，这可以通过支架顶梁结构设计，实现对顶煤全封闭。通过增大支架的支撑能力和刚度可以减缓煤壁压力，减缓煤壁压力是防止煤壁破坏的有效途径。在支架与围岩关系的研究中，要注重支架阻力和刚度、顶煤刚度、顶板刚度与煤壁刚度等采场系统刚度的研究，如何缓解煤壁压力和维护好煤壁稳定，还需要深入系统地研究。

1.1.2.4 覆岩运动与地表沉陷

放顶煤开采的一次采高往往是整个煤层厚度(分层放顶煤开采除外)，最高可达 20m 以上，导致上覆岩层运动和地表沉陷更加强烈。开采以后，顶煤破碎和放出，直接顶垮落，基本顶破断，继续向上发展，引起覆岩运动与地表沉陷。在目前的覆岩运动与地表沉陷研究中，具有明显的界限。采矿学者往往研究的是对工作面顶板控制有影响的覆岩范围，即采场到基本顶，以及对基本顶施加载荷的覆岩范围，一般在工作面采高的 15 倍高度以内，研究方法上多采用固体力学和结构力学的方法。从事"三下"开采的学者，往往更注重地表沉陷的几何描述，通过统计方法(如概率积分等)研究地表沉陷的范围和深度。实际上开采后采场覆岩运动向上发展的结果就是地表沉陷，覆岩运动与地表沉陷没有界限，二者是连续、统一运动的，但是目前还缺少这方面的深入研究。钱鸣高院士的岩层控制关键层理论为解决这个统一问题提供了方向[6]，但还需要大量的系统研究工作。

伴随着煤矿的大规模开采一直进行着对地表沉陷规律的研究，某些基本规律已经大体上清楚，但是由于煤矿开采条件千差万别，具体的沉陷规律也有很大区别。沉陷规律研究一方面用于保障安全开采，对地面设施进行保护或者搬迁；另一方面用来指导地面减沉技术设计与实施。随着国家环境保护政策越来越完善，放顶煤开采的岩层移动规律研究和减沉技术实施越来越迫切，但是如何从理论上给出放顶煤开采的高位岩层移动规律及范围等一直是一个需要开展的重要工作。此外，不但要研究覆岩运动与地表沉陷的统一场问题，也要研究覆岩运动对地下含水层、地下水运移的影响，减缓开采对地表沉陷和地下水运移的影响，达到保护地表及地下水的目的。

1.1.2.5 放煤工艺与智能放煤

放煤工艺主要包括放煤方式(顺序放煤、间隔放煤、单轮放煤、多轮放煤)以及放煤参数(放煤步距、单口放煤、多口放煤)。不同的煤层条件往往选用不同的放煤工艺，以期达到较高的顶煤回收率，如顶煤厚度大时，可采用大步距、多轮多口放煤工艺；顶煤厚度较小时，可采用小步距单轮顺序放煤。确定放煤工艺要和具体条件的放煤规律结合起来，也要考虑工作面支架稳定性和设备配置。

由于放煤过程中粉尘较大、放煤工作业环境较差、含矸率很难精确掌控等，从放顶煤开采技术开始应用以来，人们就试图研发自动控制放煤技术，如红外光谱、声波、振动、自然射线、图像等煤岩识别技术，以便可以自动识别放出煤岩，但总体上看，大部分处于实验室阶段。事实上放出煤岩的精准识别是实现智能(自动化)放煤的第一步，为了提高顶煤回收率，放煤过程中也需要放出少量矸石，因此准确识别和实时计算放出顶煤的含矸率是实现智能放煤的核心技术，而计算机图像识别技术在这方面具有明显优势。基于放煤规律研究成果，引入计算机图像识别技术，结合放煤过程实际，多学科交叉融合开发智能放煤技术是一条正确的技术路线。

1.2 放煤理论概述

放煤规律是指顶煤在采动应力作用下破碎成散体顶煤后在支架掩护梁和尾梁上方流动和放出的规律。研究放煤规律的目的是掌握破碎后的散体顶煤流动和放出规律，指导采放工艺和参数确定，最大限度地提高顶煤回收率和降低含矸率，以提高开采效益，减少煤炭资源损失。由于放顶煤开采技术于20世纪60～80年代在法国以及东欧等国家和地区主要用于开采边角煤，并未进行大规模长壁综放开采实践，因此国外并未真正开展放煤规律以及放顶煤开采相关问题的系统研究。

国内最早开展放煤规律研究的是中国矿业大学(北京)吴健教授及其指导的研究生,自 20 世纪 80 年代初就开始借鉴金属矿放矿椭球体理论,提出了放煤椭球体理论[7],认为:在放顶煤工作面,顶煤经常有一个小于 90°的垮落角,形成未垮落的固定帮。放煤椭球体中轴受固定帮影响会偏转[图 1-4(b)],放出体则为一偏转的旋转椭球体,椭球面上的颗粒仍将同时到达放煤口。于海勇教授在《放顶煤开采基础理论》[8]一书中,对放煤椭球体进行了深入的阐述和分析,从理论上给出了放煤步距、最小放煤高度、最大放煤高度等参数的数学计算公式。上述研究成果对于促进放煤理论研究、指导放顶煤开采工程实践发挥了重要作用。

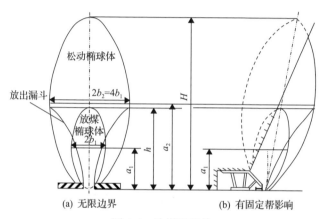

图 1-4　放煤椭球体

H. 最大放煤高度;h. 放煤椭球体长轴;$2b_1$. 放煤椭球体短轴;$2b_2$. 松动椭球体短轴;a_1. 放煤椭球体半高;
a_2. 松动椭球体半高

随着研究的深入和研究手段进步,以及总结了大量工程实践和观测资料,加之支架等设备快速发展,人们认识到顶煤破坏呈现渐进破坏特征[5,9],且大部分情况下顶煤垮落角都会大于 90°,而且随着工作面推进,支架步距式前移,煤岩分界面呈现动态变化,支架对放煤具有较大影响。在前人和已有成果研究基础上,作者的研究团队除重视顶煤放出体研究以外,同时重视煤岩分界面变化、支架对放煤的影响、沿工作面方向的放煤规律,以及工作面倾角、顶煤块度分布的影响等。作者的研究团队于 2002 年提出了顶煤放出的散体介质流理论[10],于 2015 年建立了综合研究顶煤放出体、煤岩分界面、顶煤回收率与含矸率的 BBR 体系[5,11],从而使放煤规律研究更趋于全面、系统。放煤规律是中国矿业大学(北京)近 40 年来在放顶煤开采领域的核心研究方向之一。

1.3　智能放煤概述

智能放煤是放顶煤开采亟须攻克的关键技术。在吴健教授主持的采矿学科第一个国家自然科学基金重点项目"厚煤层开采基础理论研究"(批准号：59734090，1997)期间，就曾提出要开展自动放煤研究。当时主要是想解决放煤工在操作支架放煤时的粉尘环境问题，期望能够实现在工作面巷道的远程控制放煤。事实上，自从放顶煤技术在我国展现出了高产高效技术优势以后(在1990年前后)，人们就开始思考和探索自动化放煤技术。近几年，随着智能技术的兴起和追捧，也将早期的自动放煤技术称谓升级为智能放煤技术。这也如同现在各个行业都在大力宣传和推广的智能化，似乎一夜之间我国跨越了自动化时代，进入了智能化时代，至于具体的某些智能化内容和技术本身也许还处在自动化时代，甚至是自动化的初级阶段，但这并不影响人们对智能化的标榜和热情，用智能化的思维、逻辑、技术路线带动技术开发，推动行业尽早进入真正的智能化时代，这种标榜和追崇无疑是有益的。

1.3.1　智能放煤技术内涵

从科学角度讲，放煤技术除了称谓升级外，智能放煤技术的内涵也应先进于自动放煤技术，一般来说智能放煤技术应具有如下功能。

(1)放出煤岩精准识别技术。放出煤岩的自动快速精准识别是实现智能放煤关键的第一步。自从研究智能放煤(自动化放煤)以来，各研究团队都在煤岩识别的技术路线方面进行了大量探索，主要是基于图像、声波、振动、红外光谱和自然射线的煤岩识别技术路线。声波和振动信号的思路是采集待放出煤岩在支架尾梁上滑落和撞击的声音或者振动信号，以此来区分煤岩。煤岩精准识别过程中，要避免误判顶煤中的夹矸与顶板岩石，一旦将顶煤中的夹矸误判为顶板岩石，不当关闭放煤口，会导致夹矸以上顶煤损失。

(2)精准分割煤岩块体边界。建立煤岩堆积体中煤岩边界精准快速检测方法，实现对煤岩块体边界的快速精准检测，避免漏检、粘连等发生，这是放出顶煤含矸率计算的基础。

(3)快速计算放出煤岩的含矸率。建立放出顶煤堆积体的数字孪生影像，建立煤岩块体模拟计算方法，通过边缘计算实时计算顶煤含矸率，并实时反馈给控制中心。

(4)建立关闭放煤口的含矸率阈值。通过放煤规律研究、现场实测，建立放出顶煤瞬时含矸率与累计含矸率的数学关系，给出经济、高回收率的关闭放煤口的含矸率阈值。

(5)放煤工艺与参数的智能优化。根据煤层条件、开采参数、放出顶煤回收率和含矸率等可自动优化放煤工艺与参数，以期提高顶煤回收率和降低含矸率。

(6)高精度高可靠性的控制系统。信号采集、传输与智能控制系统具有高精度、高可靠性、低成本、性能稳定特性，根据开采工艺、含矸率阈值可自动控制放煤口开启与关闭。

1.3.2 智能放煤技术路线

统计 1985～2021 年自动化/智能放煤方面的发明专利 34 项，见表 1-3，从中可以看出在煤岩识别方面采取的技术类别，可供研发智能放煤技术时参考。除前面所述的采用图像、声波、振动、红外光谱和自然射线的煤岩识别技术路线外，还有记忆放煤时间、激光扫描、刮板机电流等方法。严格讲，通过对人工放煤时间统计，然后记忆放煤时间，以此来控制后续放煤，这种方式不属于智能放煤范畴，但是对于煤层和厚度赋存稳定、采放工艺固定的工作面，是一种简单可行的方法。图 1-5 是对表 1-3 中 34 项专利按照专利权人单位进行分类，可以看出中国矿业大学(北京)在智能放煤方面的发明专利数量具有明显优势。实际上放顶煤工作面环境复杂，放煤过程中机械振动、噪声、电磁波、水雾、粉尘、可见光等多种因素干扰着煤岩的精准快速识别，这导致智能放煤技术开发比想象的要难得多。

表 1-3　自动化/智能放煤领域已授权发明专利统计

序号	专利号	专利名称	第一专利权人单位	技术类别
1	202011007647.9	一种基于多源信息融合的放煤设备与控制方法	中国矿业大学(北京)	多源信息融合
2	202011447649.X	一种基于热量检测的煤矸识别系统及方法	中国矿业大学(北京)	红外图像
3	202011056093.1	一种相机镜头	中国矿业大学(北京)	图像
4	202011045864.7	一种综放开采煤矸混合度监测系统、控制放煤方法及系统	中国矿业大学(北京)	图像
5	202010993437.5	一种井下环境的照度监控方法及系统	中国矿业大学(北京)	图像
6	202010777446.0	一种综采放顶煤工作面智能化放煤控制方法	天地科技股份有限公司	煤厚探测、图像
7	202010613289.X	一种综放工作面液压支架智能放煤方法	中国矿业大学	立柱压力、图像
8	202010199422.1	基于煤层地理信息系统放煤方法	中国矿业大学	煤厚分布、时间
9	202010199419.X	一种煤矸仿生识别系统及方法	中国矿业大学	振动、图像
10	202010030623.9	一种用于煤矸智能识别的探测器及使用方法	中国矿业大学	放射性核素检测
11	202010179864.X	一种放顶煤工作面后部刮板运输机煤量自动控制方法	河南理工大学	时间控制
12	201911409392.6	一种综放工作面放顶煤智能控制方法	中国矿业大学	自然射线
13	201910316720.1	放顶煤液压支架尾梁声振数据采集装置	中国矿业大学(北京)	振动信号

续表

序号	专利号	专利名称	第一专利权人单位	技术类别
14	201910225624.6	一种自动化放煤控制系统及方法	中国矿业大学（北京）	跟踪标签、时间
15	201910145595.2	一种基于顶煤厚度变化量实时监测的智能化放煤方法	中国矿业大学	雷达探顶煤厚、激光扫描
16	201810785063.0	基于视频监视图像识别的自动化放煤控制系统	北京天地玛珂电液控制系统有限公司	图像
17	201810332700.9	综采放顶煤工作面自动放煤控制系统及方法	北京天地玛珂电液控制系统有限公司	振动、声波、灰分
18	201711218280.3	一种放煤时间自适应修正的放顶煤自动控制系统	中煤能源研究院有限责任公司	时间控制
19	201711168348.1	无人值守的自动化放煤系统和方法	天地科技股份有限公司	振动、红外、雷达、三维扫描
20	201711060005.3	机器学习的自动化放煤控制系统和方法	天地科技股份有限公司	支架支撑力、放煤重量
21	201710334615.1	智能放顶煤控制系统及方法	河南理工大学	顶板压力、刮板机电流
22	201610122151.3	一种基于数字双钳相位伏安表的煤岩识别方法	中国矿业大学	伏安表/感性检测
23	201510197810.5	基于距离约束相似性的煤岩识别方法	中国矿业大学（北京）	图像
24	201510197936.2	基于相似测度学习的煤岩识别方法	中国矿业大学（北京）	图像
25	201410746274.5	用图像局部曲线方向分布识别煤岩的方法	中国矿业大学（北京）	图像
26	201410506120.9	一种基于神经网络的综采工作面自动化放煤系统和方法	天地科技股份有限公司	支架压力
27	201410301003.9	一种矿石传送过程中的粒度监测方法	中国矿业大学（北京）	图像
28	201310176891.1	一种放顶煤液压支架智能控制放煤方法	天地科技股份有限公司	记忆放煤
29	201210245357.7	一种用于煤矿井下综放工作面的带记忆功能自动化放煤控制装置及其放煤方法	北京天地玛珂电液控制系统有限公司	记忆放煤
30	201210057428.0	对物料堆积图像进行物料分割的方法和装置	中国矿业大学（北京）	图像
31	201110388729.7	一种放顶煤工作面自动放煤控制系统及其放煤方法	北京天地玛珂电液控制系统有限公司	时间、记忆放煤

续表

序号	专利号	专利名称	第一专利权人单位	技术类别
32	201010147487.8	近红外线光谱识别煤矸及含矸量控制方法	中国矿业大学	近红外线光谱
33	200910151930.6	基于太赫兹波的煤矸分界自动控制系统	北京中矿华沃电子科技有限公司	太赫兹波
34	200910152006.X	煤矸识别与自动化放煤控制系统	中国矿业大学（北京）	图像、声纹

资料来源：国家知识产权局专利局。

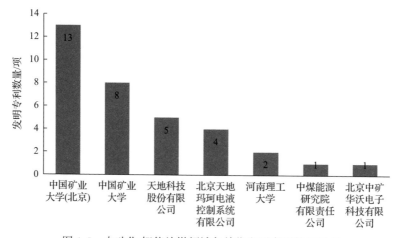

图 1-5　自动化/智能放煤领域各单位发明专利数量排名

参 考 文 献

[1] 天地科技股份有限公司开采设计事业部采矿技术研究所, 煤炭科学研究总院开采设计研究分院. 综采放顶煤技术理论与实践的创新发展[M]. 北京: 煤炭工业出版社, 2012.

[2] Kumar R, Singh A K, Mishra A K, et al. Underground mining of thick coal seams[J]. International Journal of Mining Science and Technology, 2015, 25(6): 885-896.

[3] Unver B, Yasitle N E. Modelling of strata movement with a special reference to caving mechanism in thick seam coal mining[J]. International of Coal Geology, 2006, 66(4): 227-252.

[4] Klishin V I, Klishin S V. Coal extraction from thick flat and steep beds[J]. Journal of Mining Science, 2010, 46(2): 149-159.

[5] 王家臣, 张锦旺, 王兆会. 放顶煤开采基础理论与应用[M]. 北京: 科学出版社, 2018.

[6] 钱鸣高, 缪协兴, 许家林. 岩层控制的关键层理论[M]. 徐州: 中国矿业大学出版社, 2003.

[7] 吴健. 我国放顶煤开采的理论研究与实践[J]. 煤炭学报, 1991, 16(3): 1-11.

[8] 于海勇, 贾恩立, 穆荣昌. 放顶煤开采基础理论[M]. 北京: 煤炭工业出版社, 1995.

[9] 王家臣, 王兆会. 综放开采顶煤在加卸载复合作用下的破坏机理[J]. 同煤科技, 2017, (3): 1-7.

[10] 王家臣, 富强. 低位综放开采顶煤放出的散体介质流理论与应用[J]. 煤炭学报, 2002, 27(4): 337-341.

[11] 王家臣, 张锦旺. 综放开采顶煤放出规律的 BBR 研究[J]. 煤炭学报, 2015, 40(3): 487-493.

2 放煤过程及理论描述

放煤规律是指破裂与冒落后的散体顶煤在支架掩护梁和尾梁上方的流动与放出规律。通过对放煤规律研究，建立符合放顶煤开采的放煤理论，正确描述放煤过程，预测顶煤回收率与含矸率，指导采放工艺与参数确定，实现精准放煤，是放顶煤开采研究的核心内容。一直以来，综放开采放煤规律理论研究要落后于技术实践，根据研究的方法、思路和取得的进展，大体上可将放煤理论研究分为借鉴阶段、探索阶段和创新阶段[1]。早期吴健教授主要是借鉴金属矿的放矿椭球体理论，提出了放煤椭球体理论，为综放开采理论研究做了大量有益的探索和重要贡献[2-4]。考虑到综放支架在放煤过程中的重要影响，作者于 2002 年提出了散体介质流理论，认为支架放煤口成为介质流动和释放介质颗粒间作用应力的自由边界，支架的上部和后部的散体会以阻力最小的路径逐渐向放煤口处移动，散体介质内形成了类似于牵引流动的运动场，并基于放煤前后煤岩分界面形态提出了顶煤放出量的理论计算方法[5]。经过多年研究和总结，作者于 2015 年建立了放煤规律 BBR 体系[6]，指出应尽可能地扩大放出体和煤岩分界面的相切范围来提高顶煤回收率、降低含矸率。因此，需要对综放开采中顶煤放出体和煤岩分界面形态进行深入研究，以便更好地指导合理放煤工艺和参数确定，提高工作面顶煤回收率。

2.1 BBR 体系简介

BBR 体系是指综合研究综放开采放煤过程中煤岩分界面、顶煤放出体、顶煤回收率与含矸率及其相互关系，是作者基于顶煤放出散体介质流理论思想提出的一种具体研究体系。其中：第一个 B 是指煤岩分界面(顶煤边界面)(boundary of top-coal)；第二个 B 是指顶煤放出体(drawing body of top-coal)；R 是指顶煤回收率(recovery ratio of top-coal)和含矸率(rock mixed ratio of top-coal)，如图 2-1 所示。

BBR 体系最大特点在于充分考虑综放开采时，顶煤放出前支架周期性移动、顶煤周期性下落填充原有支架占有空间、煤岩分界面发生移动以及支架倾斜掩护梁与尾梁摆动等对放煤规律的影响；并在大量数值模拟、物理模拟和现场实测工作的基础上，对散体介质流理论进行了科学提升，建立了综合煤岩分界面、顶煤放出体、顶煤回收率和含矸率的统一研究体系。BBR 体系的具体内容在 2018 年

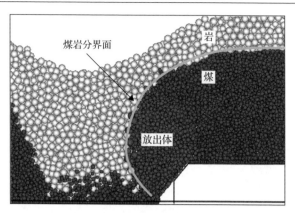

图 2-1   BBR 体系的含义

作者出版的《放顶煤开采基础理论与应用》一书中有详细介绍[7]，本节仅针对其中的核心内容做简单介绍。

2.1.1   BBR 体系基本思想

2.1.1.1   放煤过程描述

综放开采的实质就是在厚煤层底部布置一个综采工作面，工作面支架为具有放煤功能的专用支架，且在工作面后部增加一部刮板输送机，用来运输放出的顶煤。顶煤在自重及矿山压力作用下，随着工作面推进，逐步破碎冒落和放出。图 2-2 是顶煤放出后的煤岩分界面形态。在初始放煤阶段，工作面第一次放煤后，形成的煤岩前后分界面基本对称，支架只影响放煤口附近的煤岩分界面形状，如图 2-2(a) 所示。初始放煤后，支架向前移动，支架上方顶煤下落，形成新的煤岩分界面，在此新的煤岩分界面下放煤。经过 2~3 个放煤循环后，进入正常放煤阶段，此时由于移架和支架尾梁作用，煤岩前后分界面不再对称，如图 2-2(b) 所示。

(a) 初始放煤阶段   (b) 正常放煤阶段

图 2-2   顶煤放出后的煤岩分界面形态

2.1.1.2   BBR 体系的基本内涵

BBR 体系的基本内涵就是通过研究放煤过程中的煤岩分界面形态、顶煤放出体发育过程及形态，以及相互关系，来达到提高顶煤回收率、降低含矸率的目的。基本学术思想是将每个放煤循环中的起始和终止煤岩分界面形态、放出体形态、放出煤量和混入岩石量四个相互影响的时空要素统一进行研究，形成完整的、反映真实放煤过程的研究体系，将以前对单一的煤岩分界面，或者放出体，或者回收率等的研究统一到系统的研究体系中，科学地阐述四个要素及其相互关系，为提高顶煤回收率、降低含矸率提供科学指导。

图 2-3 描述了放煤过程中煤岩分界面形态、顶煤放出体形态、放出煤量和混入岩石量四个相互影响的时空要素之间的关系。上一个放煤结束之后，开始移架，支架上方的顶煤下落，形成如图 2-3(a) 所示的煤岩分界面，此煤岩分界面是此次放煤的起始煤岩分界面；放煤过程中，从外观上看，散体顶煤从放煤口逐渐流出，顶煤内部形成流动场，煤岩分界面移动、下降。通过标志点法观测，还原放出煤量在原有顶煤中所占有的空间，发现实际放出煤量就是放出体体积，放煤过程也可以简化为放出体的发育过程，见图 2-3(b)；放煤结束后移架前，顶煤的煤岩分界面如图 2-3(d) 所示，也是此次放煤终止时的煤岩分界面。随着采煤继续进行，支架前移，支架上方顶煤下落，形成新的煤岩分界面，与图 2-3(a) 相同，此时的煤岩分界面就是下次放煤时的起始煤岩分界面，放煤就是这样周期性地进行，直到工作面开采结束。数值模拟和相似模拟得到的煤岩分界面具有很好的一致性，见图 2-2(b) 和图 2-3(a)。放煤过程表明，起始煤岩分界面形态是一个重要的时空要素，放煤是在该面以下进行的，放出体从放煤口开始向上逐渐发育，当放出体在煤岩分界面以内时，放出的煤量为纯顶煤；当放出体与煤岩分界面相交时，在相交处放出体就会含有部分岩石，成为顶煤中混入的岩石。若在混入岩石后关闭

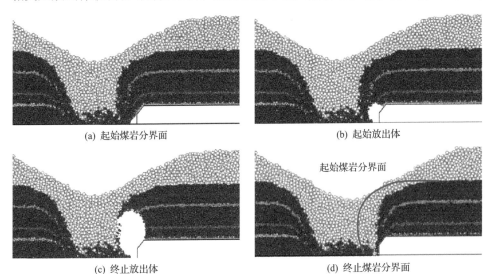

(a) 起始煤岩分界面　　　　　　　　　　(b) 起始放出体

(c) 终止放出体　　　　　　　　　　(d) 终止煤岩分界面

图 2-3　BBR 体系四个时空要素的关系

放煤口，如果放出体还没有包含煤岩分界面附近的部分顶煤，则这部分顶煤就无法放出，形成了顶煤损失，顶煤遗留在采空区。由图 2-3(c) 可以看出，当放出体外边界与煤岩分界面相切，并高度一致时，会最大限度地放出顶煤，减少岩石混入，有利于提高顶煤回收率。混入的岩石和损失的顶煤位置主要取决于煤岩分界面和放出体形态，放出体最早与煤岩分界面相交处是混入岩石的初始点，若继续放煤，则从该点向周围扩散逐渐混入岩石。损失的顶煤是那些在停止放煤时没有进入放出体，处在放出体边缘外，而且在移架后，下一轮放煤前没有被新的煤岩分界面所包围的顶煤，它们会堆积在采空区底部，形成煤炭损失。当放煤终止时放出体与起始煤岩分界面在采空区一侧完全相切重合时，顶煤的损失量会最小，回收率最高。因此研究和控制起始煤岩分界面与放出体形态是提高顶煤回收率、降低含矸率的科学基础。

2.1.2 煤岩分界面

随着放煤的进行，破碎的直接顶岩石会沿着最小阻力路径逐步向放煤口运移流动，完整的煤岩分界面被侵入的矸石分为两部分，煤岩前分界面和煤岩后分界面，如图 2-4 所示。

图 2-4　煤岩前分界面和煤岩后分界面

(1) 煤岩前分界面 (支架侧煤岩分界面)：即支架上方和前方未放出煤体与采空区前边界之间的分界面。在初始放煤结束后形成，随着工作面的推进，受移架和放煤的影响剧烈，其形态常处于动态的变化发展过程中。

(2) 煤岩后分界面 (采空区侧煤岩分界面)：即采空区后方未放出煤体与采空区后边界之间的分界面。在初始放煤结束后形成，之后的移架放煤过程中受到扰动较少，煤层倾角较小时，其形态基本保持不变。

初始放煤阶段的煤岩分界面形态体现了特定地质条件和放煤工艺下煤岩散体本身的流动特性，其理论形态的相关描述详见 2.3 节。正常循环阶段的煤岩前分界面随着工作面不断推进，受移架和放煤影响非常剧烈，其形态常处于动态发展变化过程中，是本书的主要研究对象，后文所提到的煤岩分界面如无特别说明，都是指正常循环阶段的煤岩前分界面。

煤岩分界面反映的是放煤前后顶煤与破碎直接顶的宏观形态，它是控制顶煤放出体发育和放出煤量大小的边界条件。如图 2-5 所示，理论上讲，放煤前的起始煤岩分界面与放煤后的终止煤岩分界面之间所围成的体积再减去遗留在采空区的顶煤，就是此轮放煤时的放出煤量，在数值上与该轮放煤结束时的顶煤放出体体积相等。煤岩分界面形态与放煤步距、煤厚、支架几何尺寸、煤岩物理力学性质、煤岩颗粒组成等有关。

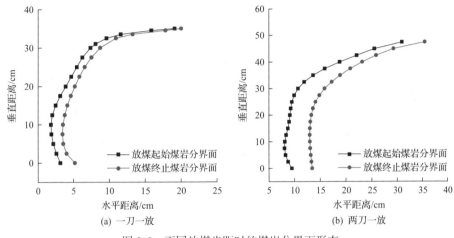

图 2-5　不同放煤步距时的煤岩分界面形态

2.1.3　顶煤放出体

顶煤放出体是指将放出的煤量还原到其放出前在原有顶煤中所占有的空间体积，需要通过反演得到。根据放煤阶段的不同，放出体可以分为两种：纯煤放出体和煤岩(矸)放出体。以"初次见矸"为界，"初次见矸"之前，放煤口中放出的全部为煤炭，则称为纯煤放出体；"初次见矸"之后，若继续放煤会导致纯煤中混入一定量的矸石，则称为煤岩(矸)放出体。若按照严格的"见矸关门"原则执行，则每次放煤应均为纯煤放出体，但在现场实践中发现，"初次见矸"后继续放煤，可通过增加一定的含矸率来大幅度提高顶煤回收率，故现场中放出体的最终形态一般为煤岩(矸)放出体。

在金属矿放矿理论中也已证明在没有边界条件限制的情况下，单口放矿时矿石放出体是一空间旋转的椭球体[8,9]，但是由于放煤与放矿的边界条件不同、矿岩比重与煤岩比重不同、放煤过程与放矿过程不同，而且支架对放煤的影响始终是存在的，所以金属矿和煤矿的放出体差异较大，相对来说，放煤过程更加复杂，影响因素更多。

图 2-6 给出了采放比 1∶3、放煤步距一刀一放条件下，单个放煤口放煤过程中顶煤放出体发育过程，可以将放出体的发育过程大体分为三个阶段。

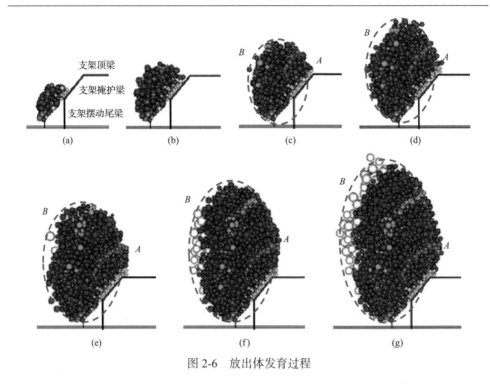

图 2-6　放出体发育过程

　　阶段Ⅰ：放出体高度小于或者近似于支架高度时，属于起始放煤阶段，顶煤以打开放煤口无序下落放出为主，类似于散体的突然垮落，随后位于支架掩护梁上部的顶煤快速流动放出，放出体发育不完整，见图 2-6(a) 和(b)。

　　阶段Ⅱ：放出体高度大于支架高度，小于支架二倍高度时，见图 2-6(c) 和(d)，放出体发育基本成熟，顶煤形成了规律的散体介质流动，宏观上放出体可以看作是类似椭球体(不是严格的椭球体)，但在下部被支架掩护梁所切割。由图 2-6(c) 和(d)可以看出，A 附近的放出体会超出椭球体的范畴，B 附近的放出体会亏入椭球体的范畴。这是因为支架倾斜的掩护梁与顶煤之间的摩擦系数要小于顶煤内部之间的摩擦系数，顶煤与金属掩护梁之间的摩擦系数一般为 0.4～0.5，甚至小于 0.3，而顶煤之间的摩擦系数一般为 0.6～0.7，个别会大于 0.7，因此掩护梁附近的顶煤更容易放出，顶煤流动速度也快，远离掩护梁的顶煤放出难度较大，顶煤流动速度也慢，见图 2-7。所以放出体并不是真正的椭球体，但在宏观上可将其看作是被支架掩护梁切割掉一部分的，支架侧中下层位变异发育的近似椭球体，在此称其为"切割变异椭球体"，见图 2-8。

　　阶段Ⅲ：放出体高度大于支架二倍高度时，放出体发育更加完善，B 附近亏缺部分逐渐消失，但是 A 附近超出部分始终存在，还无法发育成真正的椭球体，因此放出体在宏观上仍然是"切割变异椭球体"。在过量放煤时，放出体中就会混入一部分岩石，见图 2-6(f) 和(g)。

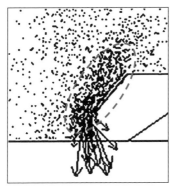 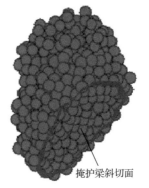

图 2-7　顶煤放出速度场　　　　图 2-8　切割变异椭球体示意图

2.1.4　顶煤回收率与含矸率

提高顶煤回收率、降低含矸率是放顶煤开采的重要研究内容，但二者也存在一定矛盾关系。在放煤初期，可以放出纯顶煤，放出体完全由顶煤组成，见图 2-6(a)～(d)。但是随着放煤进行，放出体变大，破碎的直接顶岩石就会进入放出体，形成混矸，而此时仍然有一部分顶煤没有放出，见图 2-6(e)～(g)，此后放出的煤量越多，混入的岩石量就越多，含矸率越大。混入的岩石一般首先出现在放出体靠近采空区一侧的中部，然后向上下方向发展，其中以向上方向发展为主。

图 2-9 是顶煤放出的原煤回收率、纯煤回收率和含矸率之间的关系。可以看出，开始放煤不久，就会有岩石混入，但是在纯煤回收率达到 50%以前，混入的岩石量很少，含矸率低于 2%；当纯煤回收率达到 70%以后，含矸率会较快增大；当含矸率达到 11%时，纯煤回收率接近 80%；当含矸率为 15%时，纯煤回收率达 88%。

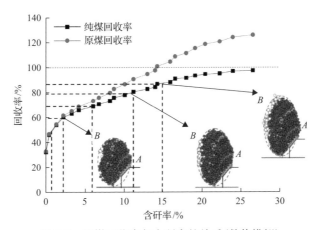

图 2-9　顶煤回收率与含矸率的关系(数值模拟)

纯煤回收率=(放出纯煤量/该放煤步距内的纯顶煤量)×100%；原煤回收率=(放出的煤岩量/该放煤步距内的纯顶煤量)×100%；含矸率=(原煤中混入的岩石量/放出的煤岩量)×100%

图 2-10 为平朔矿区 4#煤和 9#煤厚煤层综放开采工作面顶煤(原煤)回收率和含矸率相互关系的现场实测和物理试验对比结果。

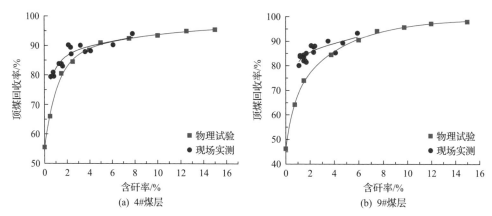

(a) 4#煤层 (b) 9#煤层

图 2-10　平朔矿区综放开采工作面顶煤回收率与含矸率的关系(物理试验和现场实测)

可以看出,放煤过程中随着含矸率增大,工作面顶煤回收率先迅速增大然后缓慢增大,整体变化趋势与数值模拟结果基本一致(图 2-9)。具体来讲,当含矸率为 2%时,工作面顶煤回收率为 75%~80%;当含矸率为 4%时,工作面顶煤回收率为 85%~88%;当含矸率大于 10%时,工作面顶煤回收率整体变化量较小,不宜再继续进行过量放煤操作。

上述研究结果表明,放煤过程中,若完全没有岩石混入,顶煤回收率为 50%~60%,因此为了提高顶煤回收率,不得不允许一定的岩石混入量。初期混入岩石时,随着含矸率增大,顶煤回收率显著增大。当含矸率增大到一定数值时(10%左右),随着含矸率增加,顶煤回收率增大缓慢。对于不同煤层条件和开采工艺,确定放煤过程中合理的含矸率阈值,是提高顶煤回收率和开采效益的重要研究内容。

2.2　顶煤放出体理论方程及形态特征

2.1 节的 BBR 体系是以工作面推进方向为研究对象的,详细内容在文献[7]中有所介绍,本节基于 BBR 体系研究工作面方向(煤层倾斜方向)的顶煤放出体形态及其特征。以往在沿工作面方向的研究中,多以水平煤层为研究对象[10, 11]。在倾斜煤层中,沿工作面方向的顶煤放出体形态与特征会受到煤层倾角影响。煤层倾角也会显著影响采放工艺及参数确定,以及顶煤回收率[12]。采用走向长壁开采时,若工作面伪斜布置,工作面倾角与煤层真倾角会有一些差异,否则二者是一致的。

2.2.1 放煤模拟试验

2.2.1.1 试验装置与模型铺设

为研究工作面倾角对顶煤放出体形态的影响，采用自主研发的多功能顶煤放出模拟试验装置进行放煤试验。图 2-11 为试验装置及标志点铺设示意图，试验模型几何相似比为 1∶30，铺设 200mm 厚 5~8mm 粒径的青色石，模拟 6m 厚顶煤；铺设 200mm 厚 8~12mm 粒径的白色巴里石，模拟 6m 厚直接顶，支架高度100mm（模拟采高 3m），采放比为 1∶2。

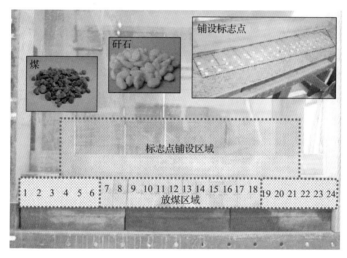

图 2-11 试验装置及标志点铺设

试验装置内布置 24 个模拟放煤支架（图 2-11 中数字为支架编号），从左至右依次编号为 1、2、…、23、24。为消除边界效应，工作面两端头各预留 6 个支架不放煤，在 4~21 号支架上方铺设制作的标志点，在竖直方向上每隔 30mm 铺设一层，共 7 层，水平方向上每一层布置 18×3 个标志点，模型中共计铺设 378 个标志点。

为对比分析工作面倾角对顶煤放出体形态的影响，分别铺设了工作面倾角 α 为 0°、10°、20°、30°、40° 和 50° 的放煤初始模型。如图 2-12 所示，列举了 3 个工作面倾角下的初始模型。放煤顺序为 7~18 号支架，每次放煤结束后统计放出煤矸质量和标志点编号，以便反演放出体形态。

2.2.1.2 试验结果与分析

试验结束后，根据记录的每个支架放煤量，绘制不同工作面倾角下各支架放煤量和总放煤量变化趋势图（图 2-13）。由图 2-13(a) 可以看出，随着工作面倾角

|(a) $\alpha=0°$|(b) $\alpha=20°$|(c) $\alpha=50°$|

图 2-12　不同工作面倾角下放煤初始模型

增大，初始放煤量（7 号支架放煤量）呈增大趋势，但由于倾角的存在，工作面放煤量的不均衡性（相邻两次放煤量差）也随之显著增大。由图 2-13（b）中柱状图可以看出，随着工作面倾角增大，工作面总放煤量也逐渐增大，同时由图 2-13（b）中放煤结束后煤岩分界面形态可知，下端侧放煤量逐渐减小，而上端侧放煤量显著增加，这不利于工作面下端顶煤的回收以及上端巷道的支护。因此，有必要对倾斜煤层条件下顶煤放出体形态特征、理论方程进行深入研究，以提高倾斜煤层的顶煤回收率，降低工作面放煤不均衡性，并保证工作面上端巷道的稳定性。

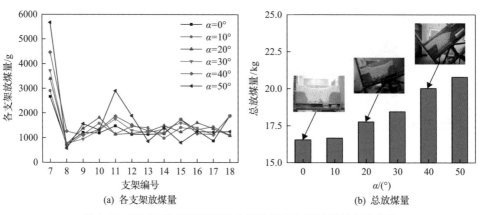

|(a) 各支架放煤量|(b) 总放煤量|

图 2-13　不同工作面倾角下各支架放煤量和总放煤量变化趋势

　　图 2-14 显示了不同倾角下初始放煤（7 号支架）后，采用标志点法反演出的顶煤放出体形态，图中红色圆点为放出的标志点，黑色圆点为未放出的标志点，红色虚线为过 7 号支架放煤口中心的垂线。由图 2-14 可知，当工作面倾角 $\alpha=0°$ 时，7 号支架放出的标志点来自 7 号支架正上方及上下端两侧（6 号、8 号支架），反演放出体形态以中心垂线为对称轴基本呈对称状，两侧的发育范围大约为一个支架宽度；当工作面存在倾角时，顶煤放出体有向着工作面上端方向快速发育的特征，放出标志点颗粒范围以中心垂线为界，右下方要明显宽于左下方，放出体在中心

垂线两侧形态差异大，且随着工作面倾角增大，顶煤放出体形态差异越来越明显。

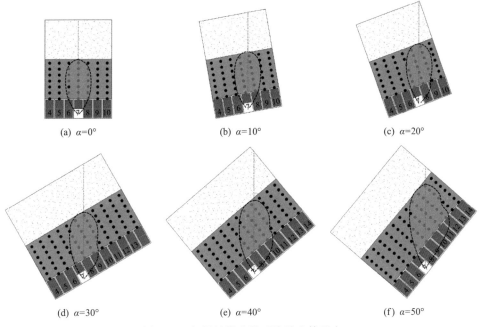

(a) α=0°   (b) α=10°   (c) α=20°

(d) α=30°   (e) α=40°   (f) α=50°

图 2-14   初始放煤阶段反演放出体形态

如图 2-15 所示，以中心垂线为对称轴，分别统计初始放煤后顶煤放出体上下两侧标志点数量(中心垂线上的标志点除外)。可以看出，随着工作面倾角增大，上下两侧放出标志点数量逐渐增大，说明顶煤放出体体积随工作面倾角增大而增大；同时可以发现，随着工作面倾角变化，顶煤放出体上下两侧放出的标志点数量均基本相等，这说明顶煤放出体上下两侧在体积上基本相等。

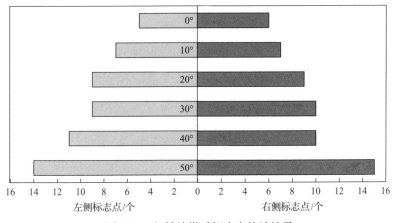

图 2-15   初始放煤后标志点统计结果

　　因此，工作面倾角对放出体影响只表现在形态上，而非体积上，倾斜煤层放出体具有异形等体特征，即煤层倾角会导致放出体在过放煤口中心垂线两侧形态有差异，且倾角越大，两侧形态差异越大，但两侧体积基本相等，不受倾角影响。

2.2.2　放出体理论模型

2.2.2.1　Bergmark-Roos 模型简介

　　Bergmark-Roos 模型（简称 B-R 模型）是研究松散介质颗粒流动的经典动力学模型之一，该模型最早由 Bergmark 于 1975 年提出[13, 14]。图 2-16 为 B-R 模型示意图，该模型在计算过程中的基本假设如下。

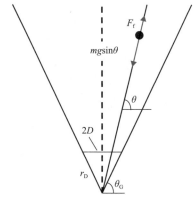

图 2-16　B-R 模型示意图

　　（1）散体颗粒沿直线从始动点向放出口方向连续流动。

　　（2）散体颗粒在整个放出过程中只受重力和颗粒间摩擦力这一对反作用力的影响。

　　（3）散体颗粒在流动过程中具有恒定的加速度（方向和大小均恒定）。

　　（4）散体颗粒的初始状态为静止状态，即初速度都为 0m/s。

　　θ_G 为散体颗粒发生运移时刻的最大临界角度，F_f 为颗粒间摩擦力，则 θ_G 满足式（2-1）：

$$F_f = mg \sin \theta_G \tag{2-1}$$

式中，m 为散体颗粒质量；g 为重力加速度。

　　$\theta(\theta_G \leqslant \theta \leqslant \pi - \theta_G)$ 为任意一点处散体颗粒的极角，该点处的下滑分力为 $mg\sin\theta$，根据力的平衡，任意一点处的加速度 a_r 为

$$a_r(\theta) = g(\sin \theta - \sin \theta_G) \tag{2-2}$$

　　根据 B-R 模型假设，颗粒移动过程中加速度的大小和方向均恒定，则根据牛

顿第二定律，任意位置散体颗粒的坐标应该是一个与运移角度 θ 和时间 t 有关的方程，其表示形式如式（2-3）：

$$r(\theta,t) = r_0(\theta,t) - \frac{1}{2}a_{\mathrm{r}}(\theta)t^2 \tag{2-3}$$

式中，$r_0(\theta, t)$ 为散体颗粒流动前初始位置坐标。由图 2-16 可知，放出体的最远始动点距离 $r_{\max}$ 在 $\theta=0°$ 处，最远始动点距离如式（2-4）：

$$r_{\max} = r_{\mathrm{D}} + \frac{gt^2}{2}(1 - \sin\theta_{\mathrm{G}}) \tag{2-4}$$

式中，r_{D} 为散体颗粒经过放煤口时距放煤中心的距离。放出体边界上其他始动点距坐标原点距离计算方法如式（2-5）：

$$r_0(\theta, r_{\max}) = (r_{\max} - r_{\mathrm{D}})\frac{(\sin\theta - \sin\theta_{\mathrm{G}})}{1 - \sin\theta_{\mathrm{G}}} + r_{\mathrm{D}} \tag{2-5}$$

取 $\theta_{\mathrm{G}}=60°$，$r_{\mathrm{D}}=0.5\mathrm{m}$，开始放出 5s 后的放出体形态如图 2-17 所示。

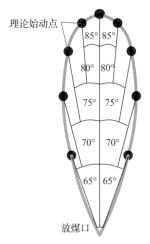

图 2-17　放出体理论形态图

2.2.2.2　放出体模型构建

倾斜煤层工作面放煤要考虑如下因素：放煤口倾斜布置；放煤口两侧边界条件不同，放煤口下端可认为无限边界条件，放煤口上端则是倾斜边界条件；放煤口上端颗粒与支架之间的接触摩擦要小于颗粒与颗粒之间的接触摩擦，倾斜煤层有利于上端放煤。据此，通过修正对称放煤的 B-R 模型，可以得到倾斜煤层的顶煤放出体方程。

图 2-18 为倾斜煤层初始放煤阶段顶煤放出体计算模型。图 2-18 中 I 区包含角度范围 (θ_G, θ_G')，II 区包含角度范围 (θ_G', 90°)，III 区包含角度范围 (90°, 180°−θ_G)，θ_G 是颗粒最大运移角度，θ_G' 是当颗粒沿直线运动刚好经过放煤口上边界时的角度，O 点为颗粒运动迹线中心点，并以 O 点为极坐标原点。

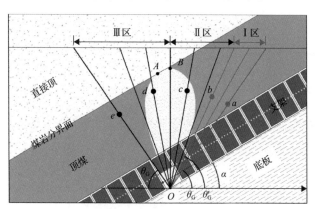

图 2-18　倾斜煤层初始放煤阶段顶煤放出体计算模型

当颗粒处于放出体上端头边界 I 区时(如图 2-18 中颗粒 a 和 b)，若颗粒依然沿直线运行，则颗粒会撞击到相邻支架尾梁上。因此，若颗粒遵循沿最小阻力路径方向流出放煤口的原则，则 I 区内的颗粒在支架尾梁的约束下其运行路径必然发生改变，因此，I 区也称为路径变异区，并且由于支架尾梁与煤颗粒间的摩擦系数小于煤颗粒间的摩擦系数，使得放煤口上端侧顶煤颗粒快速放出。

当颗粒处于 II 区和 III 区时(如图 2-18 中颗粒 c、d 和 e)，其运行路径并未受到支架尾梁阻挠，但可能会受到 I 区颗粒运动的影响，为简化计算，认为 II 区和 III 区内的颗粒运动不受工作面倾角影响，运动过程与水平条件下的运动并无明显差异，沿直线向着轨迹中心 O 点流动并流出放煤口。

理论上第一颗放出的矸石颗粒应位于放出体与煤岩分界面相切位置(图 2-18 中 A 点)，放出体的最高位置点(图 2-18 中 B 点)也不同于水平煤层，要略低于煤岩分界面。

图 2-19 为 PFC^{3D} 数值模拟中工作面布置方向速度场分布情况。由图 2-19 (a) 可知，当工作面倾角为 0°时，放煤口两侧颗粒速度场对称分布，在颗粒到达放煤口之前，颗粒速度较小，而通过放煤口后速度突然增加；由图 2-19 (b) 可知，当工作面存在倾角时，放煤口两侧速度场已不再对称，工作面上端方向颗粒运动速度明显大于下端方向，且发现靠近支架尾梁一定范围内(路径变异区)颗粒的运动方向不再向着 O 点，进而使得其运行路径发生了改变，这一现象可解释为：靠近上端侧支架尾梁的颗粒，其运动迹线的中心点不再是 O 点，可近似认为以放煤口上边界点 O'为中心点继续放出，如图 2-20 所示。

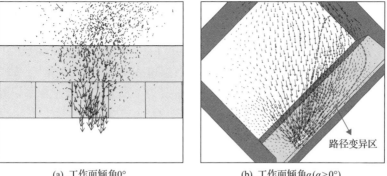

(a) 工作面倾角0° (b) 工作面倾角α(α>0°)

图 2-19 工作面倾斜方向颗粒速度场分布情况

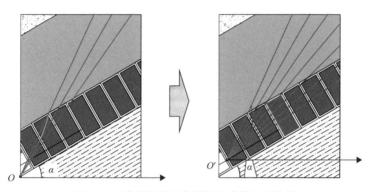

图 2-20 路径变异区内颗粒运动轨迹变化图

根据上述分析，颗粒运动速度场及路径的变异使得倾斜煤层放出体边界形态发生了变异，变异后放出体形态在工作面上端方向快速发育。图 2-21 为倾斜煤层顶煤放出体形态示意图，图中的网格阴影范围即为变异发育范围，随着工作面倾角的增大变异发育范围增大。

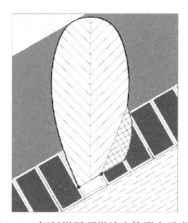

图 2-21 倾斜煤层顶煤放出体形态示意图

2.2.2.3　初始放煤阶段顶煤放出体边界方程

如图 2-22 所示，取支架放煤口作为研究对象，图中红色方框为放煤口在工作面竖直平面内的投影，其中直角坐标系以放煤迹线中心 O 点为原点，放煤口中心垂线方向为 y 轴方向，垂直于放煤口中心垂线为 x 轴方向。极坐标系以 O 点为极点，x 轴为极轴，逆时针方向为角度正方向，O_F 为放煤口中心点。L_{OWP} 为放煤口投影宽度，L_{OLP} 为放煤口投影长度，L_X 为放煤口下边界点到放煤迹线中心点的距离，L_Y 为放煤口上边界点到放煤迹线中心点的距离，L_{OF} 为放煤口中心点到放煤迹线中心点的距离。由三角函数可知，θ'_G 满足式 (2-6)：

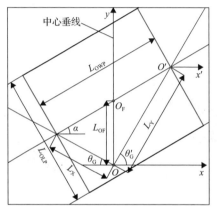

图 2-22　工作面竖直平面内放煤口投影图

$$\begin{cases} \dfrac{\dfrac{L_{OWP}}{2}}{\sin\left(\dfrac{\pi}{2}-\theta_G\right)} = \dfrac{L_X}{\sin\left(\dfrac{\pi}{2}-\alpha\right)} \\[4mm] \dfrac{L_X}{\sin(\theta'_G-\alpha)} = \dfrac{L_{OWP}}{\sin(\pi-\theta_G-\theta'_G)} \end{cases} \tag{2-6}$$

由式 (2-6) 变形可得 θ'_G 与 θ_G 和 α 的关系：

$$\tan\theta'_G = \tan\theta_G + 2\tan\alpha \tag{2-7}$$

则 θ'_G 计算公式为

$$\theta'_G = \arctan(\tan\theta_G + 2\tan\alpha) \tag{2-8}$$

由式 (2-8) 可知，当煤层存在倾角，即 α 不为 0°时，$\theta'_G > \theta_G$，也就是说在倾斜煤层工作面，总会存在 I 区的颗粒无法按直线流向 O 点。而 θ_G 取决于颗粒内摩擦角 φ_0，由式 (2-9) 确定：

$$\theta_G = 45° + \frac{\varphi_0}{2} \tag{2-9}$$

通过式(2-8)和式(2-9)即可求得 θ_G' 大小，从而可以确定Ⅰ区的范围大小。因此倾斜煤层放出体方程如下。

(1)当颗粒处于Ⅲ区和Ⅱ区时，此部分放出体受工作面倾角影响较小，可简化认为该部分放出体内颗粒沿直线运移到 O 点流出，则该区域的颗粒运动满足式(2-10)：

$$\rho(\theta) = \frac{1}{2}(g\sin\theta - g\sin\theta_G)t^2 \tag{2-10}$$

当工作面倾角为 α，则煤层顶板到放煤口中心的竖直距离 h_{mv} 及放煤口中心 O_F 到 O 点的距离 L_{OF} 分别为

$$h_{mv} = \frac{h_m}{\cos\alpha} - \frac{L_{OLP}}{2\cos\alpha} = \frac{2h_m - L_{OL}\sin\beta}{2\cos\alpha} \tag{2-11}$$

$$L_{OF} = \frac{L_{OWP}\sin(\alpha+\theta_G)}{2\cos\theta_G} = \frac{L_{OW}\sin(\alpha+\theta_G)}{2\cos\theta_G} \tag{2-12}$$

式中，h_m 为煤层的垂直厚度；L_{OL} 为放煤口实际斜长；L_{OW} 为放煤口实际宽度；β 为综放支架尾梁与煤层底板夹角。

由式(2-11)和式(2-12)可得，煤层顶板所在直线 l_0 在直角坐标系中为

$$y = \tan\alpha \cdot x + \frac{2h_m - L_{OL}\sin\beta}{2\cos\alpha} + \frac{L_{OW}\sin(\alpha+\theta_G)}{2\cos\theta_G} = \tan\alpha \cdot x + L_C \tag{2-13}$$

式中，L_C 为煤层顶板到 O 点的竖直距离。将直角坐标系方程转换为极坐标系方程，则直线 l_0 方程为

$$\rho(\theta) = \frac{L_C}{\sin\theta - \tan\alpha\cos\theta} \tag{2-14}$$

若放煤过程遵循"见矸关门"原则，则顶煤放出体边界与煤层顶板某点 $A(x_A, y_A)$ 相切，放出体最高位置点 $B(x_B, y_B)$ 低于煤层顶板，因 A 点位于直线 l_0 上，因此满足式(2-15)：

$$\rho(\theta_A) = \frac{L_C}{\sin\theta_A - \tan\alpha\cos\theta_A} \tag{2-15}$$

式中，θ_A 和 $\rho(\theta_A)$ 分别为 A 点处的极角和极半径。将式(2-15)代入式(2-10)得

$$\frac{t^2}{2} = \frac{\rho(\theta_A)}{g \sin \theta_A - g \sin \theta_G} \tag{2-16}$$

由式(2-16)得，当 θ 在 II 区和 III 区范围内放出体边界 $l_{2\text{-}3}$ 为

$$\rho(\theta) = \rho(\theta_A) \frac{\sin \theta - \sin \theta_G}{\sin \theta_A - \sin \theta_G} \tag{2-17}$$

分别求式(2-14)和式(2-17)的导数得

$$\begin{cases} \rho(\theta)'_{l_0} = -\dfrac{L_C(\cos \theta + \tan \alpha \sin \theta)}{(\sin \theta - \tan \alpha \cos \theta)^2} \\ \rho(\theta)'_{l_{2\text{-}3}} = \dfrac{\rho(\theta_A) \cos \theta}{\sin \theta_A - \sin \theta_G} \end{cases} \tag{2-18}$$

因两曲线相切，因此式(2-14)和式(2-17)在 A 点处的导数应相同，由此得出 A 点的坐标应满足式(2-19)：

$$\frac{(1 + \tan \alpha \tan \theta_A)(\sin \theta_G - \sin \theta_A)}{\sin \theta_A - \tan \alpha \cos \theta_A} = 1 \tag{2-19}$$

根据式(2-19)即可求出 A 点极坐标$(\rho(\theta_A)$, $\theta_A)$，即确定了放出体边界与煤层顶板的相切点。同时可以求出放出体最大高度，即当 $\theta = 90°$ 时，得

$$\rho_{\max} = \rho(\theta_A) \frac{1 - \sin \theta_G}{\sin \theta_A - \sin \theta_G} \tag{2-20}$$

(2)当颗粒处于 I 区时，此部分放出体受工作面倾角影响较大，认为该部分放出体内的颗粒沿直线运移到放煤口上边界点 O' 后流出。当工作面存在倾角时，工作面上端方向顶煤颗粒最大运移范围外的颗粒也发生了运移，这说明 I 区范围内顶煤颗粒所受的最大摩擦力发生了变化，设颗粒间摩擦力为 mgf_1。如图 2-22 所示，以点 O' 为新的极点，建立新极坐标系，此时，I 区角度变为$(\alpha$, $\theta_G')$，则该阶段放出体边界 l_1 为

$$\rho(\theta_{O'}) = K_1 \rho_{\max} \frac{\sin \theta_{O'} - f_1}{1 - \sin \theta_G} \tag{2-21}$$

式中，$\theta_{O'}$ 为新极坐标系下的极角角度；K_1 为修正系数；f_1 为摩擦系数。式(2-21)中 f_1 用来调整方程的角度范围，K_1 用来调整方程的极径长度，为使得边界 l_1 和 $l_{2\text{-}3}$ 无差值连接，则应满足式(2-22)：

$$\rho_{\max} \frac{\sin \theta_G' - \sin \theta_G}{1 - \sin \theta_G} - L_Y = K_1 \rho_{\max} \frac{\sin \theta_G' - f_1}{1 - \sin \theta_G} \tag{2-22}$$

如图 2-22 所示，式(2-22)中 L_Y 的值可根据正弦定理得

$$\frac{L_Y}{\sin\left(\alpha + \dfrac{\pi}{2}\right)} = \frac{\dfrac{L_{OWP}}{2}}{\sin\left(\dfrac{\pi}{2} - \theta_G'\right)} \tag{2-23}$$

又当 $\theta_{O'}$ 为 α 时，由式(2-21)可得

$$\rho(\alpha) = K_1 \rho_{\max} \frac{\sin \alpha - f_1}{1 - \sin \theta_G} \tag{2-24}$$

则联立式(2-22)~式(2-24)可求得参数 K_1 和 f_1：

$$\begin{cases} f_1 = \dfrac{M \sin \alpha - \sin \theta_G'}{M - 1} \\[2mm] K_1 = \dfrac{\rho(\alpha)(1 - \sin \theta_G)}{\rho_{\max}(\sin \alpha - f_1)} \\[2mm] M = \dfrac{\rho_{\max}(\sin \theta_G' - \sin \theta_G)}{\rho(\alpha)(1 - \sin \theta_G)} - \dfrac{L_{OW} \cos \alpha}{2 \cos \theta_G' \rho(\alpha)} \end{cases} \tag{2-25}$$

初始放煤阶段倾斜煤层顶煤放出体边界方程为

$$\begin{cases} l_1 : \rho(\theta_{O'}) = \dfrac{\rho(\alpha)}{(\sin \alpha - f_1)}\left(\sin \theta_{O'} - \dfrac{M \sin \alpha - \sin \theta_G'}{M - 1}\right), & \alpha \leqslant \theta_{O'} \leqslant \theta_G' \\[3mm] l_{2-3} : \rho(\theta) = \rho(\theta_A) \dfrac{\sin \theta - \sin \theta_G}{\sin \theta_A - \sin \theta_G}, & \theta_G' \leqslant \theta \leqslant 180° - \theta_G \end{cases} \tag{2-26}$$

由式(2-8)可知，当 $\alpha = 0°$ 时，即水平煤层条件下，$\theta_G' = \theta_G$，则式(2-26)转变为式(2-27)：

$$\rho(\theta) = \rho(\theta_A) \frac{\sin \theta - \sin \theta_G}{\sin \theta_A - \sin \theta_G} = L_C \frac{\sin \theta - \sin \theta_G}{1 - \sin \theta_G}, \quad \theta_G \leqslant \theta \leqslant 180° - \theta_G \tag{2-27}$$

2.2.2.4 正常放煤阶段顶煤放出体边界方程

图 2-23 为倾斜煤层正常放煤阶段顶煤放出体计算模型。可以看出，顶煤放出体与煤岩分界面的相切点为 A 点，顶煤放出体最高点为 B 点，相比于初始放煤阶

段，各分区内颗粒运动情况与初始放煤阶段基本一致，Ⅰ区内的颗粒 a 运行路径受到阻碍不能达到 O 点，Ⅱ区和Ⅲ区内的颗粒 b、c 和 d 运行路径基本不受影响可正常通过放煤口。因此，正常放煤阶段放出体方程依然满足式(2-26)，但由于煤岩分界面的约束，顶煤放出体最大高度小于初始放煤阶段，放出体体积也小于初始放煤阶段。

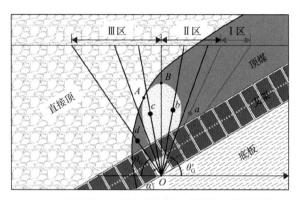

图 2-23　倾斜煤层正常放煤阶段顶煤放出体计算模型

为求得倾斜煤层正常放煤阶段顶煤放出体边界方程，则需知道放出体切点 A 坐标。根据已有研究结果，煤岩分界面可近似用抛物线方程进行拟合[6]，设正常放煤阶段煤岩分界面方程为

$$y^2 + C_1 y + C_2 x + C_3 = 0 \tag{2-28}$$

则由顶煤放出体边界与煤岩分界面相切于 A 点可得

$$\begin{cases} \dfrac{\rho(\theta_A)' \tan\theta_A + \rho(\theta_A)}{\rho(\theta_A)\tan\theta_A - \rho(\theta_A)'} = \dfrac{C_2}{2\rho(\theta_A)\sin\theta_A + C_1} \\ \rho(\theta_A)' = \dfrac{\rho(\theta_A)\cos\theta}{\sin\theta_A - \sin\theta_G} \end{cases} \tag{2-29}$$

由式(2-29)可求得 A 点的坐标，或者根据数值模拟结果提取第一个放出矸石颗粒的原位置坐标作为 A 点坐标，两者可互相印证。若设正常放煤阶段颗粒间摩擦力为 mgf_2，修正系数为 K_2，f_2 和 K_2 的计算方法如式(2-25)，则正常放煤阶段顶煤放出体边界方程为

$$\begin{cases} l_1: \rho(\theta_{O'}) = \dfrac{\rho(\alpha)}{(\sin\alpha - f_2)}\left(\sin\theta_{O'} - \dfrac{M\sin\alpha - \sin\theta_G'}{M-1}\right), & \alpha \leqslant \theta_{O'} \leqslant \theta_G' \\ l_{2-3}: \rho(\theta) = \rho(\theta_A)\dfrac{\sin\theta - \sin\theta_G}{\sin\theta_A - \sin\theta_G}, & \theta_G' \leqslant \theta \leqslant 180° - \theta_G \end{cases} \tag{2-30}$$

式(2-26)和式(2-30)分别给出了倾斜煤层初始放煤阶段和正常放煤阶段顶煤放出体的理论计算方程,为了从理论角度解释和验证在室内放煤试验中发现的放出体异形等体特征,以下从放出体形态特征、体积对称性两方面进行分析。

2.2.3 放出体的异形等体特征

2.2.3.1 放出体异形特征

1)初始放煤阶段

基于文献[15]中基本数值模拟参数,取 h_m=9m,L_{OL}=1.7m,L_{OW}=1.5m,β=60°,θ_G=50°,将这些参数代入 2.2.2 节相关公式中,可以分别求得各工作面倾角条件下 θ'_G、θ_A、K_1 和 f_1 等参数的数值大小,见表 2-1。

表 2-1　不同工作面倾角下初始放煤阶段顶煤放出体边界方程各参数计算结果表

α /(°)	θ'_G /(°)	L_{OF}/m	L_C/m	θ_A /(°)	$\rho(\theta_A)$/m	ρ_{max}/m	K_1	f_1
0	50.00	0.89	9.16	90.00	9.16	9.16	0	—
10	57.09	1.01	9.40	91.90	9.35	9.37	0.023	−0.890
20	62.49	1.10	9.89	93.89	9.67	9.77	0.072	−0.278
30	66.92	1.15	10.69	95.96	10.14	10.38	0.142	0.096
40	70.79	1.17	11.95	97.99	10.80	11.27	0.223	0.308
50	74.38	1.15	14.01	100.40	11.68	12.57	0.278	0.374

如图 2-24 所示,根据表 2-1 中各参数值,可得出不同工作面倾角条件下初始顶煤放出体边界方程,进而绘制出其理论形态(图 2-24 中红色实线包络的形态)。

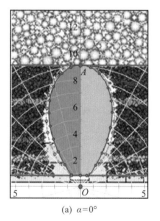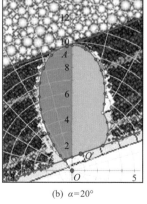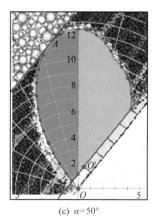

(a) α=0°　　　　　　　(b) α=20°　　　　　　　(c) α=50°

图 2-24　初始放煤阶段顶煤放出体理论形态与数值模拟结果对比图

通过与数值模拟结果(图 2-24 中蓝色虚线形态)对比可以看出,理论方程所得的放出体形态可以较准确地描述数值模拟结果,小范围的差距可能是 PFC^{3D} 数值模拟顶煤颗粒采用球单元造成的。可以发现，在倾斜条件下放出体上端侧都存在一个拐点(图2-24中黄色点)，拐点上部放出体形态与放出体下端侧基本对称，而拐点下部放出体形态呈向工作面上端方向快速发育的趋势，并且可以看出理论计算与数值模拟中拐点位置所对应的极坐标角度基本一致，这验证了理论方程的正确性。

图2-25为初始放煤阶段顶煤放出体边界方程各参数随工作面倾角变化的变化趋势。由图2-25(a)可以看出，随着工作面倾角的增大，顶煤放出体与煤岩分界面相切点角度 θ_A 基本呈直线增大，也就是说相切点 A 随着工作面倾角增大，在放出体边界上的位置呈下降的趋势；同时可以看出随着工作面倾角增大，θ_G' 也基本呈线性增大，说明随着工作面倾角增大，顶煤放出体上端侧拐点的位置越来越高，上端侧顶煤放出体受边界条件影响越大。

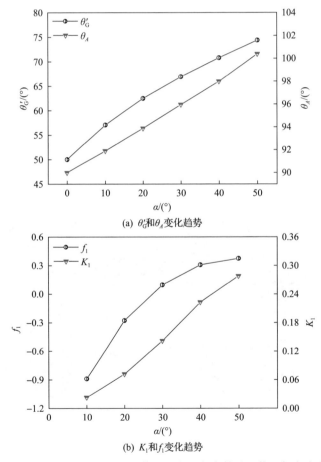

(a) θ_G'和θ_A变化趋势

(b) K_1和f_1变化趋势

图2-25 初始放煤阶段顶煤放出体边界方程各参数随工作面倾角变化趋势

图2-25(b)中两个参数决定了 O' 坐标系下顶煤放出体形态，可以看出 K_1 和 f_1

随着工作面倾角的增大都呈增大的趋势，在工作面倾角为10°和20°时，Ⅰ区的颗粒间摩擦力 f_1 为负值，说明Ⅱ区颗粒的运动会给Ⅰ区颗粒一个方向朝向放煤中心的摩擦力，使得Ⅰ区颗粒开始向着放煤口流动，进而增大了上端侧顶煤放出量；而当工作面倾角较大时，Ⅰ区的煤颗粒不能自稳，且由于煤和金属支架之间的摩擦系数小于煤颗粒之间的摩擦系数，因此Ⅰ区内的颗粒运行速度快，将受到一个方向背向放煤中心的摩擦力，因此当工作面倾角为30°、40°及50°时，f_1 为正值；K_1 越来越大说明拐点下部顶煤放出体快速向上发育越明显，顶煤放出体越来越宽。

2）正常放煤阶段

在相同的煤岩分界面下进行不同工作面倾角的放煤操作，6 个工作面倾角放煤结束后，分别提取顶煤放出体和煤岩分界面切点 A 的坐标，进而可求得正常放煤阶段顶煤放出体边界方程及相关参数的值，见表 2-2。

表 2-2　不同工作面倾角下正常放煤阶段顶煤放出体边界方程各参数计算结果表

$\alpha/(°)$	$\theta'_G/(°)$	$\theta_A/(°)$	$\rho(\theta_A)/m$	ρ_{max}/m	K_2	f_2
0	50.02	103.54	5.27	5.98	0	—
10	57.09	103.28	6.53	7.37	0.024	−0.419
20	62.49	103.11	7.67	8.63	0.066	−0.316
30	66.92	108.57	7.84	10.08	0.141	0.099
40	70.79	108.97	8.46	11.02	0.215	0.287
50	74.38	109.55	9.41	12.47	0.290	0.399

图 2-26 为正常放煤阶段顶煤放出体理论形态和数值模拟结果对比图。正常放煤阶段顶煤放出体理论形态可以较准确地描述数值模拟结果，进一步验证了方程的正确性。

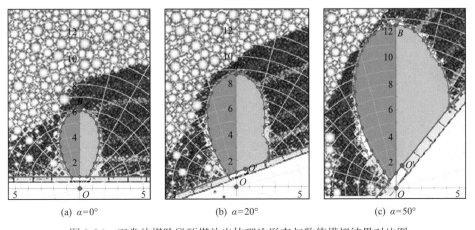

(a) $\alpha=0°$　　　　　(b) $\alpha=20°$　　　　　(c) $\alpha=50°$

图 2-26　正常放煤阶段顶煤放出体理论形态与数值模拟结果对比图

图 2-27 为正常放煤阶段和初始放煤阶段 θ_A 和 ρ_{max} 的变化趋势对比图。不同于初始放煤阶段，正常放煤阶段顶煤放出体与煤岩分界面相切点 A，由于煤岩分界面的约束，θ_A 呈现先减小后增大的趋势，相切点的位置整体要低于初始放煤阶段；在相同的煤岩分界面条件下，正常放煤阶段和初始放煤阶段放出体最大放出高度随着工作面倾角的增大，其差值呈减小趋势，说明该煤岩分界面对于顶煤放出体的约束作用随着工作面倾角的增大而减小，当工作面倾角达到 30°后，两者间的差距很小，煤岩分界面的约束作用基本可以忽略。

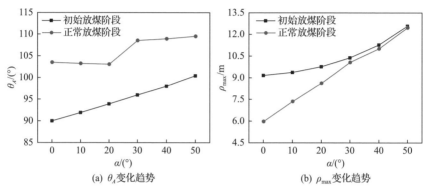

图 2-27　正常放煤阶段和初始放煤阶段 θ_A 和 ρ_{max} 的变化趋势对比图

2.2.3.2　放出体等体特征

1）放出体体积对称性

由式（2-26）得出放出体边界后，即可求得顶煤放出体体积，如图 2-28 所示，以放煤口中心线为界，放出体下端侧体积为 A_l，放出体上端侧体积为 A_r，总体积为 A_0，O' 点坐标系下 α 到 θ_G 范围内放出体包络体积为 A_1（即放出体上端侧变异发育体积），O 点坐标系下 θ_G 到 θ'_G 范围内放出体包络体积为 A_2（放出体上端侧被切割体积）。

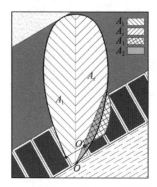

图 2-28　顶煤放出体体积计算示意图

由 B-R 模型可算得，水平条件下顶煤放出体体积 A_0 为

$$A_0 = \int_A \mathrm{d}A = \left(\frac{\rho_{\max}}{1-\sin\theta_G}\right)^2 \int_{\theta_G}^{\frac{\pi}{2}} (\sin\theta - \sin\theta_G)^2 \mathrm{d}\theta$$

$$= \left(\frac{\rho_{\max}}{1-\sin\theta_G}\right)^2 \left[\left(\frac{\pi}{2} - \theta_G\frac{\pi}{180}\right)\left(\sin^2\theta_G + \frac{1}{2}\right) - \frac{3}{2}\sin\theta_G\cos\theta_G\right] \tag{2-31}$$

由式 (2-31) 得，工作面倾角为 α 时，放出体下端侧体积 A_l 近似为

$$A_l = \frac{1}{2}\left(A_0 - L_{OF}\frac{L_{OW}}{2}\cos\alpha\right) \tag{2-32}$$

放出体上端侧体积 A_r 近似为

$$A_r = \frac{1}{2}\left(\frac{\rho_{\max}}{1-\sin\theta_G}\right)^2 \int_{\theta_G'}^{\frac{\pi}{2}} (\sin\theta - \sin\theta_G)^2 \mathrm{d}\theta - \frac{1}{2}L_{OF}\frac{L_{OW}}{2}\cos\alpha$$

$$+ \frac{1}{2}\left(\frac{K_1\rho_{\max}}{1-\sin\theta_G}\right)^2 \int_\alpha^{\theta_G'} (\sin\theta - f_1)^2 \mathrm{d}\theta \tag{2-33}$$

为研究工作面倾角对顶煤放出体上下端两侧体积对称性的影响，定义放出体体积对称性系数 S_v，则 S_v 的表达式为

$$S_v = \frac{A_r}{A_l} = 1 + \left(\frac{\rho_{\max}}{1-\sin\theta_G}\right)^2 \frac{K_1^2\int_\alpha^{\theta_G'} (\sin\theta - f_1)^2 \mathrm{d}\theta - \int_{\theta_G}^{\theta_G'} (\sin\theta - \sin\theta_G)^2 \mathrm{d}\theta}{A_0 - L_{OF}\frac{L_{OW}}{2}\cos\alpha} \tag{2-34}$$

$$= 1 + \frac{A_1 - A_2}{A}$$

因此，由式 (2-34) 可求得顶煤放出体体积对称性系数。

2）初始放煤阶段

将表 2-1 中的参数值代入式 (2-32)～式 (2-34) 可求得不同工作面倾角下顶煤放出体上下端两侧体积 A_l 和 A_r，以及体积对称性系数 S_v，计算结果见表 2-3 和图 2-29。可以看出，随着工作面倾角的增大，顶煤放出体体积逐渐增大，当倾角小于 20°时，体积增大的速度较慢；当倾角大于 20°时，体积增大得越来越明显；体积对称性系数 S_v 随着工作面倾角的增大，其数值在 1 上下浮动，基本可以认为随着工作面倾角的增大，顶煤放出体形态明显不对称，但上下两侧放出体体积具有对称性。

表 2-3 不同工作面倾角下初始放煤阶段顶煤放出体体积及体积对称性系数结果

$\alpha /(°)$	A_l/m^3	A_r/m^3	A_0/m^3	S_v
0	14.92	14.92	29.84	1.000
10	15.68	16.13	31.81	1.029
20	17.02	18.92	35.94	1.112
30	19.28	21.95	41.23	1.138
40	22.80	25.68	48.48	1.126
50	28.61	31.11	59.72	1.087

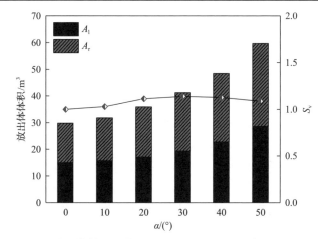

图 2-29 放出体体积和体积对称性系数随工作面倾角变化趋势

3）正常放煤阶段

将表 2-2 中的参数值代入式（2-32）～式（2-34）可求得不同工作面倾角下正常放煤阶段顶煤放出体上下端两侧体积 A_l 和 A_r，以及体积对称性系数 S_v，计算结果见表 2-4 和图 2-30。

表 2-4 不同工作面倾角下正常放煤阶段顶煤放出体体积和体积对称性系数结果

$\alpha /(°)$	A_l/m^3	A_r/m^3	A_0/m^3	S_v
0	6.20	6.20	12.40	1.000
10	9.54	9.63	19.17	1.009
20	13.18	14.46	27.64	1.097
30	18.16	20.64	38.80	1.137
40	21.82	24.57	46.39	1.126
50	28.17	30.43	58.60	1.080

图 2-30 为体积对称性系数理论计算结果、数值模拟结果及放煤试验结果对比图，在室内放煤试验中正常放煤阶段因无法反演放出体形态，因此并未画出。可

以看出，理论计算结果、数值模拟结果以及放煤试验结果得出的体积对称性系数都在 1 上下浮动，这一方面验证了理论推导的正确性，另一方面说明了倾斜煤层顶煤放出体上下两侧具有异形等体特征。

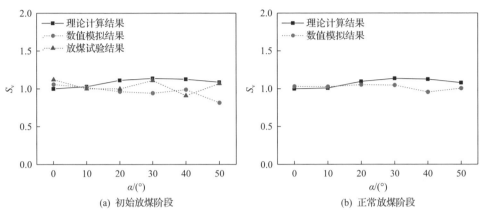

(a) 初始放煤阶段　　　　　　　　　(b) 正常放煤阶段

图 2-30　体积对称性系数理论计算结果、数值模拟结果及放煤试验结果对比图

2.3　煤岩分界面理论方程及形态特征

煤岩分界面是顶煤放出体发育的边界约束条件，当顶煤放出体发育超过煤岩分界面时，放出体中就会包含有顶板破碎的岩石，造成混矸，因此研究煤岩分界面形态极其重要。由于理论方法局限，要想给出正常放煤阶段的煤岩分界面理论方程难度极大，一般可通过模拟计算或者模拟试验给出，在文献[7]中做了一些理论研究，但是也没有得到满意结果，下面借鉴文献[7]中的研究方法和一些结果，介绍初始放煤时煤岩分界面的理论研究成果。初始煤岩分界面如图 2-31 所示。在后续综放工作面放煤过程中，放煤工序都是在煤岩分界面的约束下进行的，因而

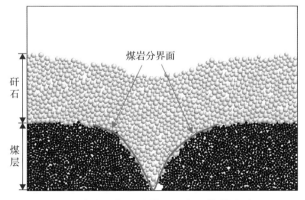

图 2-31　综放工作面放煤过程中初始煤岩分界面

初始煤岩分界面直接影响相邻支架放煤时的放出体形态，进而影响整个工作面顶煤回收率及含矸率。由于受到现场实际条件的制约，无法直观观察煤岩分界面空间形态，因此，理论分析、室内试验及数值模拟等成为研究煤岩分界面的主要手段。本节基于散体力学，对综放开采初始煤岩分界面表面颗粒建立受力模型，推导初次见矸和过量放煤条件下煤岩分界面理论计算方程，并通过室内放煤试验和数值模拟验证煤岩分界面理论形态，为合理控制放出体形态及提高工作面顶煤回收率提供理论指导。

2.3.1　煤岩分界面理论模型

图 2-32 为第一次见矸关闭放煤口后形成的初始煤岩分界面示意图。在工作面推进方向上，随着放煤工序结束，初始煤岩分界面形态保持稳定，也就是说，此时分界面上的颗粒受力平衡且不再滑动(流动)[16]。取煤岩分界面表面任一颗粒进行受力分析见图 2-32 右图。

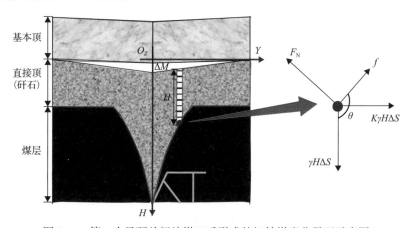

图 2-32　第一次见矸关闭放煤口后形成的初始煤岩分界面示意图

随着工作面推进，基本顶岩层破断形成稳定的铰接结构，使得基本顶和上覆岩层的重力无法传递下来，因此煤岩分界面表面颗粒受上部破碎矸石柱的载荷为 $\gamma H \Delta S$，水平侧向压力 $F_{侧} = K\gamma H \Delta S$，沿煤岩分界面切线方向的摩擦力为 f，以及颗粒所受的支持力为 F_N。其中 H 为煤岩分界面上任意一点上覆岩柱的高度，m；ΔS 为该点所受载荷的面积，m^2；ΔM 为直接顶中心凹陷高度，m；γ 为矸石块体容重，N/m^3；K 为侧压系数。为进行计算，以放煤漏斗最高处中心为原点，以矸石柱高度为 H 轴方向，以工作面推进方向为 Y 轴方向，以工作面布置方向为 Z 轴方向，建立直角坐标系。其中，煤岩分界面上任一点处切线方向与 H 轴正方向的夹角为 θ。直角坐标系建立完成后，结合散体颗粒受力分析分别对初次见矸和过量放煤两种情况下综放开采初始煤岩分界面方程进行推导。

2.3.2 煤岩分界面方程

2.3.2.1 初次见矸初始煤岩分界面方程

由图 2-32 中煤岩分界面表面颗粒受力分析可得

$$\begin{cases} -f\cos\theta + F_N\sin\theta = \gamma H\Delta S \\ f\sin\theta + K\gamma H\Delta S = -F_N\cos\theta \\ f = \mu F_N \end{cases} \tag{2-35}$$

式中，μ 为颗粒间摩擦系数。化简式 (2-35) 可得

$$\tan\theta = \frac{K\mu - 1}{\mu + K} \tag{2-36}$$

由图 2-32 中坐标系可知，$\tan\theta$ 为煤岩分界面表面颗粒的切线斜率且煤岩分界面连续，则

$$y' = \frac{dy}{dH} = \tan\theta = \frac{K\mu - 1}{\mu + K} \tag{2-37}$$

将散体顶煤假设为理想流体，设侧压系数 K 随颗粒上覆颗粒柱厚度 H 的增加而增大[17]，即 $K=mH$，代入式 (2-37) 得

$$y' = \frac{mH\mu - 1}{\mu + mH} \tag{2-38}$$

对 y' 积分可得初始煤岩分界面二维方程为

$$y = \int y' dH = -\frac{(1+\mu^2)}{m}\ln(mH + \mu) + \mu H + C \tag{2-39}$$

对于式 (2-39)，仅有常数 C 未知，而由图 2-32 可知，在放煤口位置，煤岩分界面截面长度 y 近似为 0。因此，将 $(H_c+H_r, 0)$ 代入式 (2-39) 可得

$$C = \frac{(1+\mu^2)}{m}\ln\left[m(H_c + H_r) + \mu\right] - \mu(H_c + H_r) \tag{2-40}$$

式中，H_c 为煤层厚度，m；H_r 为直接顶厚度，m。

由此可得，工作面推进方向上初次见矸条件下初始煤岩分界面理论方程为

$$y = -\frac{(1+\mu^2)}{m}\ln(mH + \mu) + \mu H + \frac{(1+\mu^2)}{m}\ln\left[m(H_c + H_r) + \mu\right] - \mu(H_c + H_r) \tag{2-41}$$

若忽略综放支架的影响，则三维初次见矸初始煤岩分界面方程可通过把工作面推进方向(H-Y)的煤岩分界面绕 H 轴旋转一周得到，如式(2-42)。考虑综放支架对煤岩分界面形态的影响在第 3 章中详细描述。

$$y^2 + z^2 = \left\{ -\frac{(1+\mu^2)}{m}\ln(mH+\mu) + \mu H + \frac{(1+\mu^2)}{m}\ln\big[m(H_r+H_c)+\mu\big] - \mu(H_r+H_c) \right\}^2$$

$$(2\text{-}42)$$

由式(2-41)和式(2-42)可知，初始煤岩分界面方程为 ln 函数和一次线性函数的结合，因此煤岩分界面形态整体上应在对数曲线和线性直线之间，同时该方程也揭示了煤岩分界面各截面长度(y)与距煤层底板距离(h)的关系。

2.3.2.2　过量放煤初始煤岩分界面方程

在实际采煤现场中一般都存在过量放煤现象，使得初始煤岩分界面较上述理论形态更加发育。图 2-33 为过量放煤条件下初始煤岩分界面继续发育过程剖面图。图 2-33 中，黑色矩形框为放煤口在底板的投影图，不同颜色的曲线为不同发育过程中煤岩分界面形态，$2a$ 为放煤口投影短边长度(工作面推进方向)，m；$2b$ 为放煤口投影长边长度(工作面布置方向)，m。

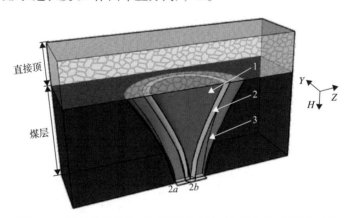

图 2-33　过量放煤条件下初始煤岩分界面继续发育过程剖面图

理论上当第一块矸石到达放煤口时即关门，此时煤岩分界面为图 2-33 中蓝色曲面(曲面 1)；此后放煤过程是煤矸混合放出，煤岩分界面持续发育，且保持上述煤岩分界面形态，为类对数曲线漏斗状；图 2-33 中绿色曲面(曲面 2)为类对数曲线漏斗状的临界状态，此时煤岩分界面下边缘在工作面推进方向必经过点 (H_r+H_c, a)，如式(2-43)所示：

$$y^2 + z^2 = \left\{ \begin{array}{l} -\dfrac{(1+\mu^2)}{m}\ln(mH+\mu) + \mu H + \dfrac{(1+\mu^2)}{m}\ln\left[m(H_r+H_c)+\mu\right] \\[3mm] -\mu(H_r+H_c) + a \end{array} \right\}^2 \tag{2-43}$$

随着放煤口继续放煤，在工作面推进方向由于受到放煤口限制，初始煤岩分界面不再发育，而在工作面布置方向继续发育，当煤岩分界面达到如图 2-33 中红色曲面(曲面 3)状态时，放煤口内全部充满矸石，此时初始煤岩分界面完全发育，而由于三维空间内初始煤岩分界面各个方向发育状态不同，其形态不再是类对数曲线漏斗状，而是开口近似为椭圆形，底部为矩形的"矩形底椭圆顶漏斗状"。

图 2-34 为空间内任意一条煤岩分界线在 Y-Z 平面内的投影线与 Y 轴正方向的夹角 φ 的示意图。图 2-34 中 S 和 T 分别是角度范围的集合，由图 2-34 可求得不同夹角下煤岩分界面通过点坐标，则过量放煤后形成的煤岩分界面曲面方程如式 (2-44)所示：

$$\left\{ \begin{array}{l} y = -\dfrac{(1+\mu^2)}{m}\ln(mH+\mu) + \mu H + \dfrac{(1+\mu^2)}{m}\ln\left[m(H_r+H_c)+\mu\right] \\[3mm] \quad -\mu(H_r+H_c) + \left|\dfrac{a}{\cos\varphi}\right|, \\[3mm] \quad \varphi \in S = \left(0, \arccos\dfrac{a}{\sqrt{a^2+b^2}}\right) \bigcup \left(\pi - \arccos\dfrac{a}{\sqrt{a^2+b^2}}, \ \pi + \arccos\dfrac{a}{\sqrt{a^2+b^2}}\right) \bigcup \\[3mm] \quad \left(2\pi - \arccos\dfrac{a}{\sqrt{a^2+b^2}}, 2\pi\right) \\[3mm] y = -\dfrac{(1+\mu^2)}{m}\ln(mH+\mu) + \mu H + \dfrac{(1+\mu^2)}{m}\ln\left[m(H_r+H_c)+\mu\right] \\[3mm] \quad -\mu(H_r+H_c) + \left|\dfrac{b}{\sin\varphi}\right|, \\[3mm] \quad \varphi \in T = \left(\arccos\dfrac{a}{\sqrt{a^2+b^2}}, \pi - \arccos\dfrac{a}{\sqrt{a^2+b^2}}\right) \bigcup \\[3mm] \quad \left(\pi + \arccos\dfrac{a}{\sqrt{a^2+b^2}}, 2\pi - \arccos\dfrac{a}{\sqrt{a^2+b^2}}\right) \end{array} \right.$$

$$\tag{2-44}$$

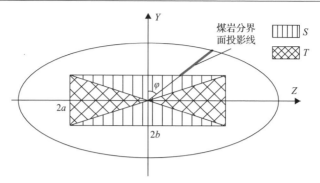

图 2-34　煤岩分界面在 Y-Z 平面内的投影线与 Y 轴方向的夹角 φ 的示意图

2.3.3　煤岩分界面形态特征

2.3.3.1　初次见矸煤岩分界面形态特征

一般情况下，散体煤岩颗粒摩擦系数 μ=0.5~0.6，侧压传递系数 m=0.03~0.05，当煤层厚度较大时 m 和 μ 取较小值。根据文献[16, 17]中研究结果，式(2-42)所描绘的煤岩分界面形态与物理试验所得到的煤岩分界面形态有所差异，需要引入修正系数 k，如式(2-45)：

$$y^2 + z^2 = k^2 \left\{ -\frac{(1+\mu^2)}{m}\ln(mH+\mu) + \mu H \right.$$
$$\left. + \frac{(1+\mu^2)}{m}\ln\left[m(H_r+H_c)+\mu\right] - \mu(H_r+H_c) \right\}^2 \tag{2-45}$$

如图 2-35 所示，为验证三维初始煤岩分界面方程的正确性，进行了室内三维放煤试验。

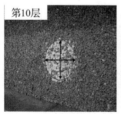

(a) 三维放煤试验　　　　　　　　　(b) 煤岩分界面截面半径测量

图 2-35　初始煤岩分界面空间形态三维放煤试验

试验几何相似比为 1：20，放煤试验具体参数为：5~10mm 粒径的顶煤颗粒铺设 300mm（模拟顶煤厚度 6m），10~20mm 粒径的直接顶颗粒铺设 200mm（模拟直接顶厚度 4m），竖直方向上每隔 30mm 铺设一层白色标志点颗粒。放煤过程遵循"见矸关门"原则，即当第一颗矸石流出放煤口时停止放煤。如图 2-35(b) 所示，放煤结束后，逐层剥离煤矸混合体，分别测量不同层位煤岩分界面截面在四个互相垂直方向上的半径(r_1，r_2，r_3，r_4)，并求其平均值。

根据实测数据拟合得到煤岩分界面空间三维形态如图 2-36(a) 所示，并将放煤试验参数及 $k=0.4$ 代入式 (2-45) 得到修正后的煤岩分界面空间理论形态，如图 2-36(b) 所示。可以看出煤岩分界面三维空间形态呈类对数曲线漏斗状，比较图 2-36(a) 与 (b) 中放煤漏斗的开口大小以及漏斗斜率变化趋势可以得出，三维初始煤岩分界面方程可以较为准确地描述放煤试验初次见矸后形成的初始煤岩分界面空间形态，从而验证了该方程的正确性。

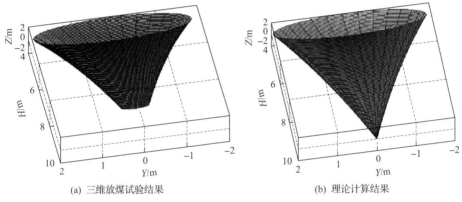

(a) 三维放煤试验结果　　　　　　　　　(b) 理论计算结果

图 2-36　初次见矸条件下三维放煤试验与理论计算的煤岩分界面空间形态对比

为进一步确定修正系数 k 的范围，进行了多种煤矸厚度条件下的放煤试验。结果显示，k 的取值为 0.3～0.4，当煤层厚度小于直接顶厚度时，k 通常较小，说明当直接顶厚度较大时，对煤岩分界面发育的制约作用较强，使得煤岩分界面开口较窄，初次放煤量较少。另外，根据三维初始煤岩分界面方程，可以算出已知煤层条件下的初始顶煤放出体积，并可以依据放煤口面积和顶煤放出速度确定放出体完全放出所需时间。

2.3.3.2　过量放煤煤岩分界面形态特征

式 (2-44) 中引入修正参数 k 后，可以得到过量放煤条件下修正后的三维初始煤岩分界面方程 y_m，如式 (2-46) 所示：

$$\begin{cases} y_m = ky + (1-k)\left|\dfrac{a}{\cos\varphi}\right|, & \varphi \in S \\[2mm] y_m = ky + (1-k)\left|\dfrac{b}{\sin\varphi}\right|, & \varphi \in T \end{cases} \tag{2-46}$$

图 2-37 为三维过量放煤试验 PFC^{3D} 模型。模型中顶煤块度为 200～300mm，矸石块度为 400～440mm，共设置了 5 个支架，中间支架作为放煤支架。当第一颗矸石放出后，继续放煤，当放煤口放出颗粒基本全为矸石颗粒时停止放煤。放煤结束后，将模型中煤层颗粒删除，可以看出矸石颗粒随着顶煤颗粒的放出逐渐侵入顶煤中，然后将连续的矸石颗粒外表面作为煤岩分界面边界。如图 2-38 所示，分别为过量放煤煤岩分界面形态变化过程的正视图和俯视图。随着顶煤颗粒的过量放出，煤岩分界面形态逐渐由类对数曲线漏斗状[图 2-38(a)]转变为矩形底椭圆顶漏斗状[图 2-38(d)]，煤岩分界面完全发育。

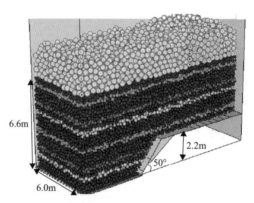

图 2-37　三维过量放煤试验 PFC^{3D} 模型[18]

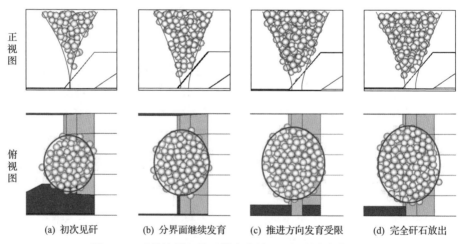

(a) 初次见矸　　　(b) 分界面继续发育　　　(c) 推进方向发育受限　　　(d) 完全矸石放出

图 2-38　过量放煤条件下煤岩分界面空间形态变化过程

为验证过量放煤条件下初始煤岩分界面方程的正确性，将图 2-38(d)中煤岩分界面沿垂直方向从 0m 到 4.5m 剖成 10 层。其中 4.5m 代表第 10 层煤岩分界面截面，0m 表示第一层煤岩分界面截面。如图 2-39 所示，过量放煤条件下煤岩分界面各层位截面近似椭圆形，不同高度层位上四个互相垂直方向的半径(r_1, r_2, r_3,

r_4）见表 2-5。

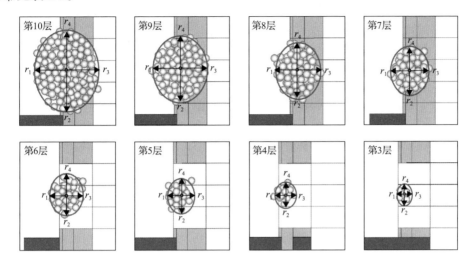

图 2-39 过量放煤条件下放煤漏斗半径测量

表 2-5 过量放煤条件下不同层位放煤漏斗半径测量结果

层位	r_1/m	r_2/m	r_3/m	r_4/m	r_{avs}/m	r_{avl}/m
10	2.4	2.8	2.1	2.8	2.3	2.8
9	2.0	2.3	1.8	2.3	1.9	2.3
8	1.6	2.0	1.5	1.9	1.6	2.0
7	1.4	1.7	1.3	1.7	1.4	1.7
6	1.2	1.4	1.1	1.5	1.2	1.5
5	1.0	1.2	0.9	1.2	1.0	1.2
4	0.8	0.8	0.7	1.0	0.8	0.9
3	0.6	0.8	0.5	0.8	0.6	0.8
2	0.4	0.8	0.4	0.7	0.4	0.8
1	0.4	0.7	0.4	0.7	0.4	0.7

根据表 2-5 中数据反演出过量放煤煤岩分界面曲面形态，如图 2-40（a）所示。将 $m=0.04$，$\mu=0.5$，$H_r=4.4$m，$H_c=6.6$m，$a=0.32$m，$b=0.6$m，$k=0.4$ 代入式（2-46）中，得出过量放煤煤岩分界面理论方程，并绘制其曲面形态如图 2-40（b）所示。

比较图 2-40（a）与（b）中过量放煤条件下煤岩分界面开口大小及斜率变化趋势可知，过量放煤煤岩分界面理论方程可以较为准确地拟合 PFC^{3D} 数值计算结果，验证了方程的正确性。相比于初次见矸条件下煤岩分界面形态（图 2-36），过量放煤后形成的煤岩分界面更加发育，因此对于相邻支架放煤影响更大，使得两架之间放煤量差距变大，需要进一步研究并对其进行控制，使现场工作面顶煤回收率最大化。

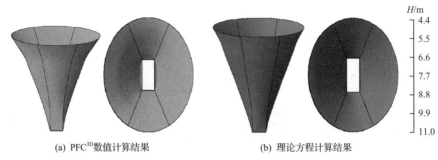

(a) PFC^{3D}数值计算结果　　　　　　　　(b) 理论方程计算结果

图 2-40　过量放煤条件下数值计算与理论方程计算的煤岩分界面空间形态对比

2.4　顶煤回收率预测

提高顶煤回收率是研究放煤规律的主要内容之一。现场顶煤回收率直接测量方法主要包括称重法和标志点法，其中称重法测量精度较差，标志点法在复杂条件下工作面测量难度较大。本节首先深入分析顶煤回收率与顶煤块度分布之间的关系，提出顶煤相对块度的概念，建立基于顶煤相对块度的回收率预测模型，并通过现场工作面回收率数据验证和修正该模型，确立该模型的适用范围。修正模型可通过顶煤块度分布间接预测工作面回收率[19]。

2.4.1　顶煤回收率试验预测

由于不同综放工作面煤层条件、矿山压力及裂隙发育等条件不同，顶煤块度分布不同，其对工作面放煤规律影响较大。同时考虑到放煤过程为破碎顶煤块体在重力作用下流出放煤口的过程，则顶煤回收率的大小与以下主要物理量有密切关系：①顶煤块度；②放煤口尺寸；③掩护梁倾角。

即顶煤回收率的大小，可以通过以上物理量进行预测：

$$\eta_{p} = f(d, L, \beta_{s}) \tag{2-47}$$

式中，η_{p} 为顶煤回收率，%；d 为顶煤块度，mm；L 为放煤口尺寸，mm；β_{s} 为掩护梁倾角，(°)。

故欲建立顶煤回收率预测模型，首先需要掌握各个因素与顶煤回收率之间的关系，为简化分析，采用顶煤块度均值 d_{av} 和块度标准差 δ_{t} 来反映块度因素对顶煤回收率的影响，采用放煤口长度 L_{O}（即放煤口水平投影在各个方向上的最大长度）来反映放煤口尺寸对顶煤回收率的影响，则顶煤回收率的预测可由式(2-48)进行表示：

$$\eta_{p} = f(d_{av}, \delta_{t}, L_{O}, \beta_{s}) \tag{2-48}$$

图 2-41 为支架放煤口打开过程中放煤口长度 L_O 和掩护梁倾角 β_s 之间的关系示意图。图中红色虚线方框为综放支架放煤口打开时在煤层底板上的投影，则投影方框的对角线长度为放煤口长度 L_O。随着放煤口的打开，L_O 的长度满足式 (2-49)：

$$\begin{cases} L_O \leqslant \sqrt{L_S{}^2 + W_O{}^2} \\ W_O = W_S \cos \beta_s \end{cases} \tag{2-49}$$

式中，L_S 为放煤口在工作面倾斜方向上的长度，mm；W_S 为支架尾梁长度，mm；W_O 为放煤口在水平面上的投影宽度，mm。也就是说，放煤口长度 L_O 由 L_S、W_S 和 β_s 共同决定，这进一步说明 L_O 可以综合反映 L 和 β_s 两个因素。

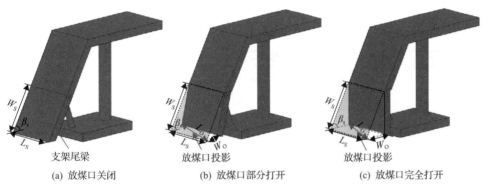

支架尾梁 放煤口投影 放煤口投影

(a) 放煤口关闭 (b) 放煤口部分打开 (c) 放煤口完全打开

图 2-41 放煤口长度 L_O 和掩护梁倾角 β_s 之间的关系示意图

将式 (2-49) 化简得式 (2-50)，可以看出 L_O 和 L_S 之间存在倍数关系 (倍数 C 与放煤支架型号、支架正常工作时掩护梁倾角 β_s 有关)，在后续推导计算中，为使预测模型更加简便易用，认为 L_S 即为 L_O，这对预测模型的构建并未有影响。

$$L_O \leqslant L_S \sqrt{\left[1 + \left(\frac{W_S \cos \beta_s}{L_S} \right)^2 \right]} = C L_S \tag{2-50}$$

因此，当工作面放煤方式相同、β_s 一定时，顶煤回收率预测模型可以进一步简化为

$$\eta_p = f(d_{av}, \delta_t, L_O) \tag{2-51}$$

当块度均值 d_{av} 一定时，顶煤回收率随块度标准差 δ_t 的变化规律较为复杂 (具体规律见第 3 章)，因此，在初步建立顶煤回收率预测模型时，先假定 δ_t 不变，则顶煤回收率与顶煤块度均值和放煤口长度的关系如图 2-42 和图 2-43 所示。图 2-42

为相同放煤口长度，不同块度均值（d_{av}=95mm、185mm、275mm、365mm 及 455mm）下 PFC^{2D} 数值计算结果。顶煤回收率随顶煤块度均值的增大呈现先增大后减小的趋势，可近似用二次函数拟合，如式（2-52）所示。这是因为当顶煤块度均值太小时（d_{av}=95mm），顶煤颗粒运动阻力较小，放出速度较快，且难以形成拱结构，因此见矸较快，顶煤回收率较小；随着顶煤块度均值增大，颗粒间碰撞影响范围变大，颗粒最大放出范围变大，顶煤回收率逐渐增大；而当顶煤块度均值太大时（d_{av}=365mm 或 455mm），放煤口处容易形成拱结构，减小了顶煤颗粒最大运移范围，使得顶煤回收率逐渐变小。

$$\eta_p = a(d_{av} - d_{avm})^2 + k \tag{2-52}$$

式中，d_{avm} 为当顶煤回收率最大时的顶煤块度均值，mm；a 和 k 为方程参数，a<0，k>0。

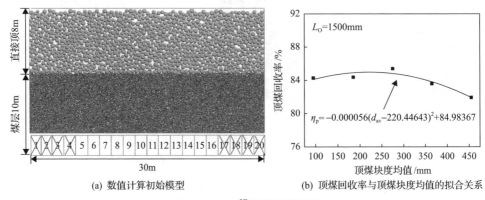

(a) 数值计算初始模型   (b) 顶煤回收率与顶煤块度均值的拟合关系

图 2-42　PFC^{2D} 数值计算结果

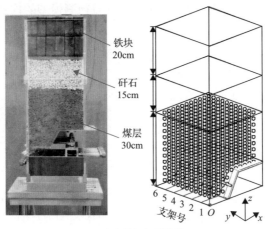

(a) 相似模拟初始模型

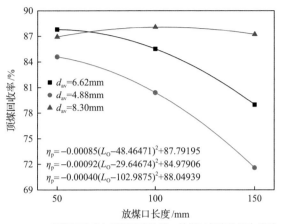

(b) 顶煤回收率与顶煤块度均值、放煤口长度的拟合关系

图 2-43 室内放煤试验结果

图 2-43 为三种顶煤块度均值、三种放煤口长度下放煤试验结果。结果表明，当顶煤块度均值较小时（d_{av}=4.88mm 或 6.62mm），顶煤回收率随着放煤口长度增加呈减小趋势。这是因为随着放煤口长度的增大，顶煤颗粒放出速度逐渐增大，见矸更快，使得顶煤回收率减小。而当顶煤块度均值较大时（d_{av}=8.30mm），顶煤回收率随着放煤口长度的增加呈先增大后减小的趋势。这是因为放煤口长度较小时，顶煤块度均值相对放煤口长度较大，因此顶煤回收率低，而随着放煤口长度的增大，顶煤块度均值相对放煤口长度逐渐减小，使得顶煤回收率先逐渐增大后又降低。这说明顶煤块度均值和放煤口长度之间存在相对值，定义顶煤相对块度 d_r 如式（2-53）所示：

$$d_r = \frac{d_{av}}{L_O} \tag{2-53}$$

将式（2-53）代入式（2-52）可得

$$\eta_p = a(d_r L_O - d_{avm})^2 + k = aL_O^2\left(d_r - \frac{d_{avm}}{L_O}\right)^2 + k \tag{2-54}$$

则令

$$a_1 = aL_O^2, \quad d_{rm} = \frac{d_{avm}}{L_O} \tag{2-55}$$

可得顶煤回收率与顶煤相对块度之间的关系式：

$$\eta_p = a_1(d_r - d_{rm})^2 + k \tag{2-56}$$

式中，d_{rm} 为当顶煤回收率最大时的顶煤相对块度；a_1 和 k 为方程参数，$a_1<0$，可通过试验数据分析统计得出。

顶煤回收率与顶煤相对块度之间的关系如图 2-44 所示。可以看出，数值计算和放煤试验结果都显示顶煤回收率随着顶煤相对块度的增大呈先增后减的趋势。同时由式(2-55)和式(2-56)可知，方程参数 a_1 的值决定了顶煤回收率随顶煤相对块度变化的敏感性，其值大小与放煤口长度呈二次函数关系。其中数值模拟结果中 a_1 为 -126.338，而室内放煤试验结果中 a_1 的范围为 -7120.671～-1712.328，这表明室内放煤试验中顶煤回收率随顶煤相对块度的变化趋势更加显著。可能的原因是室内放煤试验中顶煤颗粒形态更加不规则，使得不同条件的顶煤颗粒放出影响较大，顶煤回收率变化较敏感。

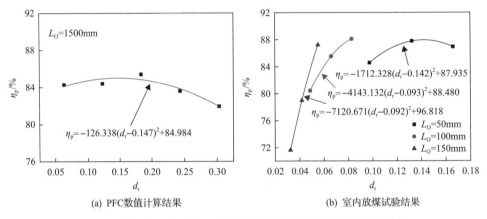

图 2-44 综放开采工作面顶煤回收率与顶煤相对块度之间的关系

方程参数 k 的值表示某综放工作面条件下，顶煤回收率的最大值。随着放煤口长度增大，k 值逐渐增大。当放煤口长度 $L_O=50$mm 且顶煤相对块度 $d_r=0.142$ 时，最大顶煤回收率为 87.935%；但当 $L_O=100$mm 或 150mm 时，若使顶煤回收率达到最大值，需要更大的顶煤相对块度。如图 2-44(b)中蓝色曲线形态所示，与其他两条曲线差异性较明显，是因为其 L_O 相对较大，而 d_r 则较小，使得曲线只呈现出抛物线峰值前的一部分。综合比较不同条件下的曲线特征，d_{rm} 处于 0.092～0.147，此时工作面顶煤回收率较高。

上述分析了块度标准差一定条件下，顶煤相对块度与顶煤回收率之间的关系，而随着块度标准差增大(若块度均值不同时，可用变异系数分析)，顶煤离散程度逐渐增大，必然对式(2-56)中 d_{rm} 和 k 产生影响。因此，若要建立适用于现场的顶煤回收率预测模型，需要进一步根据现场顶煤回收率数据对室内试验得出的顶煤回收率预测模型进行修正。

2.4.2 顶煤回收率现场测试

2.4.2.1 第一代顶煤运移跟踪仪及应用

如图 2-45 所示，为准确测量综放工作面顶煤回收率，作者研究团队自主研发了第一代顶煤运移跟踪仪(专利号：ZL200910080005.9)[20]。该跟踪仪主要由井下和井上两部分组成。井下部分包括：①RF 射频标签(Marker)；②标签接收基站(信号接收仪)；③标签参数设定仪；④标签数据采集仪；⑤稳压电源。井上部分包括：①USB 数据接收器；②计算机数据分析系统。

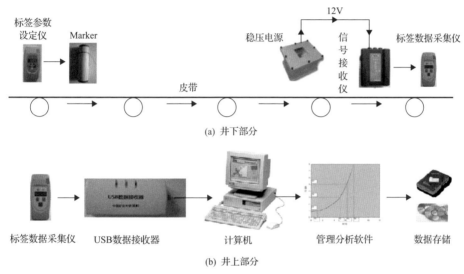

(a) 井下部分

(b) 井上部分

图 2-45　第一代顶煤运移跟踪仪系统组成

该顶煤运移跟踪仪自研发以来，先后在全国多个不同条件下的综放工作面进行了实地测量，测量结果可以反映工作面不同位置、不同层位顶煤回收率变化情况，应用效果良好，已有的部分测量结果见表 2-6，现场具体测量方法见参考文献[7]。整体上看，当煤层厚度较小时(≤6.5m)，顶煤回收率较高，约为 80%。随着煤层厚度增加，顶煤回收率也基本呈先增大后减小的趋势。可能的原因是，若不考虑各工作面裂隙分布和煤质的差异，随着顶煤厚度的增加，顶煤破碎块度应呈现逐渐增大的趋势，进而使得顶煤回收率先增后减。

为进一步对比分析各个工作面不同层位顶煤回收情况，将各工作面按照煤厚排序后，统一归一到煤层厚度中位数 9.2m(瑞隆煤业和新巨龙煤矿煤厚平均值)，即不同综放工作面根据煤厚比例进行换算，最终将各工作面不同层位顶煤回收率绘制在一张图上，结果如图 2-46 所示。图 2-46 中，距底板高度小于 6.0m 的顶煤代表低位顶煤，距底板高度为 6.5～8.5m 的顶煤代表中位顶煤，而距底板高度大

表 2-6 不同综放工作面顶煤回收率测量(按煤厚排序)

序号	煤矿	工作面名称	工作面条件	安装标签/个	回收标签/个	顶煤回收率/%
A*	新柳煤矿	241103	煤层厚度 6.2m 割煤高度 2.5m 放煤高度 3.7m 煤层倾角 3°	24	21	87.5
B	大远煤业	1203	煤层厚度 6.5m 割煤高度 2.5m 放煤高度 4.0m 煤层倾角 45°	37	29	78.4
C	王庄煤矿	4331	煤层厚度 7.18m 割煤高度 3.0m 放煤高度 4.18m 放煤步距 0.8m	23	16	69.6
D	瑞隆煤业	8101	煤层厚度 9.0m 割煤高度 3.0m 放煤高度 6.0m 放煤步距 0.8m 煤层倾角 22°	42	33	78.6
E	新巨龙煤矿	1302N	煤层厚度 9.4m 割煤高度 4.0m 放煤高度 5.4m 煤层倾角 3°	25	22	88.0
F	宝积山矿	703	煤层厚度 11.0m 割煤高度 2.5m 放煤高度 8.5m 放煤步距 1.2m 煤层倾角 45°	73	50	68.5
G	芦岭煤矿	Ⅱ927	采 9#煤，放 8#煤 9#煤厚 2.5m 夹矸层厚 3.0m 8#煤厚 6.25m 煤层倾角 12°	54	37	68.5
H	塔山煤矿	8105	煤层厚度 14.5m 割煤高度 4.2m 放煤高度 10.3m 放煤步距 0.8m	48	28	58.3

*: 参考文献[7]中结果有误。

于 9.0m 的顶煤为高位顶煤。可以看出，不同煤矿综放工作面的中低位顶煤回收率都较高，平均约为 70%，而高位顶煤回收率偏低，平均约为 53%。这是由两方面原因造成的，一是松散顶煤块体本身流动特征，由顶煤放出体形态可知，中位顶煤放出量较多，而高位顶煤放出量较少；二是由于高位顶煤破碎块度相对较大，尤其是特厚煤层条件，在放煤过程中容易形成拱结构，减小了高位顶煤放出量，最终使得高位顶煤放出量远远小于中低位顶煤。

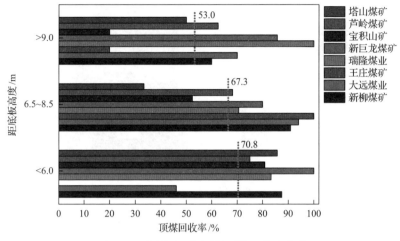

图 2-46 各煤矿不同层位顶煤回收率变化

顶煤回收率的实际测量结果为验证室内相似模拟和数值计算结果提供了可靠数据，对于深入揭示放煤规律提供了新的方法。在测量上述工作面顶煤回收率时，并未测量工作面顶煤破碎块度分布情况，无法验证 2.4.1 节中所构建的顶煤回收率预测模型的正确性。为此，作者研究团队进一步开发了第二代顶煤运移跟踪仪，并现场测量了四个综放工作面的顶煤块度分布和顶煤回收率。

2.4.2.2 第二代顶煤运移跟踪仪研制

图 2-47 为用于测量顶煤回收率的第二代顶煤运移跟踪仪。该系统主要包括信号接收仪、电源、显示屏、标签、辅助安装装置等。

其各部件特点如下。

(1)信号接收仪主要用于给标签录入编号信息以及接收标签发出的特定信号，具有操作方便、信号接收范围大、灵敏度高等特点。

(2)电源用于给信号接收仪和显示屏提供电量，采用便携式的 7.4V 锂电池，可持续供电 12 天，足以满足工作面顶煤回收率的测量时间需要。

(3)当信号接收仪接收到标签信号时，可记录标签的放出顺序及时间，直接显示在显示屏上。

(4)标签内部连接线路简单，电池更换方便，其电量可使标签全天时连续工作 30 天，足以满足测量时间需要。

(5)辅助安装装置包括直径和标签一致的白色硬推进杆和 PVC 软管两种，用于现场辅助安装标签。顶煤较薄时用白色硬推进杆较为便利，若为特厚煤层，则

PVC 软管可大大加快标签的安装速度。

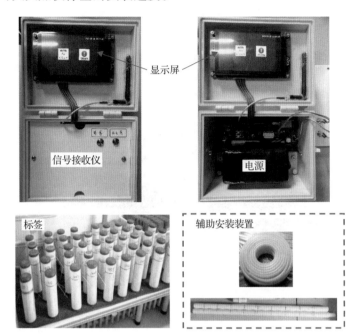

图 2-47　第二代顶煤回收率测试装置

2.4.2.3　测量工作面概况

为现场测量工作面顶煤回收率,选取了大同煤矿金庄煤矿 8404 工作面和北辛窑煤矿 8103B 工作面,山西方山金晖瑞隆煤业 8103R 工作面,以及焦作煤业九里山矿 15081 工作面,各工作面煤层赋存情况见表 2-7。

表 2-7　工作面基本情况(按煤厚排序)

煤矿	工作面	埋深/m	走向长度/m	工作面长度/m	倾角/(°)	煤厚/m	割煤高度/m	硬度系数	直接顶厚度/m	直接顶岩性	基本顶厚度/m	基本顶岩性
九里山矿	15081	422.0	265.0	161.0	11.5	4.7	2.6	0.3	17.2	粉砂岩	4.2	细粒砂岩
北辛窑煤矿	8103B	322.9	1868.8	165.9	22.0	5.6	3.0	1.6	8.6	泥岩和砂质泥岩	12.0	中粗/细砂岩
瑞隆煤业	8103R	203.0	513.0	161.0	22.0	9.0	3.0	2.5	4.5	灰岩	18.3	石灰岩
金庄煤矿	8404	275.0	4199.5	225.3	6.0	16.6	3.9	3.0	3.8	泥岩和细砂岩	8.3	中粗砂岩

2.4.2.4 顶煤回收率测试方法

当工作面正常推进后，选取无地质构造带的地方进行现场顶煤回收率测量，基本步骤如下。

(1)根据工作面实际情况，设计顶煤回收率测试方案，如图 2-48(a)所示，确定打孔数量、位置、距煤壁距离 l_1，再确定标签间距 l_2。一般来说，l_1 取 0.5～1.0m，l_2 取 0.5m[21]。

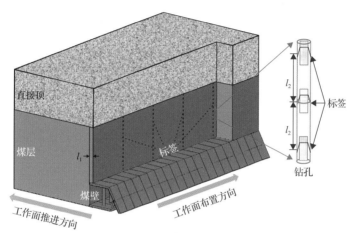

(a) 顶煤回收率测试方案

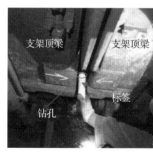

(b) 工作面打孔及安装标签

(c) 放出的标签

图 2-48 顶煤回收率测试主要步骤

(2)在现场安装之前，检查测量装置各部件是否运行正常，确定信号接收仪和标签电池是否满电。

(3)如图 2-48(b)所示，按照设计方案在综放工作面用钻机向顶煤中钻孔(根据现场可行性，可适当调整打孔位置)，然后将预先编定号码的标签用推进杆或 PVC 软管安装在顶煤的相应位置，考虑到检修班时长及人员工作量，一般安装 30～50 个标签为宜。

(4)在皮带运输巷内距工作面 50～100m 位置处的皮带输送机上方或侧方安装

信号接收仪。随着工作面的推进，安装在顶煤中的标签随着顶煤一起从放煤口放出，由后部刮板机运出工作面，然后经转载机、皮带输送机运至地面。如图 2-48(c) 所示，在运输过程中，标签每秒发出特定的信息被安装在皮带输送机上方的信号接收仪接收，然后信号接收仪将标签的编号和接收时间记录下来，并显示在显示屏上，方便测量人员时刻观察。

(5)待工作面推过标签安装区域后，即信号接收仪不再接收到标签信号，将信号接收仪带回地面，并计算该工作面顶煤回收率。

2.4.2.5 顶煤回收率测试结果分析

按照上述步骤，对四个工作面进行顶煤回收率测量。测量完毕后，分别统计四个工作面各钻孔内标签安装和放出情况，见表 2-8。可以看出，不同工作面由于煤厚及测量环境不同，在相同时间内能够钻取的钻孔数量及总共安装的标签数量有所不同，顶煤越薄，可钻取的钻孔数量越多，但每个钻孔可安装的标签越少。各工作面安装标签总数量都大于 30 个，符合测量要求。另外，各工作面顶煤回收率 η_p 可由式(2-57)进行计算，而各工作面顶煤相对块度可基于各工作面顶煤块度均值数据(见 3.1.3 节)求得，计算结果见表 2-8 和图 2-49。

$$\eta_p = \frac{N_1}{N_0} \times 100\% \tag{2-57}$$

式中，N_0 为工作面安装的标签数量；N_1 为工作面放出的标签数量。

表 2-8 不同工作面各钻孔内标签安装和放出量统计

钻孔编号	九里山矿 15081			北辛窑煤矿 8103B			瑞隆煤业 8103R			金庄煤矿 8404		
	N_0/个	N_1/个	η_p/%	N_0/个	N_1/个	η_p/%	N_0/个	N_1/个	η_p/%	N_0/个	N_1/个	η_p/%
1	7	4	57.1	5	3	60.0	11	8	72.7	20	11	55.0
2	8	6	75.0	5	4	80.0	12	9	75.0	16	10	62.5
3	4	4	100.0	7	6	85.7	9	8	88.9	14	12	85.7
4	4	4	100.0	6	5	83.3	10	8	80.0	—	—	—
5	2	2	100.0	6	4	66.7	—	—	—	—	—	—
6	3	3	100.0	2	1	50.0	—	—	—	—	—	—
7	4	4	100.0	—	—	—	—	—	—	—	—	—
8	4	3	75.0	—	—	—	—	—	—	—	—	—
9	4	4	100.0	—	—	—	—	—	—	—	—	—
10	2	2	100.0	—	—	—	—	—	—	—	—	—
合计	42	36	85.7	31	23	74.2	42	33	78.6	50	33	66.0

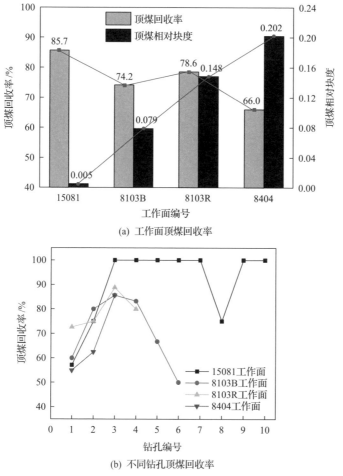

(a) 工作面顶煤回收率

(b) 不同钻孔顶煤回收率

图 2-49　不同工作面各顶煤回收率分布特征

由图 2-49(a)可以看出，随着四个工作面顶煤厚度的增大，顶煤相对块度逐渐增加，顶煤回收率则呈先减后增再减的趋势。其中九里山矿 15081 工作面顶煤回收率最高，为 85.7%；而金庄煤矿 8404 工作面顶煤回收率最低，为 66.0%；北辛窑煤矿 8103B 工作面和瑞隆煤业 8103R 工作面顶煤回收率居中。这表明当综放工作面顶煤相对块度 d_r 特别小时，工作面顶煤回收率较高，而当 $d_r \geqslant 0.079$ 后，工作面顶煤回收率有所下降，基本都低于 80%。现场四个工作面顶煤回收率变化趋势与室内试验结果略有差异，主要原因是不管顶煤相对块度较大还是较小条件，在室内放煤试验和 PFC$^{2D/3D}$ 数值模拟中都可以较好地控制顶煤只从放煤口流出，而在现场工作面若顶煤相对块度特别小，部分顶煤块体从支架间隙或工作面端面漏出，间接增加了工作面顶煤放出量，干扰了顶煤回收率的测量。因此，这一不可控因素使得顶煤相对块度较小时现场测量的顶煤回收率变化趋势与室内放煤试验和数值模拟结果略有差异。

图 2-49(b)为工作面各钻孔顶煤回收率变化特征。工作面各支架顶煤回收率基本都呈现出典型的"几"字形分布[22]，即工作面中部顶煤回收率大于两端头顶煤回收率。而金庄煤矿只有上升阶段，是因为条件限制，顶煤回收率只在工作面中部偏向上端头范围内测量造成的。在此需要特别说明的是，表 2-8 中实测的顶煤回收率是纯顶煤回收率，一般会小于现场统计的原煤顶煤回收率，因为这里不包含放出的矸石，这个数值更科学。

2.4.3　顶煤回收率现场预测

将现场测得的各工作面顶煤回收率和顶煤相对块度进行统计分析，可得出现场测得的顶煤回收率随顶煤相对块度的变化趋势，如图 2-50 中黑色实线。图 2-50 中蓝色和绿色虚线分别为数值计算和放煤试验预测模型，可以看出当顶煤相对块度较大时($d_r \geqslant 0.079$)，现场测得的顶煤回收率和数值计算、放煤试验结果都呈先增后减的变化规律。不同的是，现场测得的顶煤回收率略小于室内放煤试验和数值计算结果，这是因为室内放煤试验和数值计算在实施过程中理想化了很多条件，使得顶煤回收率略高。

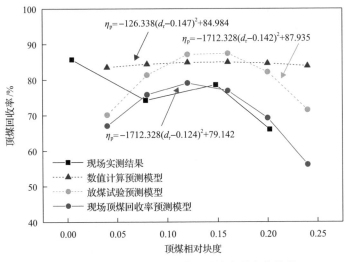

图 2-50　顶煤回收率随顶煤相对块度的变化趋势

因此，为更准确地预测现场顶煤回收率，需要对试验所得的顶煤回收率预测模型进行修正。以放煤试验预测模型为例，修正后的现场顶煤回收率预测模型如式(2-58)所示：

$$\eta_p = -1712.328(d_r - 0.124)^2 + 79.142 \tag{2-58}$$

相比于放煤试验预测模型，d_{rm} 的修正系数为 0.87，k 的修正系数为 0.9，综合反映了顶煤块度标准差对顶煤回收率预测模型的影响。经计算，现场顶煤回收率预测模型得到的工作面顶煤回收率与实测的顶煤回收率数值相差在 4% 之内，因此，当顶煤相对块度 $d_r \geq 0.079$ 时，修正后的现场顶煤回收率预测模型可以较好地拟合各工作面顶煤回收率。另外，现场顶煤回收率预测模型的 d_{rm} 为 0.124，工作面顶煤回收率最高，该数值相比于数值计算结果 (0.147) 和放煤试验结果 (0.142) 要小，这是因为放煤工作面的顶煤块体形状更不规则。

若现场测得某一工作面的顶煤相对块度，则可通过该预测模型对该工作面顶煤回收率进行预测。该预测模型只是初步建立，后期将继续进行现场顶煤回收率和顶煤相对块度测量，以及理论分析顶煤块度标准差对现场顶煤回收率预测模型的影响，进一步完善和校准该预测模型。

2.5 三维放煤规律

2.5.1 三维放出体几何方程

2.5.1.1 工作面推进方向放出体

2.2 节详细描述了工作面倾斜方向顶煤放出体方程推导过程和放出体的异形等体特征。如图 2-51 所示，分别选取了工作面倾斜方向和工作面推进方向上过放煤口中心点的竖直平面为研究对象，通过分析两方向上的放煤口尺寸及边界特征，可分别求得两方向上的顶煤放出体理论方程，进而得到顶煤放出体三维形态特征。工作面倾角为 α，尾梁倾角为 β，放煤口宽度为 L_{OW}，尾梁长度为 L_T，放煤口中心点为 O_F。

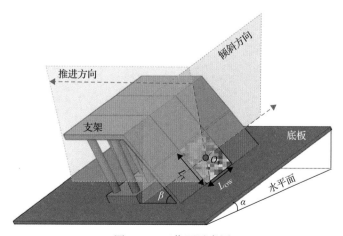

图 2-51　工作面示意图

图 2-52(a)为工作面推进方向上顶煤放出体理论模型。放煤口靠近采空区侧为无限边界条件(煤层底板),而靠近支架侧为有限长斜面+平面边界条件(支架掩护梁斜面+顶梁平面)。DA$_1$区域内的顶煤颗粒若依然沿直线流向 O 点,则它们必然会撞击到支架顶梁及掩护梁上。因此,如图 2-52(b)所示,DA$_1$区域内顶煤颗粒运行路径也必然发生变化。若顶煤颗粒运移遵循最小阻力路径原则,则 DA$_{11}$ 区域内的顶煤颗粒(颗粒 b 和 c)将沿着直线向新的原点 O' 点运行,而 DA$_{12}$ 区域内的顶煤颗粒(颗粒 a)由于受 DA$_{11}$ 区域内颗粒运行影响,仅少量顶煤被放出。

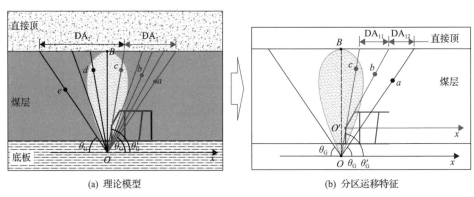

(a) 理论模型　　　　　　　　　(b) 分区运移特征

图 2-52　工作面推进方向顶煤放出体理论模型及分区运移特征

图 2-53 为室内三维放煤试验过程及顶煤放出体形态。放煤试验模型中煤层厚度为 30cm,直接顶厚度为 15cm,其中煤层中布置了 1243 个标志点,标志点间距为 2.5cm,放煤采用单口顺序放煤方式。每次放煤结束后,统计放出的标志点颗粒,并根据标志点编号将其还原到原位置,则顶煤放出体形态如图 2-53(c)所示。可以看出,在 DA$_2$ 区域内的顶煤放出体轮廓(黑色虚线)左右基本对称,受综放支

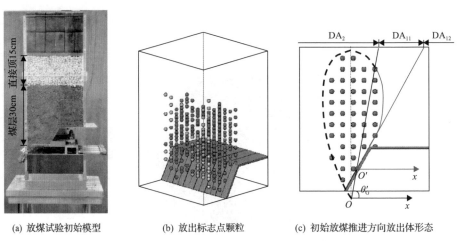

(a) 放煤试验初始模型　　　(b) 放出标志点颗粒　　　(c) 初始放煤推进方向放出体形态

图 2-53　室内三维放煤试验过程及顶煤放出体形态

架影响较小；DA_{11}区域内顶煤放出体边界则出现了变异发育的现象，相比于同一水平高度左侧的顶煤放出体，有向工作面推进方向超前发育的趋势；DA_{12}区域内的标志点颗粒则放出量很少，仅靠近支架掩护梁上端头处有部分顶煤被放出，在理论计算过程中暂且不计该部分，可由DA_{11}区域内放出体边界方程延长线进行代替。

图2-54为工作面倾斜方向和推进方向上支架放煤口条件对比图。可以看出，两方向上放煤口都呈倾斜形态，且工作面推进方向的顶煤颗粒运移情况与工作面倾斜方向类似。不同的是，工作面倾斜方向上顶煤放出体受相邻支架尾梁影响较大，而工作面推进方向上顶煤放出体形态主要受支架掩护梁影响。图2-54中β'为竖直平面内支架尾梁倾角，其与实际尾梁倾角β的关系如图2-55所示。

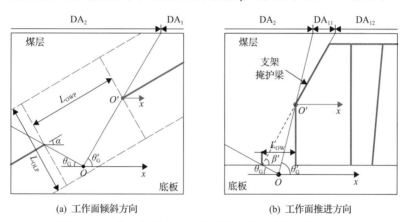

(a) 工作面倾斜方向　　　　　　　　(b) 工作面推进方向

图2-54　工作面倾斜方向和推进方向支架放煤口条件对比

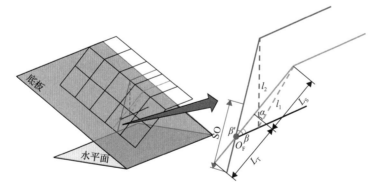

图2-55　竖直平面内支架尾梁倾角β'与实际尾梁倾角β的关系示意图

根据几何关系可以得出，β'和β的关系满足式(2-59)：

$$\begin{cases} \dfrac{l_1}{\tan\beta} = \dfrac{l_2}{\tan\beta'} \\ l_1 = l_2\cos\alpha \end{cases} \tag{2-59}$$

由此，可得 β' 的大小为

$$\beta' = \arctan\left(\frac{\tan\beta}{\cos\alpha}\right) \tag{2-60}$$

因此，工作面推进方向的顶煤放出体方程可由式(2-61)进行描述：

$$\begin{cases} l_1 : \rho(\theta_{O'}) = \dfrac{\rho(\beta')}{(\sin\beta' - f_1)}\left(\sin\theta_{O'} - \dfrac{M\sin\beta' - \sin\theta_G'}{M-1}\right), & \beta' \leqslant \theta_{O'} \leqslant \theta_G' \\ l_2 : \rho(\theta) = \rho_{\max}\dfrac{\sin\theta - \sin\theta_G}{1 - \sin\theta_G}, & \theta_G' \leqslant \theta \leqslant 180° - \theta_G \end{cases} \tag{2-61}$$

其中，θ_G'、M 和 f_1 可由式(2-62)求得

$$\begin{cases} \theta_G' = \arctan(\tan\theta_G + 2\tan\beta') \\ M = \dfrac{\rho_{\max}(\sin\theta_G' - \sin\theta_G)}{\rho(\beta')(1 - \sin\theta_G)} - \dfrac{L_T\cos\beta'}{2\cos\theta_G'\rho(\beta')} \\ f_1 = \dfrac{M\sin\beta' - \sin\theta_G'}{M-1} \end{cases} \tag{2-62}$$

2.5.1.2　顶煤放出体三维理论形态

取工作面倾角 α 为30°，煤层厚度9m，其中采高3m，尾梁倾角 β 为60°，尾梁长度 L_T 为1.7m，尾梁宽度 L_{OW} 为1.5m，θ_G 为50°。则可分别求得，工作面倾斜方向和推进方向的顶煤放出体方程如式(2-63)和式(2-64)所示：

$$\begin{cases} l_1 : \rho(\theta_{O'}) = 5.9943\sin\theta_{O'} - 0.4617, & 30° \leqslant \theta_{O'} \leqslant 66.92° \\ l_2 : \rho(\theta) = 43.5980\sin\theta - 33.3980, & 66.92° \leqslant \theta \leqslant 130° \end{cases} \tag{2-63}$$

$$\begin{cases} l_1 : \rho(\theta_{O'}) = 41.4881\sin\theta - 33.5635, & 63.44° \leqslant \theta_{O'} \leqslant 79.1° \\ l_2 : \rho(\theta) = 43.8545\sin\theta - 33.5945, & 79.1° \leqslant \theta \leqslant 130° \end{cases} \tag{2-64}$$

根据式(2-63)和式(2-64)可分别绘制工作面倾斜方向和推进方向上的顶煤放出体形态，并通过中间插值法在 AutoCAD 中可描绘出三维顶煤放出体理论形态，结果如图2-56所示。可以看出，由于综放支架的影响，顶煤放出体形态具有向工作面上端头方向和支架推进方向超前发育的特征。分别统计了工作面倾斜方向和推进方向放出体在过放煤口中心竖直平面的两侧体积，如图2-57所示。可以看出，不论哪个方向上的顶煤放出体，其放煤口中心平面两侧体积都基本相等，体积对称性系数在1附近，进一步验证了顶煤放出体异形等体特征。

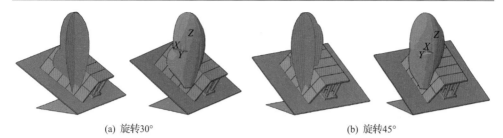

(a) 旋转30°   (b) 旋转45°

图 2-56 倾斜工作面三维顶煤放出体理论形态

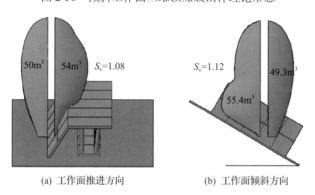

(a) 工作面推进方向   (b) 工作面倾斜方向

图 2-57 放煤口中心线两侧体积及体积对称性系数

2.5.2 放出体三维数值模拟

2.5.1 节给出了一般倾斜煤层条件下三维顶煤放出体形态，对于近水平煤层条件，采用 PFC[3D] 数值模拟软件进行三维放煤试验[23]。记录放煤过程中不同时刻所有放出顶煤颗粒的 ID，并反演出放出体形态。因支架尾梁的限定，放出体中线与放煤口中线之间存在一夹角 θ_p（以下称轴偏角），图 2-58 和图 2-59 显示了放出体轴偏角 θ_p 随放煤时间变化的示意图。

随着放煤时间的推移，顶煤放出体体积增大，轴偏角 θ_p 逐渐减小，且 θ_p 与放煤时间呈指数关系。具体来讲，在放煤初期，θ_p 减小很快；到 6s 之后，θ_p 减小程度逐渐趋于平缓；到 13s 后 θ_p 完全归零，之后放出体中线与放煤口中线重合。此时，顶煤放出体可看作是支架限定的切割变异椭球体。

第1秒   第2秒   第3秒

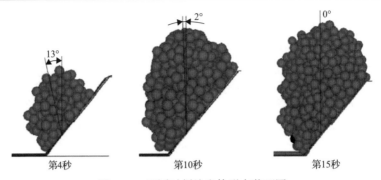

第4秒　　　　　　　　　第10秒　　　　　　　　　第15秒

图 2-58　不同时刻放出体形态截面图

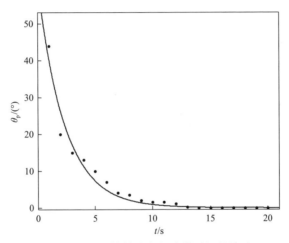

图 2-59　放出体轴偏角与放煤时间的关系

放煤过程"见矸关门"后，顶煤放出体发育成熟，呈现出一种以支架为边界限定条件下的切割变异椭球体，这种切割变异椭球体可在垂直于工作面剖面上按放煤口中线和椭球体中线分为四个部分，如图 2-60 所示。

图 2-60　放出体垂直工作面剖面的区域划分

经统计发现在支架的限定条件下四部分体积存在如下关系：

$$
\begin{cases}
V_a > V_c > V_b > V_d \\
V_a + V_d = V_b + V_c
\end{cases}
$$

即 d 部分由于支架尾梁限定而欠发育的放出体由 a 部分补偿，并且从采空区向工作面方向可以看出限定椭球体下部比上部肥大，总体来说支架限定放出体是以放煤口中心线为中轴线开始逐渐发育。顶煤放出体三维空间形态受到支架影响很大，由于支架与顶煤之间的摩擦系数小于顶煤与顶煤之间的摩擦系数，因此 V_a 发育较快，顶煤放出体异形等体特征明显。

图 2-61 是间隔放煤三维数值模拟结果，第一次间隔放煤时，放出体体积较大，放出煤量较多[图 2-61(a)的 1、3、5 号放出体]，第二次放煤是在第一次放煤的煤岩分界面上放煤，受到煤岩分界面限制，放出体体积较小，放出煤量较少[图 2-61(b)的 2、4 号放出体]。

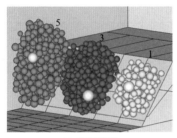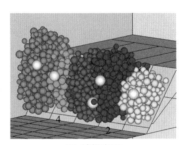

(a) 间隔放煤　　　　　　　　　　　　　(b) 放煤完成

图 2-61　多支架间隔放煤时的三维放出体

2.5.3　煤岩分界面形态特征

在三维空间中，煤岩分界面所形成的漏斗面是一个中心轴朝采空区偏移的一个三维漏斗曲面(图 2-62)。为了观察顶煤运移路线的规律及残煤形态，利用 3DMAX 结合 PFC^{3D} 模拟结果反演出多次移架放煤后工作面方向上顶煤的运移形态及空间残煤形态，见图 2-63。

每次放煤后在"见矸关门"的控制条件下所形成的漏斗大小都不同，煤岩分界面的形态也变化较大，因放出体是按一定趋势在三维空间内扩展的，如果放出体表面与放出漏斗相切就会"见矸关门"，"见矸关门"后形成新的漏斗又是下一个"见矸关门"的初始条件，因此不同的放煤顺序会形成不同的漏斗形态，从而通过影响"见矸关门"的时间而影响顶煤回收率的大小，故合理地安排支架放出顺序能够使放煤时间尽可能变长，提高顶煤回收率。

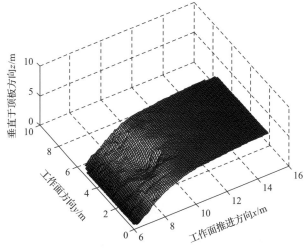

图 2-62　多次移架放煤后的放煤漏斗面

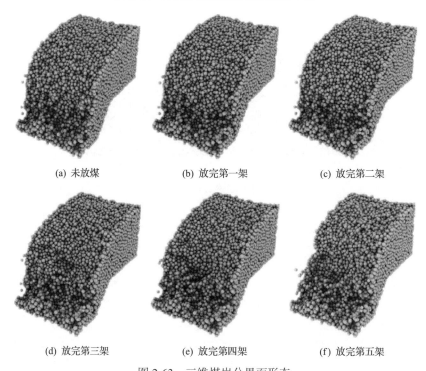

(a) 未放煤　　　　　　　(b) 放完第一架　　　　　　(c) 放完第二架

(d) 放完第三架　　　　　　(e) 放完第四架　　　　　　(f) 放完第五架

图 2-63　三维煤岩分界面形态

参 考 文 献

[1] 王家臣. 我国放顶煤开采的工程实践与理论进展[J]. 煤炭学报, 2018, 43(1): 43-51.

[2] 吴健. 我国放顶煤开采的理论研究与实践[J]. 煤炭学报, 1991, 16(3): 1-11.

[3] 吴健, 张勇. 关于长壁放顶煤开采基础理论的研究[J]. 中国矿业大学学报, 1998, 27(4): 332-335.

[4] 于海勇, 吴健. 放顶煤开采的理论研究与实践[M]. 徐州:中国矿业大学出版社, 1992: 15-25.

[5] 王家臣, 富强. 低位综放开采顶煤放出的散体介质流理论与应用[J]. 煤炭学报, 2002, 27(4): 337-341.

[6] 王家臣, 张锦旺. 综放开采顶煤放出规律的BBR研究[J]. 煤炭学报, 2015, 40(3): 487-493.

[7] 王家臣, 张锦旺, 王兆会. 放顶煤开采基础理论与应用[M]. 北京: 科学出版社, 2018: 400-454.

[8] 刘兴国. 放矿理论基础[M]. 北京: 冶金工业出版社, 1995.

[9] 马拉霍夫 Г М. 崩落矿块的放矿[M]. 杨迁仁, 刘兴国, 译. 北京: 冶金工业出版社, 1958.

[10] 王家臣, 宋正阳, 张锦旺, 等. 综放开采顶煤放出体理论计算模型[J]. 煤炭学报, 2016, 41(2): 352-358.

[11] 于斌, 朱帝杰, 陈忠辉. 基于随机介质理论的综放开采顶煤放出规律[J]. 煤炭学报, 2017, 42(6): 1366-1371.

[12] Wang J C, Wei W J, Zhang J W. Theoretical description of drawing body shape in an inclined seam with longwall top coal caving mining[J]. International Journal of Coal Science & Technology, 2020, 7(1): 182-195.

[13] Bergmark J E. The Calculation of Drift Spacing and Ring Burden for Sublevel Caving[M]. LKAB Memo # RU 76-16. Sweden: s. n., 1975.

[14] Melo F, Vivanco F, Fuentes C, et al. On drawbody shapes: from Bergmark-Roos to kinematic models[J]. International Journal of Rock Mechanics and Mining Sciences, 2007, 44(1): 77 -86.

[15] 张锦旺, 王家臣, 魏炜杰. 工作面倾角对综放开采散体顶煤放出规律的影响[J]. 中国矿业大学学报, 2018, 47(4): 805-814.

[16] Wei W J, Song Z Y, Zhang J W. Theoretical equation of initial top-coal boundary in longwall top-coal caving mining [J]. International Journal of Mining and Mineral Engineering, 2018, 9(2): 157-176.

[17] 宋正阳. 综放开采煤岩分界面及放出体理论计算模型[D]. 北京: 中国矿业大学(北京), 2016.

[18] Wang J C, Zhang J W, Song Z Y, et al. Three-dimensional experimental study of loose top-coal drawing law for longwall top-coal caving mining technology[J]. Journal of Rock Mechanics and Geotechnical Engineering, 2015, 7(3): 318-326.

[19] Wang J C, Wei W J, Zhang J W, et al. Laboratory and field validation of a LTCC recovery prediction model using relative size of the top coal blocks[J]. Bulletin of Engineering Geology and the Environment, 2020, 80(2): 1389-1401.

[20] 王家臣, 黄国君, 杨宝贵, 等. 顶煤放出规律跟踪仪及其测定顶煤放出规律的方法: CN101515035B[P]. 2011-09-21.

[21] 王家臣, 杨胜利, 黄国君, 等. 综放开采顶煤运移跟踪仪研制与顶煤回收率测定[J]. 煤炭科学技术, 2013, 41(1): 36-39.

[22] Zhang J W, Wang J C, Wei W J, et al. Experimental and numerical investigation on coal drawing from thick steep seam with longwall top coal caving mining[J]. Arabian Journal of Geosciences, 2018, 11(5): 1-19.

[23] 王家臣, 魏立科, 张锦旺, 等. 综放开采顶煤放出规律三维数值模拟[J]. 煤炭学报, 2013, 38(11): 1905-1911.

3 顶煤物理性质对放煤规律的影响

综放工作面顶煤在采动应力、支架反复支撑作用、采空区卸压等条件下逐渐破碎成块度差异分布的散体，当放煤口打开后，破碎顶煤块体在重力作用下逐渐向放煤口位置流动，流动过程中散体顶煤块体的基本物理性质，如块度、密度、湿度等必然对放煤规律有所影响。不同综放工作面，由于煤体强度、裂隙发育程度不同，顶煤破碎块度差异较大，如大同煤矿的塔山煤矿、金庄煤矿等，其综放工作面顶煤破碎程度差，大块顶煤占比大，放煤过程中容易形成拱结构，阻碍放煤过程，影响顶煤回收率；而焦作煤业九里山矿、淮北矿业邹庄煤矿等综放工作面顶煤破碎程度较好，近乎呈小颗粒或粉状，工作面常采用注水等手段，增加顶煤的黏结强度，减少工作面片帮及漏煤现象。不同综放工作面其顶煤块度分布、矸煤密度比、散体顶煤湿度等不尽相同，会影响其流动特征。

3.1 块度分布对放煤规律的影响

3.1.1 放出体及煤岩分界面形态

3.1.1.1 顶煤放出体和煤岩分界面方程改进

采用顶煤块度均值和顶煤块度标准差两个参数对顶煤块度分布特征进行定量描述，其中顶煤块度均值(d_{av})代表了顶煤块度整体大小，而顶煤块度标准差(δ_t)则反映了顶煤块度的离散程度。由式(3-1)和式(3-2)可分别求得所选取顶煤破碎块度的均值和标准差：

$$d_{av} = \sum_{i=1}^{n} d_i p_i \tag{3-1}$$

$$\delta_t = \sqrt{\sum_{i=1}^{n} p_i (d_i - d_{av})^2} \tag{3-2}$$

式中，d_i为第 i 个顶煤块体的尺寸；p_i为第 i 个顶煤块体占总体顶煤块体的质量比。

破碎的松散顶煤块体作为散体颗粒介质，自然安息角(休止角)和内摩擦角是影响其运动和稳定堆积的两个重要参数，且在干燥散体无黏结条件下，两者基本相等[1]。散体介质粒径分布是影响自然安息角大小的主要参数之一，当破碎顶煤块体形状、湿度、粒径范围等因素一定时，顶煤块度均值和标准差与自然安息角之间的关系可用以下关系式表达：

$$\begin{cases} \varphi_1 = f(d_{av}) \\ \varphi_2 = g(\delta_t) \end{cases} \tag{3-3}$$

式中，φ_1 为顶煤块度均值影响下的自然安息角；φ_2 为顶煤块度标准差影响下的自然安息角；d_{av} 为顶煤块度均值；δ_t 为顶煤块度标准差。

将式(3-3)代入式(2-9)可分别求得顶煤块度均值影响下的顶煤最大运移角 θ_{G1} 和顶煤块度标准差影响下的顶煤最大运移角 θ_{G2}：

$$\begin{cases} \theta_{G1} = 45° + \dfrac{f(d_{av})}{2} \\ \theta_{G2} = 45° + \dfrac{g(\delta_t)}{2} \end{cases} \tag{3-4}$$

将式(3-4)代入式(2-26)中可得不同顶煤块度均值下工作面方向顶煤放出体边界方程，如式(3-5)所示：

$$\begin{cases} l_1 : \rho(\theta_{O'}) = \dfrac{\rho(\alpha)}{(\sin\alpha - f_1)}\left(\sin\theta_{O'} - \dfrac{M\sin\alpha - \sin\theta_G'}{M-1}\right), & \alpha \leqslant \theta_{O'} \leqslant \theta_G' \\ l_{2-3} : \rho(\theta) = \rho(\theta_A)\dfrac{\sin\theta - \sin\left(45° + \dfrac{f(d_{av})}{2}\right)}{\sin\theta_A - \sin\left(45° + \dfrac{f(d_{av})}{2}\right)}, & \theta_G' \leqslant \theta \leqslant 180° - \theta_G \end{cases} \tag{3-5}$$

工作面方向不同顶煤块度标准差下顶煤放出体边界方程如式(3-6)所示：

$$\begin{cases} l_1 : \rho(\theta_{O'}) = \dfrac{\rho(\alpha)}{(\sin\alpha - f_1)}\left(\sin\theta_{O'} - \dfrac{M\sin\alpha - \sin\theta_G'}{M-1}\right), & \alpha \leqslant \theta_{O'} \leqslant \theta_G' \\ l_{2-3} : \rho(\theta) = \rho(\theta_A)\dfrac{\sin\theta - \sin\left(45° + \dfrac{g(\delta_t)}{2}\right)}{\sin\theta_A - \sin\left(45° + \dfrac{g(\delta_t)}{2}\right)}, & \theta_G' \leqslant \theta \leqslant 180° - \theta_G \end{cases} \tag{3-6}$$

如图 3-1 所示，由于煤岩分界面是顶煤放出后矸石侵入顶煤中形成的，若不考虑散体顶煤和矸石块体的碎胀性，则顶煤放出体的体积应与煤岩分界面漏斗的体积相等。也就是说，当煤层厚度不变时，随着顶煤块度均值或标准差的变化，若顶煤放出体体积变大，放出体形态变宽胖，则煤岩分界面漏斗体积也变大，煤岩分界面也向两侧顶煤中扩展。

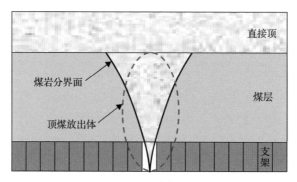

图 3-1　顶煤放出体与煤岩分界面的关系

因此，结合煤岩分界面方程可知，当煤层和直接顶厚度一定时，随着顶煤块度均值和标准差的变化，对煤岩分界面方程的直接影响可分别用修正系数 k_1 和 k_2 来表示，即

$$\begin{cases} k_1 = f'(d_{av}) \\ k_2 = g'(\delta_t) \end{cases} \tag{3-7}$$

将式(3-7)代入式(2-42)中可分别求得不同顶煤块度均值下煤岩分界面方程为

$$y^2 + z^2 = f'(d_{av})^2 \left\{ -\frac{(1+\mu^2)}{m}\ln(mH+\mu) + \mu H \right.$$
$$\left. + \frac{(1+\mu^2)}{m}\ln\left[m(H_r+H_c)+\mu\right] - \mu(H_r+H_c) \right\}^2 \tag{3-8}$$

不同顶煤块度标准差下煤岩分界面方程为

$$y^2 + z^2 = g'(\delta_t)^2 \left\{ -\frac{(1+\mu^2)}{m}\ln(mH+\mu) + \mu H \right.$$
$$\left. + \frac{(1+\mu^2)}{m}\ln\left[m(H_r+H_c)+\mu\right] - \mu(H_r+H_c) \right\}^2 \tag{3-9}$$

3.1.1.2　顶煤放出体和煤岩分界面形态特征

1)顶煤块度均值的影响

图 3-2 为室内放煤试验常用的不同顶煤块度均值的顶煤颗粒。分别测量各顶

煤块度均值的顶煤自然安息角大小，结果见图 3-3。可以看出，随着顶煤块度均值的增大，顶煤的自然安息角整体上呈先减小后增大的趋势。可能的原因是，当顶煤块度较小时，颗粒表面较光滑，颗粒间互相吸附作用力占主导，随着顶煤颗粒尺寸的增大，颗粒间吸附力逐渐减小，因此顶煤自然安息角逐渐减小；当顶煤块度较大时，顶煤颗粒表面凹凸结构产生的互相铰接力占主导，因此随着顶煤颗粒尺寸持续增大，自然安息角又逐渐增大。

(a) 0.5mm　　(b) 1.5mm　　(c) 2.5mm　　(d) 4.0mm　　(e) 7.5mm　　(f) 12.5mm

图 3-2　不同顶煤块度均值的顶煤颗粒

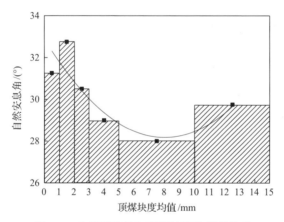

图 3-3　自然安息角与顶煤块度均值的关系

如图 3-4 所示，根据自然安息角的变化趋势，结合式 (3-5)、式 (3-6)、式 (3-8) 和式 (3-9) 可知，当煤层厚度和放煤口长度一定时，随着顶煤块度均值的增大，顶煤放出体体积呈先增大后减小的趋势，最大宽度也呈先增大后减小的趋势。同样地，煤岩分界面漏斗体积也随着放出体体积的变化呈先增大后减小的趋势，煤岩分界面开口宽度也呈先增大后减小的趋势。

如图 3-5 和图 3-6 所示，分别为工作面倾角为 0° 和 30° 条件下，顶煤放出体在不同顶煤块度均值 (自然安息角) 下的理论形态特征。

可以看出，无论是水平煤层还是倾斜煤层，在一定范围内，随着顶煤块度均值的增大，顶煤放出体形态逐渐宽胖，即最大宽度变大，放出体体积也变大，但体积对称性系数变化不明显，依然具有等体特征。上述初步分析了不同顶煤块度均值 (块度分布范围较小) 下顶煤放出体形态特征变化，但当顶煤块度分布范围扩大后，随着顶煤块度均值的增大顶煤放出体形态的变化还需进一步研究。

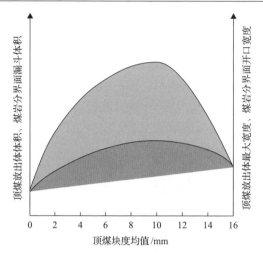

图 3-4　顶煤放出体体积和最大宽度随顶煤块度均值的变化

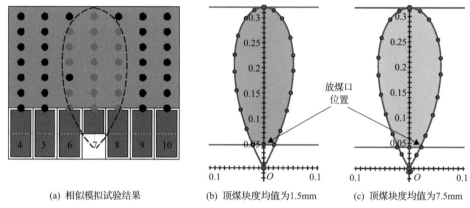

(a) 相似模拟试验结果　　　(b) 顶煤块度均值为1.5mm　　　(c) 顶煤块度均值为7.5mm

图 3-5　工作面倾角 0°条件下不同顶煤块度均值下的顶煤放出体形态

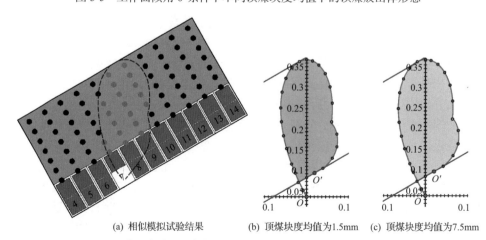

(a) 相似模拟试验结果　　　(b) 顶煤块度均值为1.5mm　　　(c) 顶煤块度均值为7.5mm

图 3-6　工作面倾角 30°条件下不同顶煤块度均值下的顶煤放出体形态

2) 顶煤块度标准差的影响

图 3-7 为相同顶煤块度均值不同顶煤块度标准差下的顶煤块体分布示意图。如图 3-7(a) 所示，当顶煤块度都相等时，设为 d，此时顶煤块度标准差 $\delta_t=0$，表示顶煤块度无离散；如图 3-7(b) 和 (c) 所示，随着 δ_t 的增大，顶煤块度逐渐开始离散，即顶煤块体中较小尺寸和较大尺寸的颗粒逐渐增多。可以得出，当 δ_t 较小时，此时顶煤颗粒中依然是尺寸为 d 的顶煤占主导地位，顶煤放出体形态应与 $\delta_t=0$ 条件下相差不大。而当 δ_t 较大时，此时顶煤块体中大尺寸顶煤和小尺寸顶煤数量都较大，此时随着 δ_t 的增大，顶煤放出体形态和体积变化较大。若为小尺寸顶煤占主导地位，则由图 3-4 可知，顶煤放出体形态和体积应变小；若大尺寸顶煤起主要作用，则顶煤放出体形态和体积存在不确定性，需要进一步深入分析。

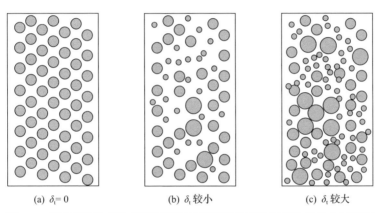

(a) $\delta_t=0$　　　　(b) δ_t 较小　　　　(c) δ_t 较大

图 3-7　相同顶煤块度均值不同顶煤块度标准差下的顶煤块体分布示意图

由于多种因素影响，各综放工作面顶煤块度分布不同，其对顶煤放出体和煤岩分界面形态有较大影响，进而影响了工作面顶煤回收率。但较大顶煤块度分布下顶煤放出体和煤岩分界面形态变化还需深入分析，且直接理论分析顶煤块度分布对顶煤回收率的影响难度较大，因此需要借助现场实测、室内试验及数值模拟等手段进一步研究顶煤块度分布对放煤规律的影响，进而提出可提高工作面顶煤回收率的放煤方式优化方案。

3.1.2　顶煤块度分布特征

裂隙发育程度是影响顶煤破碎的重要影响因素。当裂隙长度和开度较大时，顶煤破碎程度较好[2]，但关于裂隙倾角的变化对顶煤破碎块度的影响研究较为少见。为研究裂隙发育情况对顶煤破碎程度的影响，采用 PFC[2D] 模拟了不同裂隙倾角下煤体试件单轴压缩试验，分析了不同裂隙倾角下顶煤块度的分布特征。

3.1.2.1 模型建立及方案设计

如图 3-8 所示，在离散元数值模拟软件 PFC^{2D} 中建立顶煤试件模型，模型尺寸为 100mm×50mm，颗粒与颗粒之间的接触模型选用 parallel_bonded 黏结模型，颗粒基本物理力学参数见表 3-1。根据不同的裂隙倾角共设计 7 组试验。其中，裂隙长度设定为 30mm，宽度设定为 1mm，倾角分别为 0°、15°、30°、45°、60°、75°及 90°。另外，为对比分析有无裂隙对顶煤试件破碎的影响，设置了空白组，即无裂隙顶煤试件单轴压缩试验。

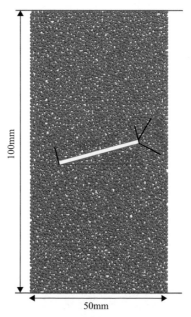

图 3-8　初始裂隙顶煤试件模型

表 3-1　颗粒基本物理力学参数

类别	粒径 d /mm	密度 ρ /(kg/m³)	颗粒接触模量 /Pa	法向与切向刚度比	平行黏结抗拉强度 /Pa	平行黏结内聚力 /Pa	摩擦系数
煤	1～1.5	1300	$10×10^9$	1.0	$9.0×10^6$	$40.0×10^6$	0.577

3.1.2.2 试验结果分析

图 3-9 为不同裂隙倾角下单轴压缩试验初始模型。全部试验完成后，图 3-10 为不同裂隙倾角下试件单轴抗压强度变化曲线。可以看出，当试件存在裂隙时，煤体强度有所降低，尤其是当裂隙倾角为 30°～45°时，试件单轴抗压强度大大减小。另外，从整体上来看，随着裂隙倾角的增大，试件单轴抗压强度呈现先减小后增大的趋势，这与文献[3]中室内预制裂隙试件抗压强度变化规律基本一致，与

莫尔-库仑强度理论分析的裂隙角度对岩石强度的影响具有很好的一致性。

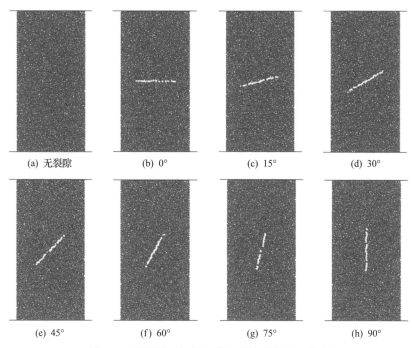

(a) 无裂隙　　(b) 0°　　(c) 15°　　(d) 30°

(e) 45°　　(f) 60°　　(g) 75°　　(h) 90°

图 3-9　不同裂隙倾角下单轴压缩试验初始模型

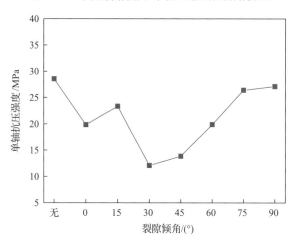

图 3-10　不同裂隙倾角下试件单轴抗压强度变化曲线

图 3-11 为不同裂隙倾角下单轴压缩试验煤体破碎情况。每个试件中不同颜色的部分表示不同的破碎块体。可以看出，当试件为完整试件、裂隙倾角较小、裂隙倾角较大 (75°~90°) 时，试件表现出明显的张拉破坏模式，而当裂隙倾角为 15°~60°时，试件以剪切破坏模式为主。不同的破坏模式导致顶煤破碎块度分布

规律大不相同，为了更清晰地看出煤体试件破碎块度分布特征，分别统计了不同裂隙倾角条件下破碎块度分布级配曲线。

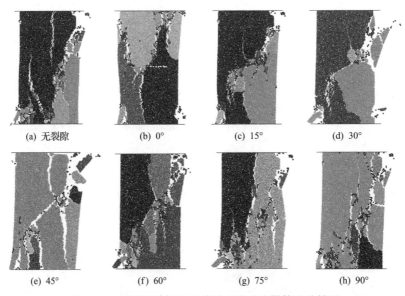

(a) 无裂隙   (b) 0°   (c) 15°   (d) 30°

(e) 45°   (f) 60°   (g) 75°   (h) 90°

图 3-11　不同裂隙倾角下单轴压缩试验煤体破碎情况

如图 3-12 所示，以裂隙倾角 45°为例，将不同颜色块度分别圈画出来，块体的最大长度，即为该块体的尺寸(d)，该块体的面积占整个试件面积的比例记为 r_d，所有相同尺寸块体的比例之和即为该尺寸块体的质量占比。

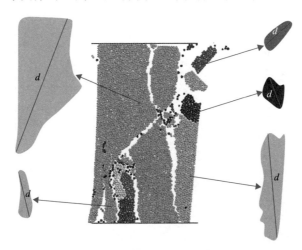

图 3-12　煤体破碎块度统计方式

表 3-2 为不同裂隙倾角下顶煤破碎块度统计结果。由于 0.5cm 以下的颗粒数量太多，为方便计算，将小于 0.5cm 的块体归为一组，表中块度 0.5cm 的质量占比代

表所有尺寸在 0.5cm 以下的块体所占比例。可以看出，当裂隙倾角处于 30°～60° 时，煤体最大破碎块度尺寸较小，小于 8cm。当裂隙倾角为 60°时，大于 0.5cm 的破碎煤块数量最多，而小于 0.5cm 的破碎煤块质量占比也较高，约为 11.44%，这说明裂隙倾角为 60°时，煤体破碎效果最好。这一研究结果表明在预测和评价顶煤破碎块度时，除考虑煤体强度、裂隙发育程度外，还应考虑裂隙角度的影响。

表 3-2　不同裂隙倾角下顶煤破碎块度统计结果

煤块序号	无裂隙		0°		15°		30°		45°		60°		75°		90°	
	d/cm	r_d/%	d/cm	r_d/%	d/cm	r_d/%	d/cm	r_d/%	d/cm	r_d/%	d/cm	r_d/%	d/cm	r_d/%	d/cm	r_d/%
1	9.60	38.31	8.36	37.63	8.69	29.17	7.62	33.53	7.78	32.47	7.90	33.88	10.56	22.06	9.16	41.72
2	5.50	14.11	7.85	19.03	4.81	16.75	5.72	25.80	6.08	11.36	5.85	20.09	8.52	31.38	6.33	9.91
3	5.10	8.39	5.56	22.81	4.28	17.89	4.18	9.94	5.82	20.60	4.31	12.11	4.77	6.68	4.18	9.01
4	4.60	10.29	4.43	6.97	3.20	9.21	3.78	11.64	4.97	6.25	4.12	7.15	4.08	10.07	3.47	8.63
5	3.30	3.62	1.87	1.53	2.85	4.45	2.98	3.80	3.56	9.09	2.85	3.83	3.64	5.39	3.06	2.86
6	3.00	6.48	1.52	1.45	2.23	2.80	2.93	3.39	2.66	2.58	2.38	3.01	3.18	4.64	2.42	2.68
7	2.00	2.86	0.94	0.37	2.13	2.82	1.59	1.26	1.92	1.19	1.71	1.68	1.51	0.90	2.35	3.15
8	1.10	0.95	0.83	0.50	1.89	2.97	1.80	1.11	1.80	1.94	1.34	0.90	1.37	1.08	1.97	2.37
9	1.02	0.50	0.73	0.48	1.49	1.80	1.28	0.74	1.71	2.58	1.11	0.84	1.33	0.78	1.42	0.95
10	1.00	0.57	0.71	0.34	1.30	1.07	1.27	1.08	1.67	2.48	1.05	0.77	1.24	0.45	1.41	1.07
11	0.90	0.57	0.51	0.28	0.79	0.47	0.82	0.33	1.65	1.57	0.93	0.60	1.13	0.78	1.13	0.55
12	0.90	0.57	0.51	0.20	0.75	0.43	0.50	7.38	1.52	1.79	0.88	0.63	0.92	0.76	0.91	0.36
13	0.90	0.40	0.50	8.40	0.66	0.24			0.84	0.54	0.85	0.47	0.86	0.62	0.85	0.33
14	0.79	0.42			0.65	0.26			0.56	0.24	0.81	0.37	0.80	0.41	0.79	0.33
15	0.56	0.23			0.61	0.43			0.50	5.32	0.80	0.41	0.85	0.34	0.74	0.51
16	0.50	11.72			0.59	0.30					0.76	0.37	0.75	0.58	0.71	0.25
17					0.50	8.91					0.75	0.35	0.75	0.41	0.70	0.25
18											0.71	0.43	0.50	12.68	0.66	0.42
19											0.70	0.28			0.63	0.20
20											0.66	0.32			0.57	0.24
21											0.61	0.22			0.50	14.21
22											0.50	11.44				

根据表 3-2 中的数据，分别绘制不同裂隙倾角下顶煤破碎块度分布图，见图 3-13。横坐标为顶煤破碎块度，纵坐标为各块度煤体质量占比。由图 3-13 可以明显看出，当裂隙倾角为 30°～60°时，破碎煤体块度在 5.0～8.0cm 的质量占比超过了 50%，说明该倾角范围内，煤体大多破碎成 5.0～8.0cm 的块体。为进一步对比不同裂隙倾角下顶煤破碎块度大小，分别计算了各条件下顶煤加权平均破碎块度，其变化趋势如图 3-14 所示。

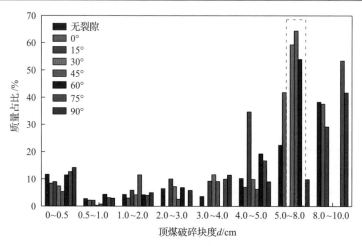

图 3-13　不同裂隙倾角下顶煤破碎块度分布图

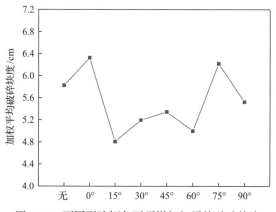

图 3-14　不同裂隙倾角下顶煤加权平均破碎块度

当裂隙倾角为 0°和 75°时，顶煤加权平均破碎块度要比完整试件破碎块度大。而当裂隙倾角为 15°~60°时，加权平均破碎块度较小，综合考虑应尽量降低最大破碎块度，因此，认为当工作面裂隙与最大主应力夹角为 30°~60°时，有利于工作面顶煤的充分破碎。

3.1.3　顶煤块度分布测量

3.1.3.1　顶煤块度分布测量方法确定

1)测量方法的提出

如图 3-15 所示，综放工作面下部煤层由割煤机进行割煤，并通过前部刮板输送机运出工作面；上部顶煤在采动应力、支架反复支撑及侧向应力卸压等综合作用下，逐渐破碎成松散块体，并堆积在支架尾梁上方及后方。当支架放煤口打开，破碎顶煤块体流入后部刮板输送机，然后经过转载机和破碎机进入皮带输送机，进而运出工作面。综合考虑顶煤放出及运出工作面的整个过程，适合进行测量顶煤块度的地点主要有皮带输送机的皮带上和支架尾梁下方空间。结合测量时顶煤块体堆积状态，提出三种测量顶煤块度分布的方法，见表 3-3。

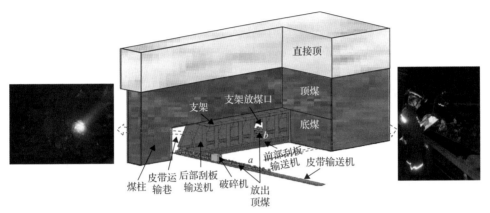

图 3-15　综放工作面顶煤块度分布测量方法示意图

表 3-3　三种方法下各设备运转及顶煤堆积情况

	后部刮板输送机	转载机	破碎机	皮带输送机	前部刮板输送机	顶煤状态
方法 1	√	√	×	√	×	分散
方法 2	×	×	×	×	×	堆积
方法 3	√	√	×	√	×	分散

三种测量方法的具体操作过程如下。

方法 1(皮带上分散式测量法)：首先选取合适测量支架进行放煤操作，同时后部刮板输送机保持正常工作，破碎机以及前部刮板输送机暂时停止作业；当放出的破碎顶煤块体经过刮板输送机和转载机到达皮带输送机后，关闭皮带输送机，测量人员在皮带输送机上[图 3-15 中 a 位置]选择合适的测量位置和长度，首先对大块度顶煤进行尺寸和重量测量，其次将小块度顶煤取样后在附近安全地带进行测量。在该方法条件下，放出的顶煤块体均匀分布在皮带上，呈分散状，因此称该方法为皮带上分散式测量法。

方法 2(刮板上堆积式测量法)：首先将工作面后部刮板输送机、前部刮板输送机、转载机及破碎机等全部关闭；当选定支架放煤结束后，测量人员由两支架间隙进入支架尾梁下部空间[图 3-15 中 b 位置]，当放出顶煤较少时，可对全部放出顶煤的块度和质量进行测量，当放出顶煤较多时，尽可能选取表面放出的顶煤测量其块度和重量。该方法下，顶煤并未随后部刮板输送机运动，而是堆积在支架放煤口下方，呈堆积形态，因此称该方法为刮板上堆积式测量法。

方法 3(刮板上分散式测量法)：首先将前部刮板输送机和破碎机关闭，其余设备正常工作；然后打开选定支架进行放煤，当放煤结束后，测量人员由两支架间隙进入支架尾梁下部空间[图 3-15 中 *b* 位置]，选取合适的测量位置和长度对放出顶煤的尺寸和重量进行测量。在该方法条件下，由于顶煤随后部刮板输送机运动，测量区域的顶煤呈分散状态，故称该方法为刮板上分散式测量法。

为减小测量系统误差，条件允许的情况下应尽可能多地选择均匀分布在工作面上的 1~5 个支架作为研究对象，测量其放出顶煤块度分布。

2)测量方法的确定

图 3-16 为三种方法测量顶煤块度分布时，在测量环境、测量时间、测量难度、适用条件及安全性等方面的对比分析。

方法 1 具有测量空间大、空气质量较好、测量时间不受限制、适用范围较广以及安全性系数高等特点，但在后部刮板输送机和转载机运输过程中存在二次破碎的现象。

方法 2 对于顶煤较薄煤层测量速度较快，且不存在后续运输过程中的二次破碎现象，准确性高，但存在测量空间小、空气质量较差、安全性一般以及厚顶煤堆积体导致测量难度大等问题。

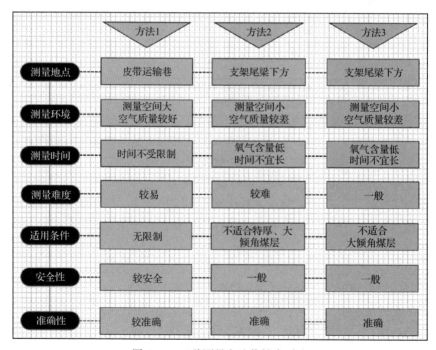

图 3-16　三种测量方法优缺点对比

方法 3 结合了方法 1 和方法 2 的优点，破碎顶煤块体流出放煤口后不存在二次破碎的可能，且顶煤在后部刮板输送机上分散陈列，取样难度较小，准确性较高。

三种方法都可作为顶煤块度分布的测量方法，各有优缺点。但需要特别说明的是，这三种方法测量的都是放出的顶煤块度，经过了放煤过程挤压、破碎，而非放出之前堆积在支架尾梁上方的初始破碎块度。考虑到测量准确性和安全性，本书优先选用方法 3 和方法 1，其次选用方法 2 对工作面顶煤块度分布进行实地测量。当选用方法 3 和方法 1 时，放出顶煤呈分散状态，在刮板输送机或皮带输送机上分布范围较广，若测量全部放出的顶煤块体，花费时间较长，工作量较大。因此，需要进一步确定合适的测量参数，如皮带或刮板上测量位置、测量范围等，即可加快顶煤块度分布测量进度，又可降低测量系统误差，保障现场测量的准确性。为此，基于某综放工作面地质条件，建立了 PFC^{3D} 数值计算模型，分析了顶煤颗粒运移、放出规律，为选择顶煤块度分布最佳测量区域提供了依据。

3.1.3.2 顶煤块度分布测量参数确定

1）PFC^{3D} 数值模拟

如图 3-17 所示，基于某综放工作面地质条件，建立放煤试验初始模型。其中工作面采高为 2.5m，煤层厚度为 2.2m，直接顶厚度为 7.8m，为便于观察将煤层分为 10 层，第 1~9 层每层厚 0.5m，第 10 层厚 0.2m。模型共设置了 5 个放煤支架，支架中心距为 1.5m，尾梁与水平面夹角为 60°，其中 3 号支架为本次试验的

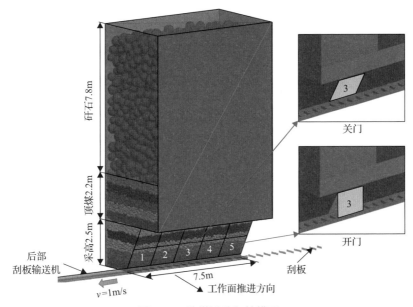

图 3-17　放煤试验初始模型

放煤支架。选用方法 3 测量顶煤块度分布。方法 1 测量参数的确定可由方法 3 变化得出。为简化模型，仅在支架尾梁下方建立刮板输送机模型，中部槽宽度为800mm，链条牵引速度设为 1m/s，可以将 3 号支架放出的顶煤颗粒运输出工作面。顶煤放出过程中，每当一个刮板经过 3 号放煤口后，在回风巷方向就再次生成一个刮板，用来模拟现场循环式的刮板输送机。图 3-17 右图分别为模拟关闭和打开支架放煤口。开始放煤时，打开 3 号支架放煤口，放出的顶煤颗粒被模拟刮板输送机不断地输送远离放煤口位置，当第一颗矸石颗粒被监测到流出放煤口后，即关闭放煤口。

模型中所有颗粒在受力平衡后，设置为静止状态，即线速度和角速度均设为0 m/s。模型中煤矸颗粒的物理力学参数见表 3-4。

表 3-4   煤矸颗粒的物理力学参数

材料	密度 ρ/(kg/m³)	半径 R/mm	法向刚度 k_n/(N/m)	切向刚度 k_s/(N/m)	摩擦系数
煤	1500	30-100	2×10^8	2×10^8	0.7
矸石	2500	30-300	4×10^8	4×10^8	0.7

2) 测量位置确定

如图 3-18 所示，随着放煤时间增加，不同层位的顶煤颗粒(不同颜色颗粒)逐渐从 3 号支架放煤口流出，直到第一颗矸石放出，停止放煤操作。统计放煤过程中放出顶煤颗粒编号，并将其在初始模型上标记出来，即可得到顶煤放出体三维形态。

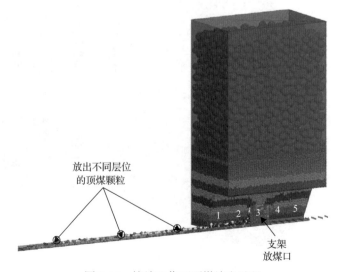

图 3-18   综放工作面顶煤放出过程

图 3-19(a)为工作面布置方向顶煤放出体形态。将不同放出高度的顶煤用不同的颜色标注出来，可以看出，散体顶煤颗粒近似呈切割椭球体形态逐渐被放出来，且随着放出高度的增加，顶煤放出体逐渐由"矮胖"状向"高瘦"状发育，即偏心率逐渐增大。

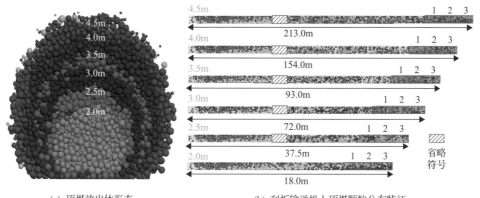

(a) 顶煤放出体形态　　　　(b) 刮板输送机上顶煤颗粒分布特征

图 3-19　顶煤放出体形态及放出顶煤颗粒在刮板输送机上的分布特征

图 3-19(b)为不同放煤高度下(2.0m、2.5m、3.0m、3.5m、4.0m 及 4.5m)刮板输送机上顶煤颗粒分布情况。其中放煤高度为 2.0m，即 2.0m 处顶煤颗粒首次达到刮板输送机上，同样地，放煤高度为 4.5m，即 4.5m 处顶煤颗粒首次流出放煤口。图中 1、2、3 为支架编号，红色方框为支架位置和放煤口长度。同时，由于放出顶煤分布长度越来越大，为较为清晰地展示不同颜色的顶煤颗粒，在放煤高度 2.5~4.5m 的颗粒分布上省略了部分颗粒。

图 3-20 为不同放煤高度下顶煤颗粒累计分布长度和累计体积随着放煤高度的变化曲线。随着放煤高度的增加，顶煤颗粒累计分布长度和累计体积都近似呈二次函数形式增大，相关系数高达 0.99。说明随着放煤高度的增加，顶煤颗粒累计分布长度和累计体积增长速率逐渐变快，即相同放煤高度间隔下，放出的顶煤颗粒越来越多。

随着放煤时间的增加，放出的顶煤逐渐向外扩展，因此，在刮板输送机上最后位置(距离放煤口较近位置)放出的散体顶煤块度分布基本可以代表支架上方不同层位的顶煤块度分布规律。若采用方法 1 在皮带输送机上进行测量，则选取皮带输送机上最后位置处(靠近采空区部分)顶煤样本进行测量。若采用方法 2 测量顶煤块度，在取样时应尽可能选取堆积顶煤体表面的煤块。

3)测量长度确定

根据放出顶煤颗粒在刮板输送机上的分布规律，分别统计刮板输送机上距放煤口 0.5m、1.0m、1.5m、2.0m 范围内以及全部放出的顶煤块度分布，其顶煤块度级配曲线图如图 3-21 所示。

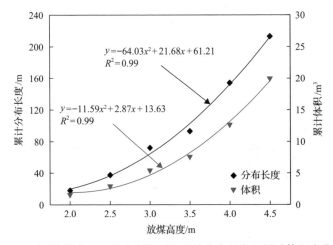

图 3-20　不同放煤高度下放出顶煤颗粒累计分布长度和累计体积变化曲线

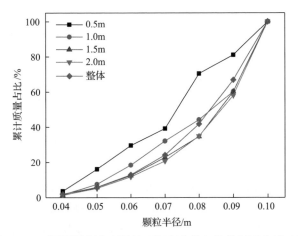

图 3-21　不同测量距离顶煤块度级配曲线与整体级配曲线对比

　　当统计长度为 0.5m 时,测得的顶煤块度级配曲线相较于整体顶煤块度级配曲线区别较大,准确性较低;当统计长度大于等于 1.0m 后,测得的顶煤块度级配曲线与整体顶煤块度级配曲线契合度较高,认为可以代表该区域内顶煤块度分布。结合实际测量工作量,当测量顶煤块度时,选取刮板输送机上距离放煤口 1.0～1.5m 范围内的顶煤比较合适,可以获得较准确的顶煤块度分布。

　　图 3-22 为刮板输送机上方法 3 测量长度 L_1 与皮带输送机上方法 1 测量长度 L_2 之间的变换关系示意图。图中刮板输送机表面到转载机表面的垂直高度为 h,刮板输送机中部槽宽度为 w(假设计划测量长度内顶煤颗粒充满中部槽),刮板输送机牵引速度为 v_1,皮带输送机牵引速度为 v_2,g 为重力加速度。

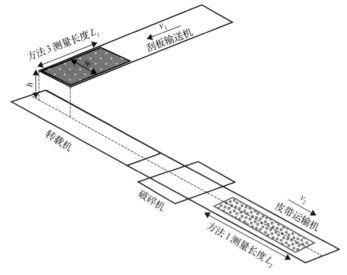

图 3-22 L_1 和 L_2 之间变换关系示意图

则刮板输送机上测量长度范围内第一排顶煤落在皮带输送机上的时间 t_1 应满足：

$$h = \frac{1}{2} g t_1^2 \tag{3-10}$$

最后一排顶煤落在皮带输送机上的时间 t_2 应满足：

$$t_2 = 2\sqrt{\frac{2h}{g}} + \frac{L_1}{v_1} \tag{3-11}$$

则第一排顶煤颗粒在皮带输送机上的运行距离为

$$l = v_2(t_2 - t_1) = v_2\left(\sqrt{\frac{2h}{g}} + \frac{L_1}{v_1}\right) \tag{3-12}$$

由此可知，刮板输送机上测量长度范围的顶煤颗粒在皮带输送机上的测量长度 L_2 可由式 (3-13) 求得

$$L_2 = w + l = w + v_2\left(\sqrt{\frac{2h}{g}} + \frac{L_1}{v_1}\right) \tag{3-13}$$

以 $w=0.8\text{m}$，$v_2=1\text{m/s}$，$h=0.1\text{m}$，$g=10\text{m/s}^2$，$L_1=1\text{m}$，$v_1=1\text{m/s}$ 为例，代入式 (3-13) 可得 L_2 的长度为 1.94m。

因此，在现场工作面采用方法 3 测量顶煤块度分布时，测量长度应满足 1.0～

1.5m；采用方法 1 测量时，应根据现场实际条件，通过式(3-13)计算出所需测量长度，以此得到较为准确的顶煤块度级配曲线。

3.1.3.3 顶煤块度分布现场测量

1) 各工作面顶煤块度级配曲线

根据上述提出的测量方法和测量参数，综合考虑现场实际生产条件，选用合适的测量方法分别对四个工作面(地质条件见第 2.4.2 节)顶煤块度依次进行测量，需要注意的是下述的顶煤块度是以某一煤块的三维方向最大尺寸作为其块度值[4]。图 3-23 为现场测量顶煤块度分布的部分工作照。

(a) 工作面人行道

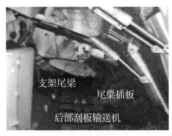

(b) 支架尾梁下方

(c) 皮带上测量大块顶煤

(d) 巷道里测量较小顶煤

(e) 放煤口下方堆积顶煤

图 3-23　现场测量顶煤块度分布

工作面测量结束后，分别绘制各工作面顶煤块度级配曲线及各块度顶煤质量占比曲线，如图 3-24～图 3-27 所示。

(1)图 3-24 为九里山矿 15081 工作面顶煤块度分布测量结果，不同颜色曲线代表不同支架位置测量数据。由图 3-24(a)可以看出，15081 工作面上端头侧(70 号支架)、中部(58 号支架)、下端头侧(40 号支架)不同位置处顶煤块度级配曲线都呈"上凸形"，结合图 3-24(b)可知，该工作面的小块度顶煤占比较大，顶煤破碎较充分，其中块度小于 10mm 的顶煤块体质量占比为 78.4%～95.3%，最大顶煤块度仅为 80mm，是四个工作面中最小的。另外，15081 工作面顶煤厚度与北辛窑煤矿 8103B 工作面顶煤厚度接近，但是顶煤块度相对小很多，原因是九里山矿顶煤较软且富含瓦斯，在工作面打孔注水排除瓦斯过程中进一步软化了顶煤，使得

15081 工作面顶煤破碎更充分，最大破碎块度较小。

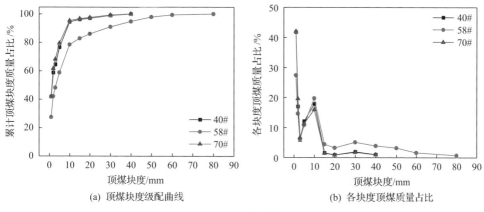

(a) 顶煤块度级配曲线

(b) 各块度顶煤质量占比

图 3-24 九里山矿 15081 工作面顶煤块度分布测量结果

另外，由于工作面倾角较小，工作面上下端侧的顶煤块度级配曲线(图中黑色和蓝色曲线)差异性较小，与工作面中部顶煤破碎情况相比，两端头顶煤更加破碎，小块度顶煤占比更大，可能的原因是 15081 工作面中部顶煤较厚，而两边顶煤较薄，且工作面两巷的注水影响较大。

(2)图 3-25 为北辛窑煤矿 8103B 工作面顶煤块度分布测量结果。可以看出，8103B 工作面由于煤层倾角大，使得上端头侧(80 号支架)、中部(60 号支架)和下端头侧(40 号支架)不同位置的顶煤块度级配曲线差别相对比较明显。其中工作面中部(60 号支架)顶煤由于形变量较大，小块度顶煤占比较高，破碎程度较好，顶煤块度级配曲线呈上凸形；工作面下端头侧(40 号支架)顶煤由于受支承压力较大，顶煤破碎效果也较好，级配曲线整体上也呈上凸形；工作面上端头侧(80 号支架)顶煤受支承压力较小，且有下滑的趋势，破碎程度较差，大块度顶煤占比较大，

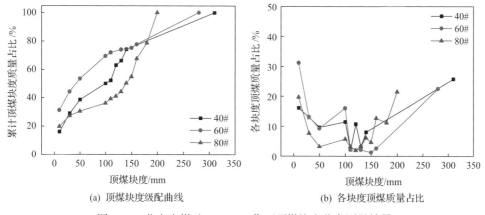

(a) 顶煤块度级配曲线

(b) 各块度顶煤质量占比

图 3-25 北辛窑煤矿 8103B 工作面顶煤块度分布测量结果

级配曲线整体呈上凹形。此外，尽管 8103B 工作面与 15081 工作面顶煤厚度相差不多，但由于 8103B 工作面煤层中夹矸层较多，使得该工作面顶煤块度较大，最大顶煤块度达 310mm，而块度小于 100mm 的顶煤块体质量占比为 36.05%～69.35%，即小块度顶煤约占一半。

(3) 图 3-26 为瑞隆煤业 8103R 工作面顶煤块度分布测量结果。由于测量条件及协调限制，仅测量了工作面中部位置顶煤块度分布。可以看出，8103R 工作面顶煤较厚且为中硬煤层，顶煤块度级配曲线整体上近似呈直线形，顶煤最大块度达到 450 mm，块度小于 100 mm 的顶煤块体质量占比约为 36.36%，说明该工作面的顶煤破碎程度较差。

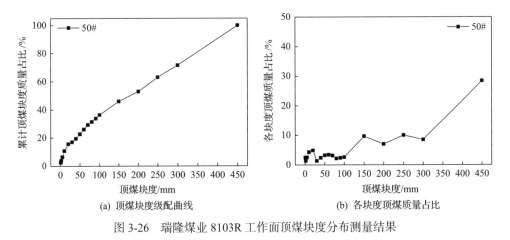

(a) 顶煤块度级配曲线　　　　　　　　　(b) 各块度顶煤质量占比

图 3-26　瑞隆煤业 8103R 工作面顶煤块度分布测量结果

(4) 图 3-27 为金庄煤矿 8404 工作面顶煤块度分布测量结果。考虑到 8404 工作面中部位置有煌斑岩入侵，不进行放煤操作，且 8404 工作面为近水平煤层，因此仅选取了工作面一端头侧两个支架进行测量工作。可以看出，由于 8404 工作面

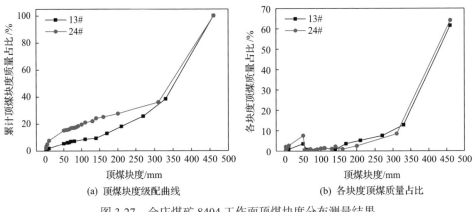

(a) 顶煤块度级配曲线　　　　　　　　　(b) 各块度顶煤质量占比

图 3-27　金庄煤矿 8404 工作面顶煤块度分布测量结果

煤层为特厚煤层，工作面不同支架位置的顶煤块度级配曲线都呈明显的上凹形，最大顶煤块度达到 460mm，块度小于 100mm 的顶煤块体质量占比仅为 8%～19.6%，310mm 以上的顶煤块体质量占比为 61.5%～64.0%，说明该工作面顶煤破碎程度较差，大块度顶煤占比较大。工作面在放煤过程中频繁出现成拱阻碍放煤现象，若不采取有效措施，严重影响工作面推进速度。

如图 3-28 所示，为更清晰对比各工作面顶煤块度分布情况，将每个工作面不同位置测得的顶煤块体尺寸进行混合，重新计算各块度顶煤所占比例。可以看出，四个工作面随着顶煤厚度的增大，顶煤块度级配曲线逐渐由向上凸形转变为向上凹形，最大顶煤块度从 80mm 增加到 460mm，这说明顶煤破碎程度逐渐变差，即大块度顶煤块体逐渐增多。

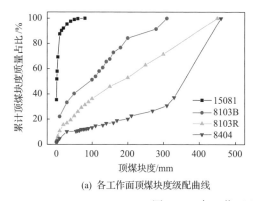
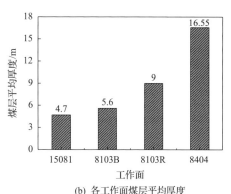

(a) 各工作面顶煤块度级配曲线   (b) 各工作面煤层平均厚度

图 3-28 各工作面顶煤破碎程度对比

同时可以得出，破碎顶煤块度最大值存在上限，约为 500mm。可能的原因一是顶煤块度 500mm 约为放煤口长度的 1/3，根据以往学者的研究结果，当顶煤块度大于等于放煤口 1/3 后，极易发生成拱现象，阻碍上部顶煤的继续流动[5]，因此，在支架上方可能存在更大的顶煤块体，但因互相铰接成拱难以被放出；二是顶煤自身属性使其在采动应力、裂隙发育、下落过程中发生二次甚至多次破碎，其形成的最大顶煤块度为 500mm 左右。

2) 各工作面顶煤块度分布定量分析

如图 3-29 所示，分别计算得出各工作面顶煤块度均值和标准差。结果显示：随着煤层厚度的增加，四个工作面顶煤块度均值呈逐渐增大趋势。其中 15081 工作面顶煤块度均值最小，仅为 7.3mm，说明该工作面顶煤破碎程度非常充分，但端面、支架缝隙等漏煤严重，不利于工作面安全管理；8103B 和 8103R 工作面顶煤块度均值居中，而 8404 工作面顶煤块度均值最大，为 353.4mm，由于放出顶煤块度较大，时常需要注意后部刮板输送机链条情况，若在煤岩块体下落或运输过程中发生故障，需及时进行维修。

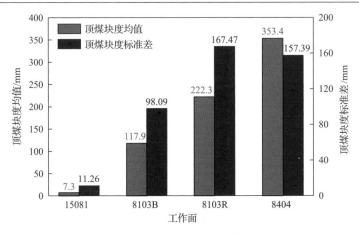

图 3-29　各工作面顶煤块度均值和标准差

随着顶煤块度均值的增大，顶煤块度标准差呈先增大后逐渐稳定的趋势，15081 工作面标准差最小，为 11.26mm，而 8103R 和 8404 工作面的标准差大小基本稳定，约为 160mm。由于各综放工作面顶煤块度均值差异较大，单单比较标准差的大小无法准确判断各工作面顶煤块度离散程度，因此引进概率论里的变异系数 CV 概念，如式(3-14)所示：

$$CV = \frac{\delta_t}{d_{av}} \tag{3-14}$$

式中，δ_t 为顶煤块度标准差；d_{av} 为顶煤块度均值。

图 3-30 为各工作面顶煤块度变异系数结果。可以得出，在四个工作面条件下，随着顶煤块度均值和煤层厚度的增大，顶煤变异系数反而呈逐渐减小的趋势。

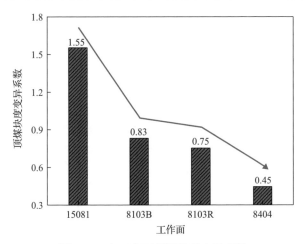

图 3-30　各工作面顶煤块度变异系数

结合图 3-29 可知，虽然 15081 工作面的顶煤块度均值和标准差较小，但其顶煤块度变异系数最大，为 1.55，说明该工作面的顶煤块度离散程度较大；而 8404 工作面的顶煤块度均值和标准差都较大，但是变异系数最小，为 0.45，说明该工作面的顶煤块度相对比较集中，块度都较大。

因此，顶煤厚度是影响工作面顶煤块度分布的一个关键因素，若顶煤厚度较大，则顶煤块度均值和标准差也较大。煤质、裂隙发育及煤层夹矸情况等也是影响顶煤破碎程度的重要因素，在顶煤厚度近似相等的条件下，若煤层较硬、裂隙不发育且有夹矸，则顶煤块度均值较大且较集中；若煤层较软、裂隙发育较充分且无夹矸时，则顶煤块度均值较小但较离散。另外，倾斜煤层工作面不同位置的顶煤破碎程度略有差异，总体来说，顶煤破碎程度工作面中部＞下部＞上部。各工作面顶煤块度分布的测量为研究顶煤块度分布对放煤规律的影响奠定了基础。

3.1.4 顶煤块度均值对放出规律的影响

3.1.4.1 三维放煤试验

1) 放煤试验台

在室内进行散体试验来模拟顶煤三维放出过程，是目前研究顶煤运移及放出规律的主要方法之一。试验所用综放支架的结构和操作方法，对试验结果的影响很大。目前综放开采顶煤放出试验常用的模拟支架主要分为两种：一种是将放煤口设计为上下滑动式，其开门和关门都需要克服放煤挡板和顶煤之间的滑动摩擦力，当顶煤高度过大时，导致摩擦力增大，开门、关门工序困难，使得关门时机难于把握，从而影响试验结果的准确性；另一种是将放煤口设计为旋转式，通过外置拉杆的撬动和拉拽，来实现放煤口的打开和综放支架的移动，这种方法无法实现对支架移动、放煤口开关的缓慢操作和无级调控，与现场液压控制下的移架与放煤口开关差别较大，也会影响试验结果的准确性。为此，作者研究团队开发了一种三维精细化放煤模拟试验系统[6]，如图 3-31 所示。

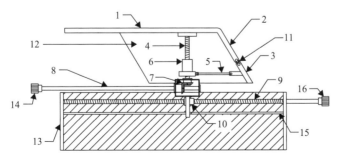

图 3-31 三维精细化放煤模拟试验系统支架结构图

1-顶梁；2-掩护梁；3-尾梁；4-升降丝杠；5-连接杆；6-升降螺母；7-螺旋伞齿轮；8-放煤控制杆；9-行走丝杠；10-行走螺母；11-尾梁铰接机构；12-侧护板；13-金属底架；14-放煤旋钮；15-导向杆；16-移架旋钮

　　为使得该系统能够实现精细化放煤控制，试验系统设计了一种丝杠螺母控制式综放支架，该综放支架可以逼真模拟现场生产中放煤支架的放煤过程，对支架的开门、关门、移架等过程实现精准掌控，从而配合三维模拟试验完成不同条件下放煤过程的模拟。支架顶梁水平设置，掩护梁和尾梁置于顶梁的一侧；掩护梁和尾梁之间由尾梁铰接机构进行铰接连接；侧护板位于该综放支架两侧，材质为亚克力板，与顶梁、掩护梁黏合；支架升降丝杠上端与顶梁螺纹配合，其上套置升降螺母；连接杆一端头与升降螺母铰接，另一端与尾梁铰接；升降丝杠下端与放煤控制杆右端由螺旋伞齿轮咬合；行走螺母与行走丝杠螺纹配合，嵌入金属底架；导向杆穿过行走螺母下部，两端固定在金属底架上；放煤旋钮及移架旋钮分别位于放煤控制杆、行走丝杠一端。

　　支架掩护梁与顶梁所在平面夹角为 60°，掩护梁与顶梁由同一块弯折而成的钢板所构成。尾梁铰接机构采用销轴连接的卯榫式铰接结构。连接杆的端头与尾梁及升降螺母的铰接是一种以销轴连接的卯榫式铰接结构。升降丝杠在外表面套螺纹，以丝杠螺母装置对升降螺母实现精确定位，其下端为螺旋伞齿轮，与放煤控制杆右端的螺旋伞齿轮咬合，将控制杆的水平旋转运动转换为升降丝杠的垂直旋转运动，以此实现对升降螺母的调节操作。丝杠螺母控制式综放支架与行走螺母间以螺钉紧固件固连。

　　支架行走螺母内攻螺纹套置在行走丝杠上，由移架旋钮的旋转运动来控制行走螺母的水平运动，在模拟固定移架长度时可利用固定旋转圈数来达到精确控制的目的，行走丝杠嵌入金属底架与行走螺母共同构成移架装置控制综放支架前后移动。综放支架下部采用金属底架，强度较大，耐摩擦性强，用以承受综放支架整体压力及移架装置造成的磨损。

　　该系统解决了目前模拟用综放支架采用人工手动对尾梁开闭(相当于放煤口开闭)时摩擦力过大和手动对支架移动时定位不精确的问题，实现了放煤口打开、关闭以及移架动作的模拟，符合现场条件，增加了相似模拟的准确性，操作精准快捷，而且通过同时使用多个支架进行不同的组合和顺序操作，可以实现对综放工作面顺序放煤、间隔放煤、单轮放煤、多轮放煤的模拟。

　　图 3-32 为自主研制的三维精细化控制放煤试验平台实物图。该试验平台长×宽×高为 300mm×300mm×900mm，主要包括双层透明试验箱体(下层高 350mm，上层高 300mm)、6 台模拟综放支架、丝杠螺母控制装置、出料口及试验台底座等。其中模拟综放支架高度固定为 100mm，支架尾梁和顶梁为一体，夹角为 120°，当模拟综放支架向前移架时，顶梁会伸出试验箱体外；出料口处连接一个带倾角的光滑坡面，便于放出的煤矸颗粒滑动出来；丝杠螺母控制装置为核心机械装置，

通过手动旋转移架旋钮来控制放煤支架的自动移架，旋转开关门旋钮来控制放煤口开门和关门操作。

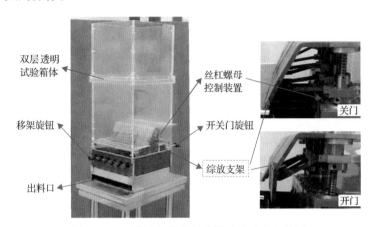

图 3-32　三维精细化控制放煤试验平台实物图

2) 放煤试验材料

如图 3-33 所示，散体顶煤及直接顶分别采用青色和白色巴厘石进行模拟，分别采用 1mm、2mm、3mm、5mm、10mm 及 15mm 孔径的筛子筛取了 6 种块度不同的顶煤颗粒和 1 种直接顶颗粒(矸石颗粒)，测得不同块度顶煤散体密度范围为 1.605～1.980g/cm³，自然安息角为 28°～32.75°。

(a) 顶煤颗粒　　　　　　　　　　(b) 直接顶颗粒

图 3-33　放煤试验模拟材料

图 3-34 为带有数字标号的标志颗粒，其上的三位数分别对应 x 轴、y 轴和 z 轴方向的坐标(坐标如图 3-35 所示)，即每一个标志颗粒都有固定的位置，从而通过统计放出的标记颗粒来记录放煤试验中不同支架上方顶煤的放出情况以及反演放出体形态。

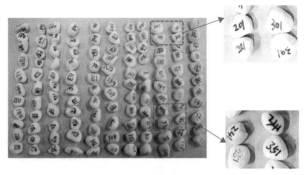

图 3-34　标志颗粒排列布置

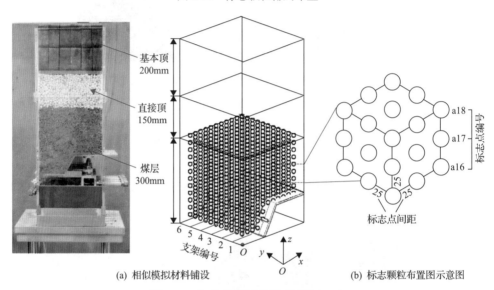

(a) 相似模拟材料铺设　　　　　　　　　(b) 标志颗粒布置图示意图

图 3-35　初始放煤试验模型铺设(mm)

3) 试验方案设计

试验以瑞隆煤业 8103R 工作面煤层赋存条件为基础,试验几何相似比为 1∶30,煤层颗粒铺设 300mm(模拟煤层厚度 9.0m),矸石颗粒铺设 150mm(模拟直接顶厚度 4.5m),基本顶颗粒铺设 610mm(模拟基本顶厚度 18.3m),综合考虑试验台稳定性、试验安全性及力的几何相似比,基本顶岩层采用长×宽×高为 100mm×100mm×50mm 的铁块来代替岩石材料,共铺设 200mm;煤层内部共铺设 1243 颗标志颗粒,相邻标志颗粒间距都为 25mm,试验模型初始铺设情况及标志颗粒布置见图 3-35。

试验共设计了三种不同的顶煤块度分布方案。表 3-5 中质量是指不同块度顶煤根据质量占比铺设 300mm 厚煤层所需的质量;体积是指不同块度顶煤质量除以相应散体密度所得;散体密度是指煤层铺设完毕后各块度顶煤质量总和除以煤层所占空间体积所得；顶煤块度均值 d_{av} 是按式(3-5)求得的各方案平均顶煤块度大小。其中，方案 1 为瑞隆煤业 8103R 工作面各顶煤块度质量占比实测结果，求得 d_{av}=6.62mm；方案 2 中小块度顶煤占比较高，求得 d_{av}=4.88mm；方案 3 中大块度顶煤占比较高，求得 d_{av}=8.30mm，但三个方案顶煤块度标准差基本一致，为 4.09～4.56mm。另外，方案 3 的散体密度最大，为 1.91g/cm³，方案 2 的散体密度最小，为 1.76g/cm³；结合图 3-36 可以明显看出，顶煤块度均值 d_{av} 和散体密度 ρ_1 呈正比关系，顶煤块度均值越大，散体密度越大。

考虑到顶煤块度与放煤口几何尺寸之间的相对大小关系，本次试验在以上三种顶煤块度分布方案的基础上，结合三种放煤工艺(三种放煤口长度)共设计了 9 组试验。这里的放煤口长度 L_O 是指在工作面布置方向上相邻支架同时放煤时的放煤口总长度，但推进方向上放煤口投影宽度 W_O 保持不变，即单口顺序放煤、双口顺序放煤及三口顺序放煤三种方式，具体试验方案基本信息见表 3-6。

表 3-5　不同顶煤块度分布方案

方案	顶煤块度/mm	质量占比/%	累计质量占比/%	质量/g	体积/cm³	散体密度/(g/cm³)	d_{av}/mm	δ_t/mm
方案 1 (实测)	0～1	14.76	14.76	6108	3320	1.84	6.62	4.56
	1～2	8.61	23.37	3562	1936			
	2～3	8.05	31.42	3330	1810			
	3～5	13.02	44.44	5386	2927			
	5～10	25.00	69.44	10343	5621			
	10～15	30.56	100.00	12646	6873			
方案 2	0～1	14.65	14.65	5800	3295	1.76	4.88	4.09
	1～2	17.93	32.58	7100	4034			
	2～3	17.55	50.13	6950	3949			
	3～5	12.63	62.75	5000	2841			
	5～10	21.25	84.00	8415	4781			
	10～15	16.00	100.00	6335	3599			
方案 3	0～1	13.60	13.60	5820	3047	1.91	8.30	4.47
	1～2	2.01	15.62	862	451			
	2～3	3.02	18.64	1293	677			
	3～5	8.05	26.69	3446	1804			
	5～10	27.18	53.87	11631	6090			
	10～15	46.13	100.00	19737	10334			

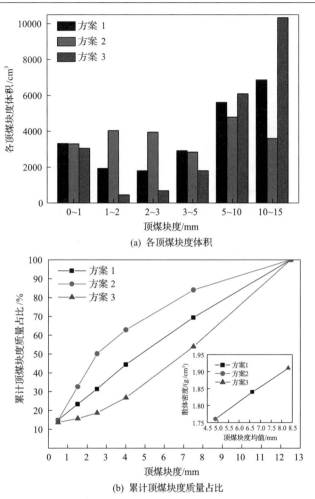

(a) 各顶煤块度体积

(b) 累计顶煤块度质量占比

图 3-36 顶煤块度分布方案设计

表 3-6 试验方案基本信息

试验组	顶煤块度分布	顶煤块度均值/mm	放煤方式	放煤口长度 L_O/mm	放煤支架顺序
F1-1			单口顺序放煤	50	1-2-3-4-5-6
F1-2	方案 1	6.62	双口顺序放煤	100	(1,2)-(3,4)-(5,6)
F1-3			三口顺序放煤	150	(1,2,3)-(4,5,6)
F2-1			单口顺序放煤	50	1-2-3-4-5-6
F2-2	方案 2	4.88	双口顺序放煤	100	(1,2)-(3,4)-(5,6)
F2-3			三口顺序放煤	150	(1,2,3)-(4,5,6)
F3-1			单口顺序放煤	50	1-2-3-4-5-6
F3-2	方案 3	8.30	双口顺序放煤	100	(1,2)-(3,4)-(5,6)
F3-3			三口顺序放煤	150	(1,2,3)-(4,5,6)

3.1.4.2 顶煤块度均值对放出量的影响

分别统计每组放煤试验中各放煤支架放出煤矸质量、放煤时间及标志颗粒编号，通过放出质量除以散体密度即可求得放出量(体积)大小，见表3-7及图3-37。由表3-7可知，各组放煤试验中放出顶煤含矸率均不大于2.5%，因此可认为放煤试验近似遵循"见矸关门"原则，试验控制了顶煤含矸率对顶煤放出量的影响，突出了本次试验中主变量因素——顶煤块度均值和放煤口长度的影响[7]。

由表3-7和图3-37可得以下结论。

(1)当 L_O=50mm 时，随着顶煤块度均值的增大，顶煤放出量呈先增大后减小的趋势，当顶煤块度均值为6.62mm(方案1)时，顶煤放出量最大，为7263cm^3。这说明工作面单口顺序放煤时，顶煤块度均值偏大或偏小时，顶煤放出量都不是最高的，顶煤块度均值存在临界值使得工作面顶煤放出量最大。这是因为当顶煤块度均值较小(方案2)时，颗粒之间以滑动和滚动摩擦为主，顶煤放出顺利，速度较快，顶煤初始移动放出范围较小，放煤时间最短，为200s，根据以往研究成果，当放煤口尺寸一定时，单位时间内顶煤放出量是一定的，因此其顶煤放出量最小；当顶煤块度均值较大(方案3)时，颗粒之间摩擦较大，顶煤初始移动范围较大，但由于颗粒块度相对于放煤口尺寸较大，在放出过程中容易成拱卡矸，不利于顶煤放出，放煤时间最长，为300s。

(2)当 L_O=100mm 时，随着顶煤块度均值的增大，顶煤放出量呈逐渐增大的趋势，顶煤块度均值为8.30mm(方案3)时，顶煤放出量最大，为7231cm^3。这是因为随着放煤口长度的增大，方案3中块度较大的顶煤也可以较为顺利地放出，发挥了大尺寸顶煤放出范围大的优势，同比于方案3中单口顺序放煤放煤量增加了2.60%；当顶煤块度均值为4.88mm(方案2)时，由于放煤口尺寸增大，颗粒流动更加顺利，颗粒流动速度加快，使放煤时间更短，为110s，相比于单口顺序放煤缩短了45%，综合作用使得顶煤放出量相对单口顺序放煤反而下降4.56%。

表3-7 各组放煤试验数据统计

试验组编号	放出标志点数/个	放煤时间/s	放出煤质量/g	放出矸石质量/g	顶煤放出量/cm^3	矸石放出量/cm^3	含矸率/%
F1-1	358	220	13363	305	7263	179	2.41
F1-2	348	150	12689	61	6896	36	0.52
F1-3	322	125	13052	48	7093	28	0.39
F2-1	330	200	12068	137	6857	81	1.17
F2-2	325	110	11517	162	6544	95	1.43
F2-3	253	65	9582	150	5444	88	1.59
F3-1	356	300	13462	138	7048	81	1.14
F3-2	366	187	13812	68	7231	40	0.55
F3-3	366	143	13664	136	7154	80	1.11

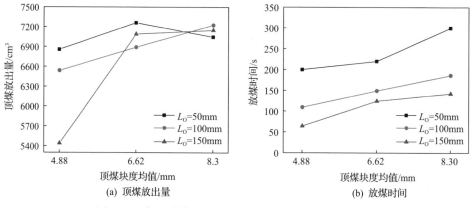

图 3-37　各组放煤试验顶煤放出量和放煤时间变化情况

（3）当 L_O=150mm 时，随着顶煤块度均值的增大，顶煤放出量也呈逐渐增大的趋势，顶煤块度均值为 8.30mm（方案 3）时，顶煤放出量依然最大，为 7154cm³，但相比于方案 3 中双口顺序放煤，三口顺序放煤的放煤量没有显著变化。这是因为尽管放煤口长度增长了，但宽度依然不变，这就限制着方案 3 中大块度顶煤的放出。若要继续增加三口放煤时顶煤放出量，可以在支架高度不变的情况下减小支架尾梁与水平面间的夹角，使放煤口宽度增大，进一步弱化放煤口尺寸对大块度顶煤放出过程的约束作用。同样地，方案 2 由于放煤口长度进一步加长，顶煤放出时间最短，仅为 65s，顶煤放出量相比于双口顺序放煤下降了 16.81%。

因此，当综放工作面顶煤厚度较大，裂隙不发育，多为大尺寸顶煤块体时，综合考虑顶煤放出量、放煤时间和操作方便性，建议使用多口顺序放煤；当综放工作面顶煤裂隙发育，多为小尺寸顶煤块体时，建议使用单口顺序放煤。

3.1.4.3　顶煤块度均值对顶煤回收率的影响

1）各支架顶煤回收率分析

将未放煤时综放支架上方第 4 列到第 6 列标志颗粒数目作为总标志颗粒数目，共 352 个。9 组试验顺序放煤完成后，分别统计各方案下放出的标志点编号，并分别计算工作面各支架顶煤回收率 η_n，其计算公式如式（3-15）所示：

$$\eta_n = \frac{N_n}{N_{n0}} \times 100\% \tag{3-15}$$

式中，N_n 为 n 号支架垂直上方放出标志颗粒数目；N_{n0} 为 n 号支架垂直上方放煤前布置的标志颗粒数目。

图 3-38 为不同顶煤块度均值下各支架顶煤回收率变化图。

（1）当 L_O=50mm，顶煤块度均值较小时（4.88mm、6.62mm），1 号支架顶煤回

收率最高,到达 96%以上,2 号支架及后续支架放煤过程都是在前一架放煤后形成的煤岩分界面约束下进行的,因此顶煤回收率大大下降,其中 2 号支架最低,3～6 号支架顶煤回收率处于 82%上下波动。因此根据这一特性,可在一定程度上通过初次放煤量来估计整个单口顺序放煤综放工作面的顶煤放出量 Q_f,如式(3-16)所示:

$$Q_f \approx Q_1 \big[1 + k(n-1) \big] \qquad (3\text{-}16)$$

式中,Q_1 为工作面第一架放煤支架的放煤量;n 为工作面放煤支架数量;k 为煤岩分界面约束系数,为第三架放煤支架放煤量 Q_3 与 Q_1 的比值,大量试验数据表明,k 的取值范围为 0.15～0.35。

同时,当顶煤块度均值较大时(8.30mm),各支架放煤不均衡性显著提高,不利于工作面放煤管理。

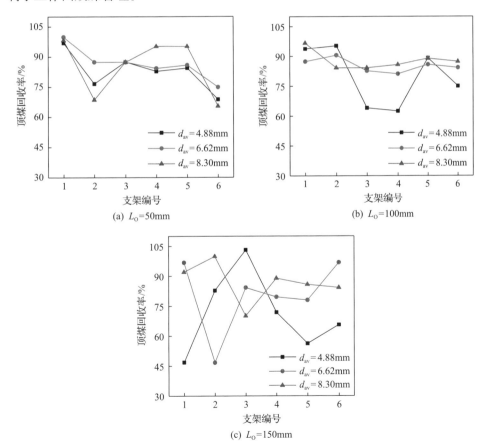

(a) L_O=50mm 　　(b) L_O=100mm

(c) L_O=150mm

图 3-38　不同顶煤块度均值下各支架顶煤回收率变化图

（2）当 L_O=100mm，顶煤块度均值较大时（6.62mm 或 8.30mm），各支架顶煤回收率变化不明显，近似都相等，工作面放煤均匀性较好；而当顶煤块度均值较小时（4.88mm），由于 3 号和 4 号支架放煤受第一次放煤后形成的煤岩分界面约束，因此，其顶煤回收率较低，两端顶煤回收率较高，整体呈现凹型特征。

（3）当 L_O=150mm 时，不同顶煤块度均值下各支架顶煤回收率差别比较明显。由图 3-38（c）可知，当顶煤块度较大时（6.62mm 或 8.30mm），两端头顶煤回收率较高，说明大块度顶煤有利于提高工作面端头顶煤回收率；而当顶煤块度均值较小时（4.88mm），工作面顶煤回收率呈先增大后减小的趋势，工作面中部顶煤回收率较高，即小块度顶煤有利于中部支架放煤。

2）工作面顶煤回收率分析

图 3-39 为各组试验条件下整个工作面的顶煤回收率 η_p 变化规律，其计算公式如式（3-17）：

$$\eta_p = \frac{N_p}{N_0} \times 100\% \tag{3-17}$$

式中，N_p 为工作面所有放出标志颗粒数目；N_0 为工作面放煤前布置的标志颗粒总量。

整体来看，顶煤块度均值对顶煤回收率的影响较明显。当 L_O=50mm 时，工作面顶煤回收率随着顶煤块度均值的增大呈先增大后减小的趋势，进一步说明当放煤口长度一定时，存在一临界值使得工作面顶煤回收率最高；当 L_O=100mm 或 150mm 时，工作面顶煤回收率都随着顶煤块度均值的增大呈逐渐增大的变化规律，不同的是当 L_O=100mm 时，顶煤回收率增大速率逐渐减慢。

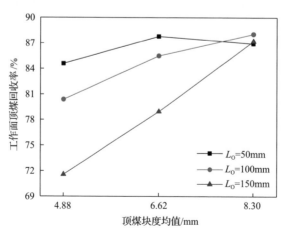

图 3-39　各组放煤试验工作面顶煤回收率变化情况

3.1.4.4 顶煤块度均值对放出体的影响

1) 放出体形态分析

试验中放煤顺序是从 1 号支架向 6 号支架进行，即图 3-40 中从右向左进行放煤。全部试验放煤结束后，分别将每组试验回收的标志颗粒依次还原到放煤前位置，反演出每次放煤时放出体(放出标志颗粒区域范围)形态。如图 3-40 所示，分别为放出标志颗粒的空间分布，工作面推进方向及工作面布置方向分布特征。

(1)从工作面推进方向看，放出标志颗粒基本分布在 x 轴方向第 3 列到第 7 列，而放煤口中心线(图 3-40 中黑色虚线)位于第 4 列和第 5 列之间，因此，可以明显看出中心线右侧放出的标志颗粒数量要大于左侧，即顶煤放出体表现出明显的不对称性，有向工作面推进方向超前发育的趋势，这是因为有综放支架掩护梁和尾梁的存在，使得顶煤颗粒与铁板间的摩擦小于颗粒与颗粒之间的摩擦。

(2)在相同放煤口长度下，当顶煤块度均值较大时(d_{av}=6.62mm 或 8.30mm)，第一次放煤时放出的标志颗粒数量基本都大于顶煤块度均值较小时(d_{av}=4.88mm)放出标志颗粒数量，这说明顶煤块度均值越大时，放出体体积越大，放出体越"宽胖"，放出体向支架上方超前发育现象越明显。

(3)结合工作面布置方向放出标志点分布特征，当顶煤块度均值较小时(d_{av}=4.88mm 或 6.62mm)，随着放煤口长度增大，单次放出的标志颗粒逐渐增多，即单个顶煤放出体体积逐渐增大，最大宽度也逐渐变大，但两个放出体间未放出的标志颗粒明显增多，也就是残煤量逐渐增多，这解释了顶煤块度均值较小时顶煤回收率随着放煤口长度增大呈减小趋势；当顶煤块度均值较大时(d_{av}=8.30mm)，随着放煤口长度增大，工作面布置方向放出标志颗粒数目略微减小(无明显变化)，但工作面推进方向上放出标志颗粒相对增多，即放煤口长度增长使得顶煤放出体向支架上方超前发育的趋势愈发明显。结合图 3-39 可知，当顶煤块度均值较大时，增大放煤口长度有利于提高工作面顶煤回收率，尤其是增大了工作面推进方向上的顶煤放出量。

2) 放出体边界方程变化

为进一步定量分析顶煤块度分布对顶煤放出体边界方程和形态的影响，首先分别统计了不同方案下第一次放煤时的放出量大小(以下简称初始放煤量)，结果见表 3-8。可以看出，相同放煤口长度下，初始放煤量都随着顶煤块度均值的增大呈近似线性增大。也就是说，在相同放煤高度下，顶煤放出体最大宽度应随着顶煤块度均值的增大而逐渐增大。同时根据 2.2 节中顶煤放出体边界方程，可得出在本试验顶煤块度均值范围内，不同试验条件下的顶煤最大运移角度 θ_G 随着顶煤块度均值的增大呈减小的趋势。

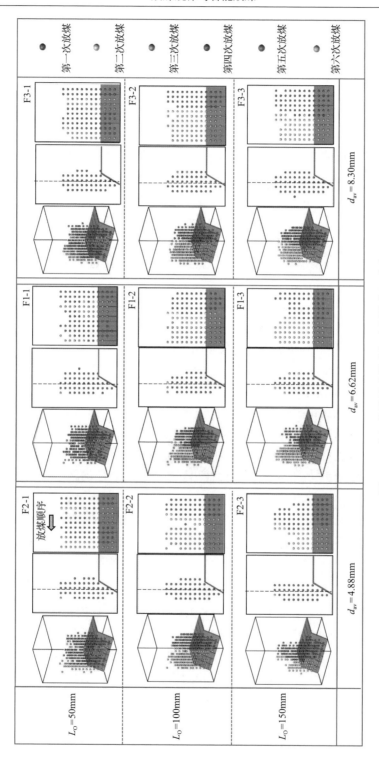

图 3-40 各组放煤试验放出标志颗粒位置分布

表3-8　各组放煤试验初始放煤量统计值			（单位：cm³）
顶煤块度均值/mm	L_O=50mm	L_O=100mm	L_O=150mm
4.88	2049	2805	3102
6.62	2228	2945	3393
8.30	2425	3255	3820

同时根据顶煤放出体体积 Q_f 的估算公式(3-18)得出 θ_G 的大小[8]，不同方案计算结果见表3-9：

$$Q_f \approx \frac{\pi}{6} H_f^3 (1 - \sin \theta_G) \tag{3-18}$$

式中，Q_f 为初次放煤量，m³；H_f 为顶煤放出高度，m。

表3-9　各组放煤试验最大运移角度计算结果			（单位：（°））
顶煤块度均值/mm	L_O=50mm	L_O=100mm	L_O=150mm
4.88	58.77	53.28	51.31
6.62	57.39	52.34	49.46
8.30	55.94	50.33	46.87

图3-41为各组放煤试验最大运移角度与顶煤块度均值的拟合关系。可以看出，在试验顶煤块度均值范围内，随着顶煤块度均值的增大，θ_G 近似呈直线下降趋势；同时放煤口长度对 θ_G 的影响较大，随着放煤口长度增大，θ_G 变化斜率逐渐减小，即 θ_G 减小的趋势逐渐变快。

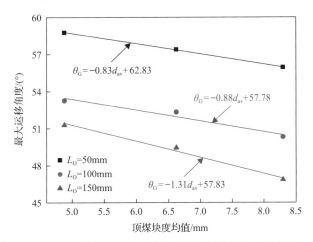

图3-41　各组放煤试验最大运移角度与顶煤块度均值的拟合关系

　　根据 θ_G 的变化规律，水平煤层考虑顶煤块度均值影响下，不同放煤口长度的放出体边界方程，如式(3-19)所示：

$$
\begin{cases}
\rho(\theta) = H_f \dfrac{\sin\theta - \sin(-0.83d_{av} + 62.83)}{1 - \sin(-0.83d_{av} + 62.83)}, & L_O = 50\text{mm} \\[2mm]
\rho(\theta) = H_f \dfrac{\sin\theta - \sin(-0.88d_{av} + 57.78)}{1 - \sin(-0.88d_{av} + 57.78)}, & L_O = 100\text{mm} \\[2mm]
\rho(\theta) = H_f \dfrac{\sin\theta - \sin(-1.31d_{av} + 57.83)}{1 - \sin(-1.31d_{av} + 57.83)}, & L_O = 150\text{mm}
\end{cases}
\tag{3-19}
$$

　　如图 3-42 所示，根据式(3-19)可分别绘制出不同试验方案下的初始顶煤放出体理论形态。由顶煤放出体理论形态可以看出，其放煤口长度略小于实际放煤口长度，这是由于放出体体积和最大运移角度在运算过程中有估算误差，但并不影响变化规律的分析。

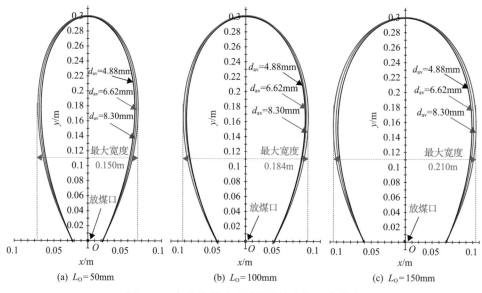

图 3-42　各组放煤试验下顶煤放出体理论形态

　　结合表 3-8 可以看出，在相同煤层厚度条件下，当放煤口长度一定时，放出体体积随顶煤块度均值的增大而增大，放出体最大宽度也越来越大；同样地，当顶煤块度均值一定时，随着放煤口长度增大，顶煤放出体体积呈增长率减小的趋势增大，其中双口顺序放煤放出体体积相比于单口顺序放煤增大 32%～36%，三口顺序放煤放出体体积相比于双口顺序放煤增大 10%～17%，进一步说明增大放煤口长度尽管可以使放出体体积增大，但是放煤口宽度会限制其持续增大。此外，可以看出放出体最大宽度为 3～4 个支架宽度，这与试验中放出标志颗粒范围基本一致。

3.1.4.5 顶煤块度均值对煤岩分界面发育的影响

综放开采放煤过程的核心为煤矸颗粒互相作用流出放煤口的过程，由上述分析可知顶煤放出体形态随着顶煤块度均值的变化发生改变，这就说明顶煤块体在运移过程中其轨迹路径也必然发生了一定的变化，最终导致煤岩分界面边界形态也相应发生变化。本节以单口顺序放煤下(L_O=50mm)不同顶煤块度分布放煤试验为例，介绍顶煤块度均值对顶煤运移轨迹及煤岩分界面形态的影响[9]。

1）顶煤块度均值对顶煤运移轨迹的影响

（1）通过放煤口前的轨迹。为研究顶煤块度均值对顶煤块体运移路径的影响，在煤层最上方均匀布置了 10 颗粒径 10～15mm 的红色颗粒作为记录颗粒，并采用 GoPro 相机（60FPS）全程拍摄其运动过程（图 3-43）。放煤试验结束后，将拍摄视频经软件处理获得不同时刻下顶煤放出过程图片，然后按照各组试验放煤时间长短，均匀选取 8 张图片作为研究对象，并分别提取各方案下 10 颗标志颗粒在不同时刻的空间位置，结果如图 3-44 所示。

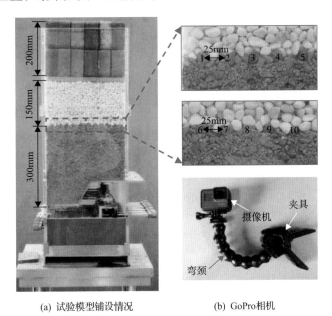

(a) 试验模型铺设情况   (b) GoPro相机

图 3-43 试验模型及观测设备

如图 3-44 所示，以过放煤口下边界（支架尾梁底端）的垂线（图中红色虚线）为界，左侧定义为采空区侧，右侧定义为支架侧。不同顶煤块度均值下，各标志颗粒基本都向着放煤口方向呈近似直线形式运移；同时由于综放支架的影响，支架侧 4 颗标志颗粒在初始放煤过程中发生了位移，而采空区侧仅 3 颗标志颗粒发生了移动，且距中心线相同距离处的标志颗粒，支架侧顶煤颗粒(6～8 号颗粒)位移远大于采空区侧标志颗粒(1～3 号颗粒)，这说明支架侧顶煤颗粒运移速度更快，运移范围更广，使得顶煤放出体具有向支架上方超前发育的趋势。

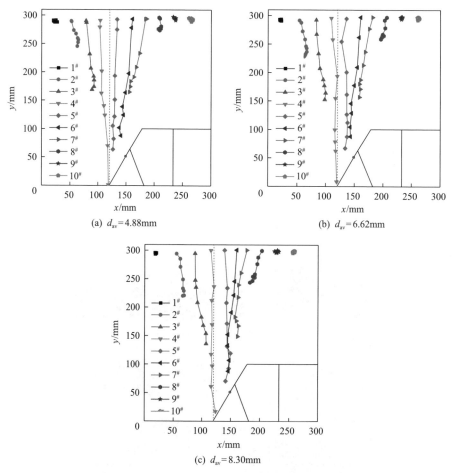

图 3-44　不同顶煤块度均值下标志颗粒运移轨迹

随着顶煤块度均值的增大，非放煤口上方的相同位置标志颗粒(2 号、3 号、7 号和 8 号颗粒)的位移显著增大，而放煤口上方的相同位置标志颗粒(4 号、5 号和 6 号颗粒)其位移量并无明显变化，这说明在放煤高度一致的条件下，顶煤块度均值的增大明显提高了放煤口两侧顶煤颗粒的位移量，即顶煤放出体在宽度方向上逐渐增大，进而使得单口顺序放煤条件下初始顶煤放出体体积也呈增大的趋势，验证了 3.1.4.4 节的分析结果。

(2)通过放煤口之后的轨迹。不同顶煤块度均值的顶煤混合颗粒在放煤过程中的流畅程度及在放煤口处成拱概率不同，流出放煤口后扩散的角度也有一定差异，统计结果如图 3-45 和图 3-46 所示。随着顶煤块度均值增大，顶煤颗粒在流出放煤口后扩散角度逐渐增大，成拱次数也逐渐增多。这是因为当顶煤块度均值较小时，颗粒间铰接摩擦作用较小，使得颗粒最大运移范围较小，流出放煤口后扩散角度也较小，同时颗粒运移速度较快，颗粒运移较均匀，顶煤流动更偏向于流体状态，因此，成拱概率较小，有利于减小放煤时间；而当顶煤块度均值较大时，大块度顶煤占比较大，颗粒之间的铰接摩擦作用增强，放煤过程流畅性较差，容易形成卡矸，严重影响工作面推进速率。

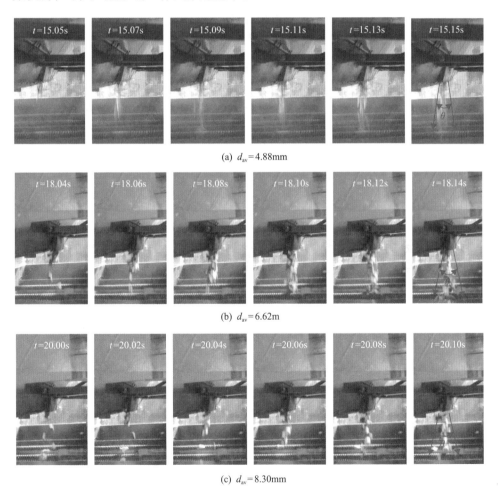

(a) d_{av}=4.88mm

(b) d_{av}=6.62m

(c) d_{av}=8.30mm

图 3-45 不同顶煤块度均值下顶煤通过放煤口后的流动情况

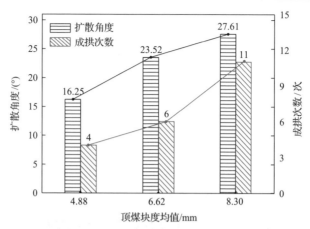

图 3-46　不同顶煤块度均值下顶煤流动扩散角度和成拱次数变化趋势

2)顶煤块度均值对煤岩分界面形态的影响

(1)初始煤岩分界面演化特征。顶煤颗粒运移轨迹的变化,会对放煤最终形成的煤岩分界面形态产生影响。图3-47为三种顶煤块度均值下初始煤岩分界面形态。可以看出,随着顶煤块度均值的增大,煤岩分界面各层位截面宽度逐渐增加。这是因为当顶煤块度较大时(如方案3),混合颗粒的最大运移角度较小,导致放出体体积较大,而在忽略散体顶煤碎胀性条件下,顶煤放出体体积应与煤岩分界面包络的漏斗体积基本相等,由此可知,该方案下煤岩分界面漏斗体积也较大,使得各层位截面宽度也逐渐加大。

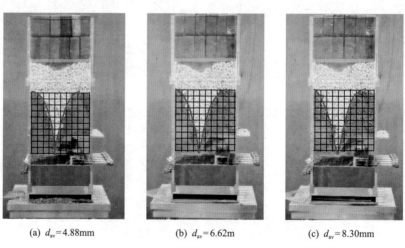

(a) $d_{av}=4.88$mm　　(b) $d_{av}=6.62$m　　(c) $d_{av}=8.30$mm

图 3-47　不同顶煤块度均值下初始煤岩分界面形态

图3-48为不同顶煤块度均值下煤岩分界面动态演化过程。可以看出,随着放煤时间的增长,煤岩分界面逐渐由一平面转变为对数漏斗状,但放煤时间随着顶

煤块度均值的增大逐渐增长，进一步说明了当大块度顶煤占比较大时，顶煤容易成拱，放煤流畅性较差。同时可以发现，煤岩分界面最低点随着放煤时间的增长其位置不断发生变化，为更加清晰对比不同顶煤块度均值下煤岩分界面最低点位置变化规律，分别统计了各顶煤块度均值下不同时刻的煤岩分界面最低点位置，结果如图 3-49 所示。

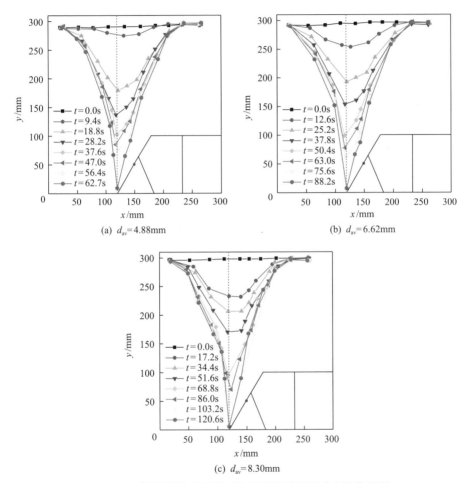

图 3-48　不同顶煤块度均值下初始煤岩分界面动态演化特征

由图 3-49 可以看出，在放煤初期，由于支架侧顶煤受摩擦较小，流出速度较快，放出顶煤较多，使得煤岩分界面最低点偏向支架侧，且顶煤块度均值越大，偏离中心线(图中红色虚线)现象越明显；随着继续放煤，煤岩分界面最低点持续下降，当煤岩分界面最低点处于 1.5～2.0 倍支架高度位置时，煤岩分界面最低点基本处于放煤口中心线上；当顶煤颗粒继续放出，此时支架掩护梁和尾梁对于煤

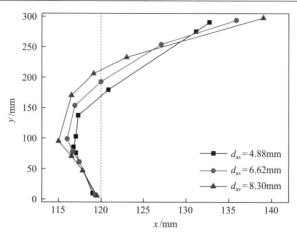

图 3-49　不同顶煤块度均值下初始煤岩分界面最低点运移轨迹对比

岩分界面的发育影响较大，由上述支架侧颗粒运移路径可知，支架侧部分顶煤颗粒无法按正常路径直接流出放煤口，而是沿着推进方向上放煤口上边界挤出放煤口，这就使得煤岩分界面最低点逐渐偏向采空区侧。同样地，顶煤块度均值越大，偏向采空区的趋势越明显，这是因为顶煤块度均值较大时，顶煤与顶煤之间以及顶煤与支架之间互相作用影响范围更大，使得煤岩分界面最低点偏离中心线特征愈发明显，即支架侧和采空区侧煤岩分界面不对称性增强。

(2)煤岩分界面动态演化方程。根据 2.3 节中研究结果，初次见矸时煤岩分界面方程可用式(3-20)表示：

$$y = k\left[-\frac{(1+\mu^2)}{m}\ln(mH+\mu) + \mu H + C \right] \tag{3-20}$$

式中，k 为方程修正系数，可由室内放煤试验求得，其范围处于 0.3～0.4；μ 为颗粒间摩擦系数，取值范围为 0.5～0.6；m 为侧压力传递系数，取值范围为 0.03～0.05；C 为方程常数，可由煤岩分界面上最低点坐标求得。因此，为求得不同时刻煤岩分界面动态演化方程，需要给出常数 C 的表达式。

以过放煤口下边界的垂线为 H 轴，底板方向为正方向，直接顶上表面为 y 轴，支架方向为正方向，两轴交点为原点 O。不同顶煤块度均值条件下，随着放煤高度的增大，煤岩分界面最低点坐标位置变化规律如图 3-50 所示，并对其进行曲线拟合。结果显示，煤岩分界面最低点运移轨迹基本符合抛物线形式，且顶煤块度均值越大，抛物线开口越窄，即随着顶煤放出时间的增大，分界面最低点坐标位置变动越大。

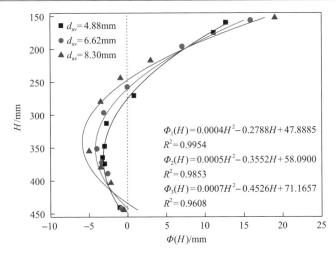

图 3-50　不同顶煤块度均值下初始煤岩分界面最低点运移轨迹拟合

设不同时刻煤岩分界面最低点坐标为 $(H_t, \Phi(H_t))$，将其代入式(3-20)可得不同顶煤块度均值下不同放煤时刻煤岩分界面动态演化方程，如式(3-21)所示：

$$y = k\left[-\frac{(1+\mu^2)}{m}\ln(mH+\mu) + \mu H + \Phi(H_t) + \frac{(1+\mu^2)}{m}\ln(mH_t+\mu) - \mu H_t\right] \quad (3\text{-}21)$$

式中，H_t 为 t 时刻煤岩分界面最低点横坐标；$\Phi(H_t)$ 为 t 时刻初始煤岩分界面最低点纵坐标。

基于 8103R 工作面地质条件(煤层厚度 $H_c=9.0$m，直接顶厚度 $H_r=4.5$m)，将 $\mu=0.5$，$m=0.04$，$H_t=6.0$m、7.5m、9.0m、10.5m、12.0m、13.5m 及其对应的 $\Phi(H_t)$ 分别代入式(3-21)，可得到不同放煤高度下支架侧煤岩分界面 y_R 和采空区侧煤岩分界面 y_L 理论方程如式(3-22)所示：

$$\begin{cases} y_R = k_R\left[-31.25\ln(0.04H+0.5) + 0.5H - C\right] \\ y_L = k_L\left[-31.25\ln(0.04H+0.5) + 0.5H - C\right] \end{cases} \quad (3\text{-}22)$$

式中，k_R 为支架侧煤岩分界面理论方程修正系数；k_L 为采空区侧煤岩分界面理论方程修正系数；不同顶煤块度均值下不同 H_t 对应求得的 C 值见表 3-10。

表 3-10　不同顶煤块度均值下参数 C 的取值

顶煤块度均值/mm	H_t					
	6.0m	7.5m	9.0m	10.5m	12.0m	13.5m
4.88	12.19	10.67	9.26	7.95	6.72	5.54
6.62	12.20	10.71	9.32	8.01	6.75	5.54
8.30	12.19	10.73	9.34	8.01	6.71	5.43

图 3-51 为不同顶煤块度均值下煤岩分界面动态演化理论形态。其中，最外层红色曲线代表初次见矸条件下煤岩分界面形态，可以看出其理论形态可以较好地拟合放煤试验结果，验证了理论方程的正确性。同时发现，由于综放支架的影响，支架侧煤岩分界面与采空区侧煤岩分界面在变化趋势上具有不对称性。

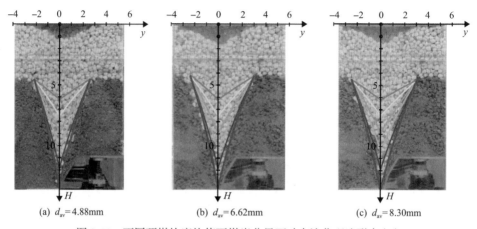

图 3-51　不同顶煤块度均值下煤岩分界面动态演化理论形态（m）

━━ $H_t=6.0$m;　━━ $H_t=7.5$m;　━━ $H_t=9.0$m;　━━ $H_t=10.5$m;　━━ $H_t=12.0$m;　━━ $H_t=13.5$m

图 3-52 为不同顶煤块度均值下不同放煤高度时 k_R 和 $|k_L|$ 的变化规律，两者的值越大表示顶煤分界面各层位截面宽度越大。同时，定义了煤岩分界面非对称系数 η_{as}，如式（3-23）所示：

$$\eta_{as} = \left| \frac{y_R}{y_L} \right| = \left| \frac{k_R}{k_L} \right| \tag{3-23}$$

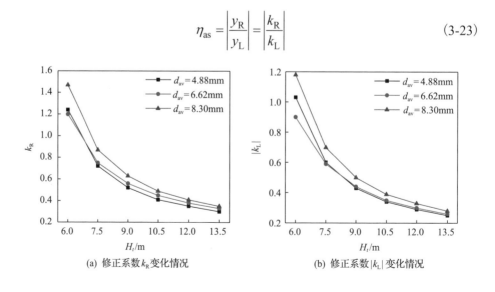

(a) 修正系数 k_R 变化情况　　　　　　(b) 修正系数 $|k_L|$ 变化情况

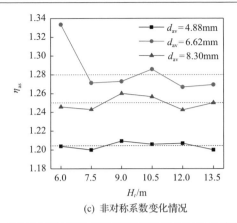

(c) 非对称系数变化情况

图 3-52　不同顶煤块度均值下修正系数及非对称系数变化情况

由图 3-52(a) 和 (b) 可以看出，随着煤岩分界面最低点横坐标逐渐增大，支架侧和采空区侧煤岩分界面修正系数 k_R 和 $|k_L|$ 都呈逐渐减小的趋势，且初始放煤阶段，减小速度非常快，后期减小速度逐渐平缓，说明煤岩分界面上层位截面宽度较大，下层位截面宽度突然减小，呈漏斗状。同时可以看出，k_R 基本上都大于 $|k_L|$ 的值，这说明支架侧煤岩分界面开口较大，即截面宽度较宽，整体上变化趋势较为平缓。另外，初次见矸时（$H_t=13.5m$），不同块度均值下 k_R 的取值范围为 0.3～0.35，$|k_L|$ 的取值范围为 0.25～0.28，且随着块度均值的增大，k_R 和 $|k_L|$ 都逐渐增大，说明块度均值较大条件下煤岩分界面各层位截面宽度也较大，煤岩分界面漏斗体积较大，与上述试验结果相一致。由图 3-52(c) 可以看出，不同顶煤块度均值下煤岩分界面非对称系数基本处于 1.2～1.3，进一步说明由于综放支架与顶煤颗粒间摩擦系数较小，支架侧顶煤颗粒的流动速度较快，煤岩分界面发育范围较广，进而使得支架侧煤岩分界面各层位截面宽度比采空区侧大；当顶煤块度均值 $d_{av}=4.88mm$ 时煤岩分界面非对称性系数最小，说明综放支架对小块度顶煤的影响较小。

为了更清晰地显示不同顶煤块度均值下煤岩分界面各层位截面宽度变化趋势，将支架侧和采空区侧煤岩分界面理论方程相减，结果如图 3-53 所示。可以看出，沿着煤层顶板方向（H 逐渐减小），不同顶煤块度均值下煤岩分界面各截面宽度都逐渐增大，但增大速率逐渐减小，且随着顶煤块度均值的增加，各层位截面宽度逐渐增大。

因此，在放煤口长度为 50mm 时，随着顶煤块度均值的增大，初始顶煤放出体体积近似线性增长，初始煤岩分界面各层位截面宽度也逐渐增大，整个工作面的顶煤回收率则呈先增大后减小的趋势。但在室内放煤试验中，按相似比换算后顶煤块度均值范围为 150～250mm，因此，为研究更大范围内顶煤块度均值对放煤规律的影响，进行了 PFC^{2D} 数值模拟。

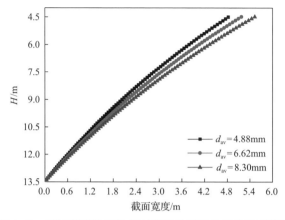

图 3-53　不同顶煤块度均值下煤岩分界面各层位截面宽度

3.1.4.6　离散元数值计算及分析

1)模型建立与方案设计

如图 3-54 所示，模型尺寸为 30m×18m，采高 2.5m，顶煤厚度 7.5m，直接顶厚度 8m，支架中心距为 1.5m，工作面支架从左到右编号依次为 1、2、…、19、20,其中工作面两端头各 4 台支架为不放煤区域。煤岩颗粒基本力学参数见表 3-11。模型建立后设定其初始条件：墙体为固定边界，速度和加速度均设为 0；颗粒初速度和旋转速度设为 0,且仅受重力作用，重力加速度为 9.81m/s^2。运行模型使其达到平衡状态，以便后续放煤试验。

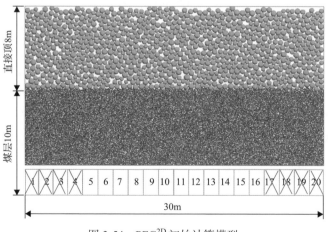

图 3-54　PFC^{2D} 初始计算模型

表 3-11 煤岩颗粒基本力学参数

材料	密度 ρ/(kg/m³)	粒径 d/mm	法向刚度 k_n/(N/m)	剪切刚度 k_s/(N/m)	摩擦系数
煤	1500	50-500	2×10^8	2×10^8	0.4
矸石	2500	400-600	4×10^8	4×10^8	0.4

本次模拟共设计了 S1、S2、S3、S4、S5 5 组基本放煤试验，5 组试验中顶煤块度均值从 95mm 到 455mm 逐渐增大，直接顶颗粒固定不变（表 3-12）。

表 3-12 不同顶煤块度均值试验方案设计

组号	顶煤块度/mm	顶煤块度均值/mm	直接顶块度/mm	直接顶块度均值/mm
S1	50～140	95	400～600	500
S2	140～230	185	400～600	500
S3	230～320	275	400～600	500
S4	320～410	365	400～600	500
S5	410～500	455	400～600	500

2）顶煤块度均值对顶煤放出的影响

5 组试验顺序放煤完成后，分别计算工作面每个支架上方顶煤回收率，结果如图 3-55 所示。

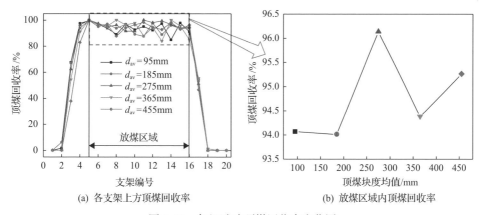

(a) 各支架上方顶煤回收率　　　(b) 放煤区域内顶煤回收率

图 3-55 各组试验顶煤回收率变化图

可以看出，不同顶煤块度均值下，放煤区域内支架顶煤回收率基本在 90% 左右，而未放煤区域支架上方也有部分顶煤被放出，统计各试验方案下放煤区域内顶煤平均回收率，可以发现 S3 最高，相比 S2 高 2.12%。工作面两端头支架顶煤回收率大小呈现不对称性，工作面结束后放煤区域支架顶煤回收率平均水平偏低，这是由于后续支架放煤都是在煤岩分界面约束下进行的，放煤高度远小于煤层厚度，使得工作面结束后放煤区域放煤支架放出的煤量减少。

图 3-56 为 PFC^{2D} 数值计算和室内放煤试验工作面顶煤回收率随顶煤块度均值变化趋势图。由图 3-56 可知，室内放煤试验和 PFC^{2D} 数值计算结果都显示工作面顶煤回收率随顶煤块度均值的增大呈先增大后减小的趋势，这证明了当放煤口尺寸一定时，存在一临界顶煤块度均值，使得工作面顶煤回收率最大，验证了相似模拟结果的正确性。不同的是 PFC^{2D} 模拟结果的临界值为 275mm，室内放煤试验的临界值为 200mm，产生差距的原因为 PFC^{2D} 模拟顶煤块体为圆球形，更有利于大块顶煤的放出，增大了该临界值。同时，结合 PFC^{2D} 数值计算和室内放煤试验结果，认为顶煤块度均值在 150~250mm 范围内，工作面顶煤回收率较高，并且大块度顶煤含量较高有利于减少工作面粉尘含量。

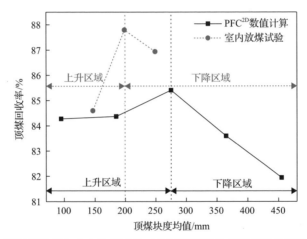

图 3-56　PFC^{2D} 数值计算和室内放煤试验工作面顶煤回收率随顶煤块度均值变化趋势图

3.1.5　顶煤块度标准差对放出规律的影响

3.1.5.1　模型建立与方案设计

1) 放煤试验模型

图 3-57 为综放开采工作面松散顶煤放出过程试验模型。PFC^{2D} 模型建立过程中，颗粒和颗粒之间，颗粒与墙之间选用线性接触模型。放煤试验模型尺寸为 30m×18m。其中，放煤口长度为 1.5m，采高为 2.5m，顶煤厚度为 7.5m，采放比为 1∶3，直接顶厚度为 8.0m。模型从左至右共设置 20 架支架，依次编号 1、2、…、19、20。为消除模型边界对顶煤放出过程的影响，1~4 号支架(起始放煤端)和 17~20 号支架(结束放煤端)不进行放煤操作，而顶煤颗粒则依次从 5~16 号支架(放煤区域)流出。为方便观察放煤过程中煤岩分界面演化过程，在煤层中共设置了 4

层较薄的标志层，各层间距为 1.5m。表 3-13 为模型中顶煤和直接顶颗粒基本力学参数。

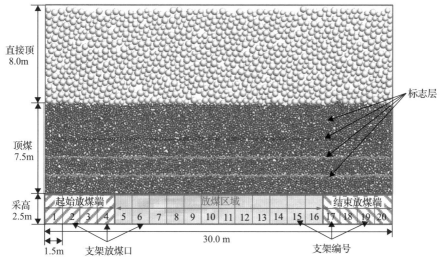

图 3-57　放煤试验模型

表 3-13　顶煤和直接顶颗粒基本力学参数

材料	密度 ρ/(kg/m³)	半径 R/mm	法向刚度 k_n/(N/m)	切向刚度 k_s/(N/m)	摩擦系数
顶煤	1500	20~200	2×10^8	2×10^8	0.4
直接顶	2500	200~300	4×10^8	4×10^8	0.4

　　模型建立后，给顶煤及直接顶颗粒施加重力作用，重力加速度为 9.81m/s²。开始运行模型，直到命令流中的参数 aratio 达到 1×10^{-5} 为止，此时，认为放煤试验模型处于平衡状态。另外，在开始放煤试验之前，需将墙的速度和加速度设置为 0，颗粒的初始速度及旋转速度也设为 0。

　　2)试验方案设计

　　根据 3.1.3 节中综放工作面现场实测数据可知，放出的顶煤块体尺寸基本处于 0~0.4m。同时，由 3.1.4 节可知，当顶煤块度均值 d_{av} 约为 0.2m 时，工作面顶煤回收率最大。因此，本节采用控制变量法，将各放煤试验中 d_{av} 保持为 0.2m 不变，只改变各方案顶煤块度标准差 δ_t，以此来研究顶煤块度标准差对放煤规律的影响。表 3-14 为放煤试验设计方案，该方案将 0~0.4m 的顶煤颗粒尺寸共分为 8 组，其中，0.05m 表示该组内顶煤颗粒尺寸为 0~0.05m，0.1m 表示该组内顶煤颗粒尺寸为 0.05~0.10m，以此类推。另外，p_m 表示每组的质量占比，p_{cm} 为每个方案的累计质量占比。

表 3-14　不同顶煤块度标准差放煤试验方案设计

分组	粒径/m	S1		S2		S3		S4		S5		S6		S7		S8		S9	
		p_m/%	p_{cm}/%	p_m/%	p_{cm}/%	p_m/%	p_{cm}/%	p_m/%	p_{cm}/%	p_m/%	p_{cm}/%	p_m/%	p_{cm}/%	p_m/%	p_{cm}/%	p_m/%	p_{cm}/%	p_m/%	p_{cm}/%
1	0.05	0	0	2	2	4	4	5	5	10	10	14	14	24	24	36	36	57	57
2	0.10	0	0	3	5	6	10	10	15	14	24	17	31	20	44	16	52	0	57
3	0.15	0	0	5	10	10	20	16	31	17	41	20	51	10	54	6	58	0	57
4	0.20	100	100	80	90	60	80	40	71	20	61	0	51	0	54	0	58	0	57
5	0.25	0		5	95	10	90	14	85	16	77	19	70	9	63	0	58	0	57
6	0.30	0	100	3	98	6	96	9	94	13	90	17	87	10	73	3	61	0	57
7	0.35	0	100	2	100	3	99	2	98	6	96	8	95	15	88	17	78	0	57
8	0.40	0	100	0	100	1	100	2	100	4	100	5	100	12	100	22	100	43	100

　　根据式(3-5)和式(3-6)，可分别求得各试验方案的 d_{av} 和 δ_t。图 3-58 展示了各方案的顶煤块度累计质量占比 p_{cm} 及各方案顶煤块度标准差 δ_t 的大小。可以看出，各方案随着第 4 组质量占比逐渐减小，且第 1 组和第 8 组质量占比逐渐增大，δ_t 逐渐增大，这说明顶煤块度尺寸越来越分散。此外，当 $\delta_t < 0.10$m 时，$0.10 \sim 0.25$m 范围内的顶煤颗粒质量占比大于 50%，即在方案 1～方案 5 中顶煤颗粒大部分依然为中等尺寸颗粒，因此称其为均匀分布阶段。相反地，当 $\delta_t > 0.10$m 时，$0.10 \sim 0.25$m 范围内的顶煤颗粒质量占比小于 40%，即在方案 6～方案 9 中顶煤颗粒大多为小尺寸颗粒和大尺寸颗粒，因此称其为非均匀分布阶段。

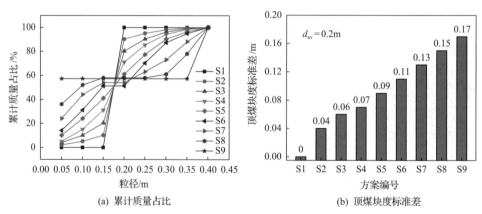

(a) 累计质量占比　　　　　　(b) 顶煤块度标准差

图 3-58　各方案顶煤颗粒累计质量占比曲线及顶煤块度标准差

　　为更加清楚地显示不同方案下顶煤颗粒分布特征，选取了 5 个试验方案，并对一些部分进行了局部放大(图 3-59)。可以看出，随着顶煤块度标准差 δ_t 的增大，大颗粒和小颗粒数量逐渐增大，使得顶煤颗粒的尺寸差异越来越明显。因此，当顶煤块度均值相等时，在放煤过程中不同的 δ_t 必然会影响颗粒的流动特性[10]。

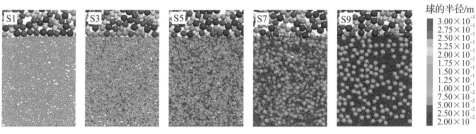

图3-59　5个试验方案局部放大图

各方案放煤过程中遵循"见矸关门"原则。同时,各方案工作面采用单口单轮顺序放煤方式进行放煤,为尽可能模型现场实际情况,两次放煤过程之间,模型需要重新平衡,所有颗粒速度需要重新设置为0。当9个放煤试验结束后,分析各方案下顶煤回收率变化特征、顶煤放出体形态、煤岩分界面演化过程。

3.1.5.2　顶煤块度标准差对顶煤回收率变化的影响

1)工作面顶煤回收率

每组试验中工作面顶煤回收率η_p可由式(3-24)计算得到:

$$\eta_p = \frac{N_p}{N_0} \times 100\% \tag{3-24}$$

式中,N_p为工作面顶煤颗粒放出总量;N_0为2～18支架上方顶煤颗粒初始量。

如图3-60所示,在均匀分布阶段,随着顶煤块度标准差的增大,工作面顶煤回收率η_p呈现先增大后减小的趋势,但变化程度较小,最大值和最小值之间相差1.85%。相反地,在非均匀分布阶段,随着顶煤块度标准差的增大,工作面顶煤回

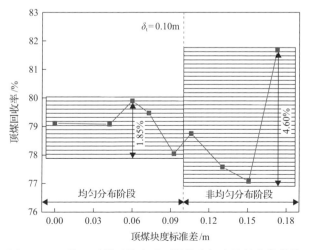

图3-60　工作面顶煤回收率随顶煤块度标准差的变化趋势

收率呈先减小后增大的趋势，且变化程度较大，最大值和最小值之间相差 4.60%。从整体上看，当顶煤颗粒处于均匀分布阶段时，工作面顶煤回收率较高。

因此，当工作面煤层较硬，裂隙不发育，顶煤需要水力压裂、爆破等手段破碎成可放出的松散块体时，为使工作面顶煤回收率较大且较容易管理，顶煤块度分布应尽可能较为均匀。

2) 各支架顶煤回收率

n 号支架顶煤回收率 η_n 可由式(3-25)求得

$$\eta_n = \frac{N_n}{N_{n0}} \times 100\% \tag{3-25}$$

式中，N_n 为 n 号支架上方顶煤颗粒放出量；N_{n0} 为 n 号支架上方顶煤颗粒初始量。

如图 3-61 所示，为研究顶煤块度标准差 δ_t 对各支架顶煤回收率 η_n 的影响，选取了具有代表意义的 6 个方案(S1、S3、S5、S6、S8 和 S9)进行深入分析。

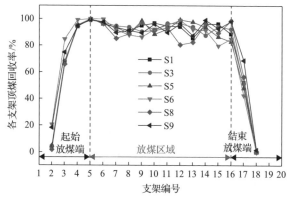

(a) 各方案下各支架顶煤回收率变化趋势

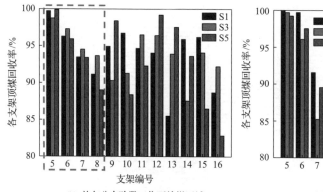

(b) 均匀分布阶段工作面放煤区域
各支架顶煤回收率变化

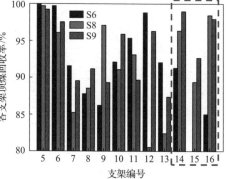

(c) 非均匀分布阶段工作面放煤区域
各支架顶煤回收率变化

图 3-61　工作面各支架顶煤回收率变化

如图 3-61(a)所示，尽管在放煤试验中起始放煤端(1~4 号支架)以及结束放煤端(17~20 号支架)不进行放煤操作，但其上方的顶煤颗粒依然有一部分从放煤区域放出。可以看出，起始放煤端上方的顶煤颗粒放出量要大于结束放煤端上方的顶煤颗粒放出量。具体来讲，在 5 号支架放煤过程中，2 号支架上方约 20%的顶煤颗粒被放出，即 5 号支架放煤过程的影响范围为 3 个支架宽度。而由于煤岩分界面的限制作用，16 号支架放煤过程的影响范围仅仅为 1 个支架宽度。同时可以看出，放煤区域外的一个支架范围内(即 4 号支架和 17 号支架)，各方案下 η_4 的范围为 94.1%~99.2%，而各方案下 η_{17} 的值则远远小于 η_4，为 42.5%~68.8%。

如图 3-61(b)和图 3-61(c)所示，在均匀分布阶段，当顶煤块度标准差 $\delta_t=0.06m$ 时(S3)，起始放煤端的顶煤颗粒较易放出，支架顶煤回收率 η_n($n=5$，6，7，8)较高。而在非均匀分布阶段，当 $\delta_t=0.17m$ 时(S9)，结束放煤端顶煤颗粒却容易放出，相对其他支架回收率，η_n($n=14$，15，16)较高。为进一步解释 η_p 和 η_n 的变化规律，需对各方案下顶煤放出体形态及煤岩分界面发育情况进行深入研究。

3.1.5.3 顶煤块度标准差对放出体形态的影响

1)初始顶煤放出体

因实际放煤高度不同，将 5 号支架放煤过程称为初始放煤阶段，6~16 号支架放煤过程称为正常放煤阶段。如图 3-62 所示，在初始放煤阶段，将放出的顶煤颗粒在初始模型反演出来，标记的区域范围(红色区域)即初始顶煤放出体。可以看出，当 $\delta_t<0.1m$ 时，不同方案下顶煤放出体的形态基本相似，无明显变化。这是因为在这些方案中起主要作用的顶煤颗粒尺寸(以下称为主要顶煤尺寸)都为中等尺寸，这使得各方案下顶煤放出体的形状和体积差异性不明显。而当 $\delta_t>0.1m$ 时，随着 δ_t 的增大，初始顶煤放出体的形态发生显著变化。可以看出，S6($\delta_t=0.11m$)和 S9($\delta_t=0.17m$)方案下顶煤放出体的体积和宽度较大，而 S8 方案下顶煤放出体的体积最小，这也导致 S8 方案($\delta_t=0.18m$)的工作面顶煤回收率是所有方案中最小的。并根据 3.1.4 节中的研究结果：随着顶煤块度的增大，顶煤放出体的体积也逐渐增大。可以得出，随着 δ_t 的增大，主要顶煤尺寸经历了"中—小—大"的变化过程。另外，图 3-62(d)展示了各方案下初始顶煤放出体体积占初始顶煤总量的比例 P_{idb} 的变化趋势。可以看出，各方案下 P_{idb} 大约为 23%，但 S6 和 S9 方案中 P_{idb} 较大，约为 27%。

2)各方案顶煤放出体变化

如图 3-63 所示，将不同放煤口放出的顶煤颗粒用不同的颜色标记在初始模型中，可以清晰地观察不同方案下顶煤放出体形态变化特征。定义 5 号支架放煤反演的放出体为 DB5，类似地，16 号支架放煤反演的放出体为 DB16。

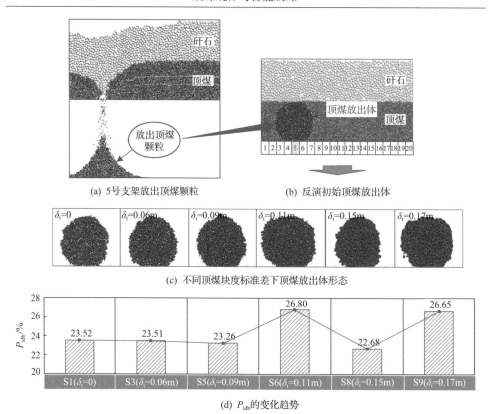

(a) 5号支架放出顶煤颗粒　　　　　　(b) 反演初始顶煤放出体

(c) 不同顶煤块度标准差下顶煤放出体形态

(d) P_{idb} 的变化趋势

图 3-62　不同顶煤块度标准差下初始顶煤放出体形态

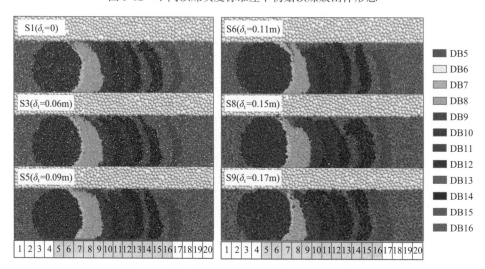

图 3-63　各方案下不同放煤口处顶煤放出体形态

可以看出，在初始模型中，仅初始顶煤放出体 DB5 呈椭球状，而放出体 DB6～

DB16 则呈"弯月"形态(实际上，当 6～16 支架放出的顶煤颗粒反演到各支架放出顶煤颗粒前的模型上时，放出体 DB6～DB16 也呈椭球状，但由于煤岩分界面的影响，体积相较于 DB5 大大减小)。初始放煤时顶煤放出体体积最大，在正常放煤阶段顶煤放出体体积迅速减小。另外，当顶煤块度标准差 δ_t=0.17m 时，两相邻顶煤放出体之间残煤量明显减小。可能的原因是在 S9 方案中，小尺寸顶煤颗粒在大尺寸顶煤颗粒之间产生了像水膜一样的润滑作用，减小了大颗粒之间的铰接摩擦作用，有利于大块度顶煤流出放煤口。

表 3-15 为不同方案各支架顶煤放出体体积占初始顶煤总量的比例(P_{db})分布表。通过表 3-15，可以明显看出 P_{db} 的变化趋势，即 DB5 的 P_{db} 最大，DB06 的 P_{db} 最小，而 DB7～DB16 的 P_{db} 则在某一值附近上下浮动。另外，为比较均匀分布阶段和非均匀分布阶段相同放出体编号 P_{db} 的差异性，采用箱型图绘制图 3-64。

表 3-15　不同方案各支架顶煤放出体体积占初始顶煤总量的比例分布表(%)

DB	S1	S3	S5	S6	S8	S9
5	23.52	23.51	23.26	26.80	22.68	26.65
6	1.77	1.93	1.88	1.96	1.12	1.65
7	5.18	4.18	4.54	1.50	3.61	2.26
8	4.83	6.16	4.82	5.49	5.54	4.04
9	6.03	5.32	5.58	4.68	7.59	6.86
10	5.98	5.56	3.77	5.71	4.51	8.26
11	5.59	5.20	8.21	8.99	4.07	2.59
12	4.51	6.77	6.49	4.50	4.47	7.32
13	3.96	4.07	3.74	4.51	3.36	3.38
14	7.50	5.73	6.15	5.36	10.42	7.22
15	5.40	7.42	3.63	3.94	3.54	2.53
16	4.84	4.04	5.99	5.32	6.16	8.92

如图 3-64 所示，方案 S1、S3 和 S5 中 DB5 的 P_{db} 最大值作为箱子的最大值，其最小值作为箱子的最小值。同样地，根据方案 S1、S3 和 S5 中 DB6～DB16 的 P_{db} 大小，依次绘制其他箱子形态。

定义当一个箱子的最大值和最小值差大于 1.5% 时，该箱子属于大差异区；反之，则该箱子处于小差异区。如图 3-64 所示，当 δ_t<0.10m 时，大差异区主要分布在工作面结束放煤端及部分中部位置。但当 δ_t>0.10m 时，基本所有箱子都属于大差异区，这说明相同编号的 P_{db} 在不同 δ_t 条件下差异性显著。顶煤放出体的这一性质解释了工作面顶煤回收率在非均匀分布阶段变化明显，而在均匀分布阶段变化较小。

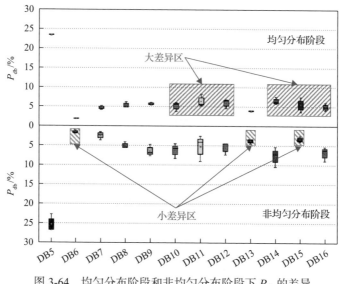

图 3-64　均匀分布阶段和非均匀分布阶段下 P_{db} 的差异

3.1.5.4　顶煤块度标准差对煤岩分界面发育的影响

1) 初始煤岩分界面

如图 3-65 所示，放煤试验结束后，分别描绘不同顶煤块度标准差下初始放煤后形成的煤岩分界面形态。如图 3-65 (a) 所示，当顶煤颗粒从放煤口流出时，矸石颗粒也随之向放煤口处流动，顶煤颗粒流出产生的空间将由矸石颗粒填充，顶煤颗粒和矸石颗粒之间的分界面为煤岩分界面，其中由 5 号支架放煤后形成的煤岩分界面称为初始煤岩分界面。图 3-65 (b) 为 6 个试验方案下初始煤岩分界面对比图。可以看出，当顶煤块度标准差 $\delta_t < 0.10m$ 时，各高度层位的煤岩分界面截面

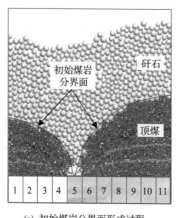

(a) 初始煤岩分界面形成过程

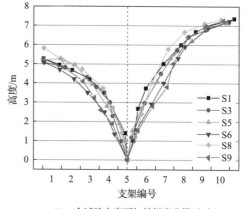

(b) 6 个试验方案下初始煤岩分界面对比

图 3-65　各个试验方案下初始煤岩分界面形态

长度较小，这与均匀分布阶段初始顶煤放出体体积变化特征相一致。当顶煤块度标准差 $\delta_t > 0.1\text{m}$ 时，S6(δ_t=0.11m) 和 S9(δ_t=0.17m) 方案下各层位煤岩分界面截面长度较大，这进一步表明当主要顶煤尺寸较大时，初始顶煤放出体体积和初始煤岩分界面开口长度都较大。

2) 煤岩分界面形态变化

由上述分析可以发现，S8(δ_t=0.15m) 和 S9(δ_t=0.17m) 方案顶煤块度标准差相差最小，但顶煤回收率大小、顶煤放出体体积和初始煤岩分界面形态差异最大，为进一步解释该现象，如图 3-66 所示，深入分析了 S8 和 S9 方案下工作面煤岩分界面发育过程。其中，不同颜色的线代表了不同编号放煤支架放煤后形成的煤岩分界面，并依次进行编号(5~16)。可以看出，随着工作面依次从 5 号支架到 16 号支架进行放煤操作，起始放煤端初始煤岩分界面形态基本保持不变，而结束放煤端煤岩分界面的下端部分则呈现出周期性转向结束放煤端的特征，这是正常放煤阶段顶煤放出体和煤岩分界面互相作用的结果。结合图 3-66 和表 3-15 可以看出，当顶煤放出体体积较小时(如 DB11)，其放出的顶煤颗粒主要来自下部顶煤，这使得仅煤岩分界面下端部分向着结束放煤端发育，其下端出现了回勾现象。经过一个或多个相邻支架放煤后，煤岩分界面下端部分转向结束放煤端的特征愈发明显(如

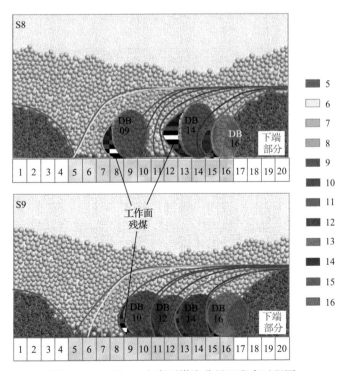

图 3-66 S8 和 S9 方案下煤岩分界面发育过程图

S8 和 S9 方案中 13 号煤岩分界面），回勾现象严重。当进行下次放煤操作时，顶煤放出量较大，部分高位顶煤也被放出，使得煤岩分界面的中高端部分也向结束放煤端进行发育，减小了煤岩分界面的回勾现象。因此，在整个工作面的放煤过程中，这两个过程的周期性进行就造成了煤岩分界面下端周期出现回勾现象。

如图 3-67(a) 所示，为更好地描述煤岩分界面下端向结束放煤端的旋转程度，以 S8 方案中 13 号煤岩分界面为例，定义了以煤岩分界面下端部分旋转角 α_r。首先通过煤岩分界面拐点位置作垂线，然后将垂线逆时针旋转 α_r 角度，此时，旋转线刚好通过煤岩分界面最低点。而当煤岩分界面下端部分未向结束放煤端旋转时(S8 方案中 10 号煤岩分界面)，旋转角 α_r 可通过煤岩分界面下端部分的斜率进行估算。

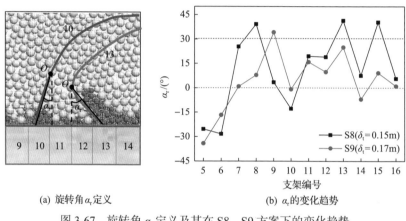

(a) 旋转角 α_r 定义　　　　　　　　　　　(b) α_r 的变化趋势

图 3-67　旋转角 α_r 定义及其在 S8、S9 方案下的变化趋势

图 3-67(b) 为 S8 和 S9 方案下旋转角 α_r 的变化趋势。结合图 3-66 可以看出，当 α_r 较大时(如 S8 方案中 8 号煤岩分界面)，8 号煤岩分界面和 DB09 之间的残煤无法通过 9 号支架放煤口放出，降低了工作面顶煤回收率。同样地，S8 方案中 13 号和 15 号煤岩分界面也存在这种现象。同时可以看出，S9 方案中较大的旋转角 α_r 的数量远远小于 S8 方案，这使得 S9 方案中残煤量大大减小，而工作面顶煤回收率则较高。

由上述研究结果可以发现，随着旋转角 α_r 的增大，煤岩分界面和下一顶煤放出体之间的残煤量应呈现先减小后增大的趋势。使得工作面残煤量较小、顶煤回收率较大的旋转角 α_r 的最佳取值范围有待进一步研究。

3.1.5.5　顶煤块度标准差对力链场和速度场的影响

由上述研究可知，当顶煤块度标准差 $\delta_t=0.06m$(S3 方案) 和 $\delta_t=0.17m$(S9 方案) 时，工作面顶煤回收率分别是均匀分布阶段和非均匀分布阶段的最大值，但 S9 方案的顶煤回收率要大于 S3 方案的顶煤回收率，若直接分析其本质原因较为困难。如表 3-15 所示，可以发现，S3 和 S9 方案下各支架顶煤放出体体积占比 P_{db} 的总和基本相等，因此，若要研究 S9 方案顶煤回收率较大的原因，可通过研究

S9 方案初始顶煤放出体体积较大的原因来进行解释。

图 3-68 为 S3 和 S9 方案下初始放煤过程中力链场特征。由于矸石颗粒的尺寸和重量相比顶煤颗粒要大，使得矸石颗粒间的接触力明显大于顶煤颗粒间的接触力。另外，S3 方案中颗粒间最大接触力大于 S9 方案，不利于顶煤颗粒的放出。

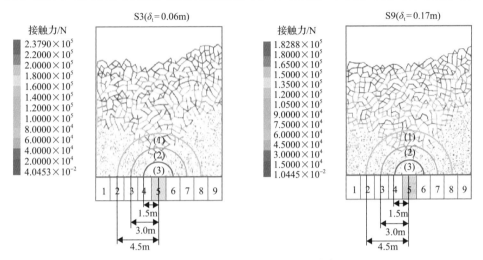

图 3-68　放煤过程中颗粒间力链分布

为研究距放煤口中心点不同距离处接触力及颗粒速度分布特征，分别选取1.5m、3.0m、4.5m 处颗粒作为研究对象。如图 3-69 所示，随着距离的增大，颗粒间接触力逐渐增大，但颗粒速度逐渐减小。这表明在顶煤颗粒流向放煤口的过

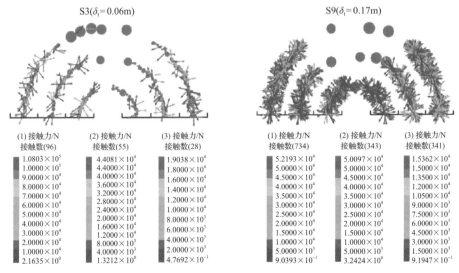

(a) 不同位置处颗粒间接触力特征

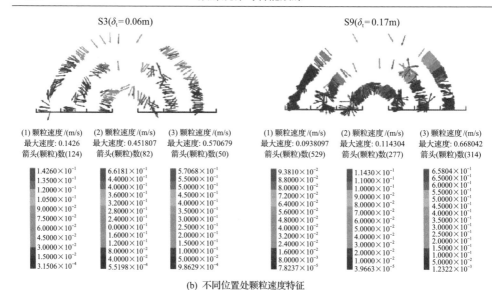

(b) 不同位置处颗粒速度特征

图 3-69　距放煤口中心点不同距离处接触力和颗粒速度分布图

程中，颗粒间接触力显著减小，从而使得颗粒速度大大增加。另外，放煤口中心线上的颗粒速度是最大的，而由于颗粒间接触力的影响，中心线两侧的颗粒速度逐渐减小。相较于 S3 方案下的接触力和颗粒速度，S9 方案下颗粒间接触力较小，最大颗粒速度和颗粒移动范围较大，使得初始顶煤放出体体积较大。

3.2　矸煤密度比对放煤规律的影响

3.2.1　矸煤密度比

为研究煤矸密度对顶煤块体流动性的影响，本节首先详细调研矿井中各种煤岩的密度，确定后续不同方案模型中颗粒的密度范围[11, 12]。不同种类煤岩的密度范围见表 3-16。

表 3-16　不同岩(矿)石密度

名称	密度/(g/cm³)	名称	密度/(g/cm³)	名称	密度/(g/cm³)
纯橄榄岩	2.5~3.3	片麻岩	2.4~2.9	黏土	1.5~2.2
橄榄岩	2.6~3.6	云母片岩	2.5~3.0	表土	1.1~2.0
玄武岩	2.6~3.3	千枚岩	2.7~2.8	盐岩	3.1~3.2
辉长岩	2.7~3.4	大理岩	2.6~2.9	磺石膏	2.7~3.0
安山岩	2.5~2.8	白云岩	2.4~2.9	石膏	2.2~2.4

续表

名称	密度/(g/cm³)	名称	密度/(g/cm³)	名称	密度/(g/cm³)
辉绿岩	2.9～3.2	石灰岩	2.3～3.0	铝矾土	2.4～2.5
玢岩	2.6～2.9	页岩	2.1～2.8	钾盐	1.9～2.0
花岗岩	2.4～3.1	砂岩	1.8～2.8	煤	1.2～1.8
石英岩	2.6～2.9	白垩	1.8～2.6	褐煤	1.1～1.3
流纹岩	2.3～2.7	干砂	1.4～1.7		

由于地质条件不同，不同矿山的煤、岩石的密度有一定差异。煤的密度范围为 1.2～1.8g/cm³，岩石的密度范围为 1.8～3.3g/cm³。为便于定量描述分析，将试验模型中矸石层和煤层的密度比定义为矸煤密度比，如式(3-26)所示：

$$\gamma = \frac{\rho_g}{\rho_c} \qquad (3-26)$$

式中，ρ_g 和 ρ_c 分别为矸石和煤的密度；γ 为矸石与煤的密度比。

3.2.2 模型建立与运算

为分析不同密度条件下顶煤回收率及放出体形态，将煤颗粒的密度设定为 1.5g/cm³，将矸石颗粒密度范围(0.9～3.3g/cm³)划分为 9 个方案，梯度间隔为 0.3g/cm³。详细方案见表 3-17。

表 3-17 矸、煤密度方案设置

方案编号	矸石密度 ρ_g/(g/m³)	煤密度 ρ_c/(g/m³)	矸煤密度比 γ
1	0.9	1.5	0.6
2	1.2	1.5	0.8
3	1.5	1.5	1.0
4	1.8	1.5	1.2
5	2.1	1.5	1.4
6	2.4	1.5	1.6
7	2.7	1.5	1.8
8	3.0	1.5	2.0
9	3.3	1.5	2.2

利用离散元法颗粒流程序(PFC²ᴰ)建立了 9 个不同矸煤密度比综放开采的二维数值计算模型。在每个模型中分别进行 16 次放煤和 15 次移架过程，分析不同

γ 下放煤规律的变化，包括顶煤放出体发育特征、煤岩分界面的演化、顶煤放出体体积及顶煤回收率的变化等。模型的初始状态如图 3-70 所示。模型顶部白色颗粒为破碎的矸石(高度为 11m)，底部黑色颗粒为煤层(高度为 9m)。为了观察颗粒的流动特性，在煤层中水平布置了五条彩色标记线，将煤层划分为等厚的 6 层。煤矸颗粒的基本物理力学参数见表 3-18。

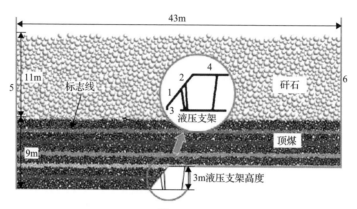

图 3-70　PFC^{2D} 模型的初始状态图

表 3-18　矸石、煤层颗粒的基本物理力学参数

材料	半径 R/m	法向刚度 k_n/(N/m)	剪切刚度 k_s/(N/m)	摩擦系数
矸石	0.200~0.400	4×10^8	4×10^8	0.4
煤层	0.075~0.150	2×10^8	2×10^8	0.4

Wall5 和 Wall6 为模型边界，速度和加速度固定为 0。颗粒初始速度均为 0，仅受重力影响，重力加速度为 9.81m/s^2。

3.2.3　计算结果与分析

3.2.3.1　矸煤密度比对顶煤放出体的影响

在完成 9 个模型计算后，对每个模型进行顶煤放出体反演，研究在初期放煤阶段和正常循环阶段中矸煤密度比对顶煤放出体形态的影响。

1)初始放煤阶段

为了直观地观察从放煤口中放出的颗粒的原始位置，记录所有放出颗粒的ID，并在初始模型中对这些颗粒进行逐一删除。如图 3-71 所示，图中的空腔表示顶煤放出体的形状。可以看出，随着 γ 的增大，顶煤放出体顶部出现少量残余顶煤(红色椭圆中的黑色颗粒)，但残煤体积较小，且没有表现出增加的趋势。

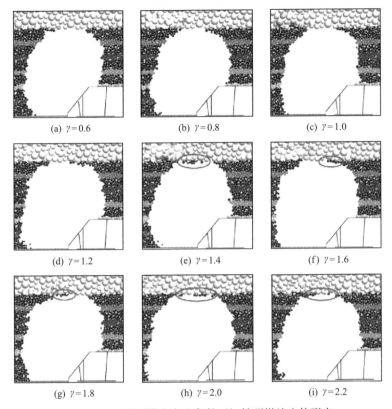

(a) $\gamma=0.6$ (b) $\gamma=0.8$ (c) $\gamma=1.0$

(d) $\gamma=1.2$ (e) $\gamma=1.4$ (f) $\gamma=1.6$

(g) $\gamma=1.8$ (h) $\gamma=2.0$ (i) $\gamma=2.2$

图 3-71 不同矸煤密度比条件下初始顶煤放出体形态

    图 3-72 为不同矸煤密度比条件下初始顶煤放出体的体积和形状变化特征。由图 3-72(a)可知，在 9 个数值模拟方案中，初始顶煤放出体体积(V_i)随着 γ 增大而缓慢增大。在图 3-72(b)中，随着 γ 增大，顶煤放出体高度基本不变，而宽度有所变化。

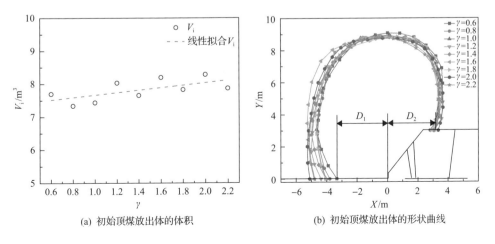

(a) 初始顶煤放出体的体积   (b) 初始顶煤放出体的形状曲线

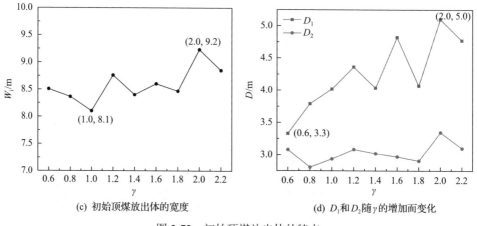

(c) 初始顶煤放出体的宽度　　　　　(d) D_1 和 D_2 随 γ 的增加而变化

图 3-72　初始顶煤放出体的特点

通过计算颗粒的横坐标,可以计算出初始顶煤放出体的宽度(W_i),如图 3-72(c)所示。当 γ 在 0.6～2.2 时,顶煤放出体宽度在 8.1～9.2m 波动上升,这符合顶煤放出体高度基本不变时 V_i 随 γ 的增大而增大的规律。此外,将顶煤放出体边界左下方点与原点(放煤口下端点)之间的水平距离定义为 D_1,放出体右下方点与原点之间的水平距离定义为 D_2。D_1、D_2 与 γ 的关系如图 3-72(d)所示。随着 γ 的增大,D_2 变化较小或基本没有变化,但 D_1 却显著增加。当 γ 在 0.6～2.2 时,可以得知 D_1 在 3.3～5.0m 内变化。

上述结果表明,初始顶煤放出体体积 V_i 随 γ 的增大而增加;随着 γ 的增大,放出体左边界向左移动但右边界位置基本不变,导致 W_i 和 V_i 增大。说明矸石密度 ρ_g 相对于顶煤密度 ρ_c 增大导致上层颗粒对下层颗粒的作用力增大,较大的作用力提高了重力条件下颗粒的运移及放出速度,这是 V_i 增大的根本原因。

2)正常循环阶段

在正常循环阶段,顶煤放出体是在上一轮煤矸界面下发育的,与初始放煤阶段有本质的区别。每个方案都进行了初始放煤工序和 15 次正常循环放煤工序。将每个方案中 1~16 次的放出颗粒反演到初始模型中,得到 16 次放出过程的放出颗粒反演图。正常循环阶段的放出颗粒反演图如图 3-73 所示,图中选取了 3 个代表性方案对顶煤放出体形状进行分析,用不同颜色的颗粒代表初始模型中的不同次数的放出颗粒。

图 3-73 表明,在正常循环阶段,随着 γ 的增大,DB2～DB16 向采空区方向弯曲的趋势越来越明显。由于顶煤放出体高度与煤层厚度基本相等,可以通过分析其宽度来研究其弯曲趋势。正常循环阶段的顶煤放出体宽度可以通过计算原始模型中包含的颗粒横坐标得到。以 DB13 为例,在图 3-74(a)和图 3-74(b)中分别绘出了"镰状"顶煤放出体的宽度(W_s),以及 W_s 与 γ 的关系。图 3-74(b)中,W_s

随 γ 的增大显著增大，说明 γ 越大，上部煤层的放出滞后现象越明显。γ 增大导致矸石侵入煤层提前放出是"镰状"顶煤放出体表现出该特征的根本原因。

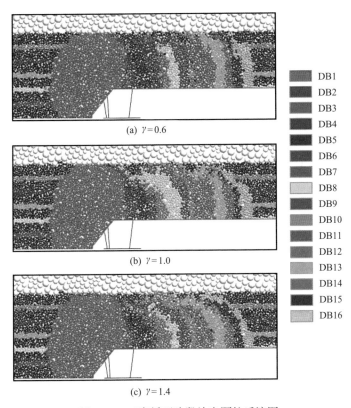

(a) $\gamma = 0.6$

(b) $\gamma = 1.0$

(c) $\gamma = 1.4$

图 3-73　正常循环阶段放出颗粒反演图

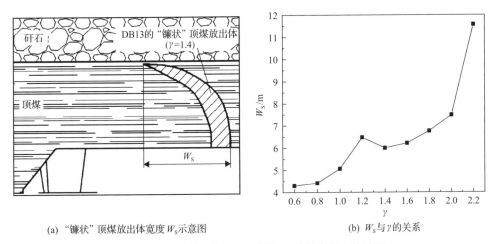

(a) "镰状"顶煤放出体宽度 W_{S} 示意图

(b) W_{S} 与 γ 的关系

图 3-74　反演的"镰状"顶煤放出体宽度的变化特征

图 3-75 给出了 9 种不同 γ 方案中 DBn 的体积（V_n, n=1, 2, 3, …, 16）。由于放煤工艺的影响，V_2 和 V_3 迅速降低，而 $V_4 \sim V_{16}$ 则相对正常。

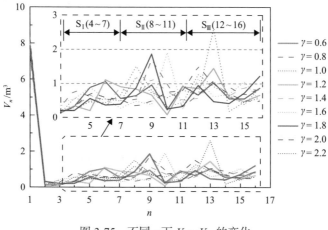

图 3-75　不同 γ 下 $V_1 \sim V_{16}$ 的变化

进一步可将 4～16 次放煤过程分为 3 个阶段，其中 4～7 次放煤过程为阶段 I（S_I），8～11 次放煤过程为阶段 II（S_{II}），12～16 次放煤过程为阶段III（S_{III}）。为进一步分析正常循环阶段 γ 对 V_n 的影响，分别计算了 3 个阶段不同 γ 条件下的顶煤放出体平均体积 $\overline{V_n}$，如图 3-76 所示。

可以看出，随着 γ 的增大，S_I 阶段的顶煤放出体平均体积逐渐减小，S_{II} 阶段的顶煤放出体平均体积变化不大，而 S_{III} 阶段的顶煤放出体平均体积增大。比较 3 个阶段的线性拟合直线，$\overline{V_n}$ 的关系为 $\overline{V_{S_I}} < \overline{V_{S_{II}}} < \overline{V_{S_{III}}}$。也就是说，当 γ 一定时，在正常循环阶段，顶煤放出体的体积随着放煤过程的进行而缓慢增大，且 γ 越大，体积增大的幅度越大。

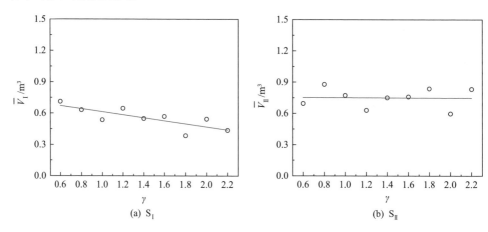

(a) S_I　　　　　　　　　　　　　　　　　(b) S_{II}

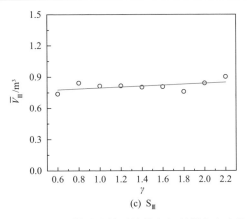

(c) S_{III}

图 3-76　各阶段顶煤放出体平均体积与矸煤密度比的关系

　　每次放煤过程后，在不同 γ 条件下煤岩分界面差别很大，导致在正常循环阶段单个顶煤放出体的形态、体积差异较大，如图 3-77 所示。因此，在正常循环阶段，比较单个顶煤放出体形态的意义不大。因此，本节对不同 γ 条件下正常循环阶段各顶煤放出体的宽度和高度进行统计，计算各阶段顶煤放出体的平均宽度（$\overline{W}$）和平均高度（$\overline{H}$），如图 3-78 所示。

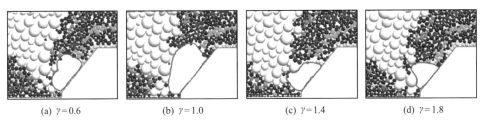

(a) $\gamma = 0.6$　　　　(b) $\gamma = 1.0$　　　　(c) $\gamma = 1.4$　　　　(d) $\gamma = 1.8$

图 3-77　正常循环阶段单个顶煤放出体的形状（第 4 架次放煤）

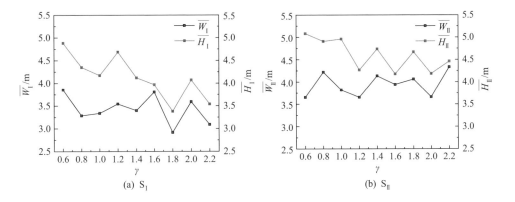

(a) S_{I}　　　　　　　　　　　　　　　　(b) S_{II}

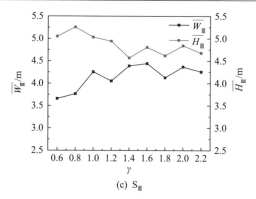

(c) S_{III}

图 3-78　各阶段顶煤放出体平均宽度和平均高度

总体来看，随着 γ 的增加，$\overline{W_I}$ 逐渐减小，而 $\overline{W_{II}}$ 和 $\overline{W_{III}}$ 逐渐增加。顶煤放出体的平均高度均随 γ 的增大而减小，且 S_I 阶段的变化幅度比 S_{III} 阶段大。此外，各阶段平均高度均大于平均宽度。由于顶煤放出体各阶段平均宽度和平均体积随 γ 的变化趋势相同，因此体积的变化主要是由顶煤放出体宽度的变化造成的。图 3-79 给出了不同阶段顶煤放出体的平均宽度和平均高度的比，可以进一步分析宽高比与 γ 的关系。

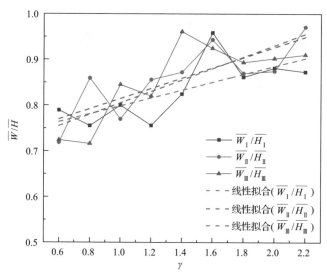

图 3-79　各阶段的顶煤放出体平均宽高比与矸煤密度比的关系

由图 3-79 可知，在不同阶段 $\overline{W}/\overline{H}$ 随着 γ 的增大而增大。由线性拟合线可以看出，S_{II} 的增加速率与 S_{III} 相似，而 S_I 的增加速率较小。结合图 3-75，$\overline{W}/\overline{H}$ 的变化趋势与顶煤放出体体积变化趋势相关性不大，也验证了宽度变化是体积变化的主要机理。因此，当 γ 较大时，在现场放顶煤工艺优化中，应以增大顶煤放出体宽度为主导原则，提高正常循环阶段顶煤的放出量，进而提高综放开采放煤工艺的顶煤回收率。

3.2.3.2　矸煤密度比对煤岩分界面的影响

1) 初始放煤阶段

为直观分析不同 γ 条件下初始煤岩分界面形态，以放煤口下端点为原点绘制出 9 个方案的初始煤岩分界面形状，如图 3-80 所示。边界点到原点的相对水平距离 (D) 为横轴，相对垂直高度 (H) 为纵轴。可以看出，随着 γ 的增加，支架侧的煤岩分界面相互交织，而采空区侧的煤岩分界面高度基本符合随着 γ 增大而降低的规律，即采空区侧煤岩分界面逐渐下沉。初始煤岩分界面的下沉也再次验证了3.2.3.1 节中随着 γ 增大初始顶煤放出体体积增大的现象。

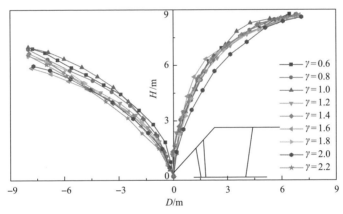

图 3-80　不同 γ 条件下初始煤岩分界面形状

为了研究初始煤岩分界面高度变化的内在机理，以 $\gamma=0.6$、1.0、1.4 为例，图 3-81 为不同 γ 条件下第一块矸石出现时的煤岩分界面形状、位移场图和力链图。

从图 3-81 的煤岩分界面形状来看，支架的存在导致煤岩分界面两侧形状存在差异。此外，由于放煤口的不对称性，采空区侧的颗粒更容易被放出。随着 γ 增大，顶煤受到的压力增大，颗粒运移速度增大导致放出颗粒体积增大。

位移场图中颗粒颜色由红色到蓝色的逐渐变化代表了放出过程中颗粒的位移由大到小。与 $\gamma=0.6$ 时的位移场相比，$\gamma=1.0$ 和 $\gamma=1.4$ 时的位移场中出现了更多的大位移(红色)颗粒，且大多位于采空区上方，这说明了随着 γ 的增大，采空区上方颗粒运移速度增大，这也是对随 γ 增大 D_2 变化不明显而 D_1 显著增大现象的有力验证。

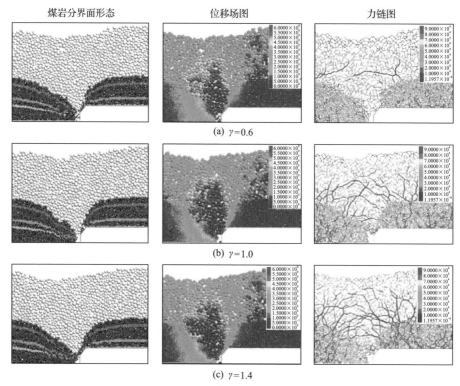

图 3-81　不同 γ 条件下初始放煤阶段煤岩分界面形状、位移场图(m)和力链图(N)

在力链图中，每条短线表示颗粒间的相互作用力，颜色梯度从红色到蓝色表示作用力从大到小。从整体上可以看出，强力链(红色线)随着 γ 的增大而增多。当 $\gamma=0.6$ 时，强度链只少量出现在采空区和工作面前方，强力链未在支架上方连接成拱形。当 $\gamma=1.4$ 时，弱力链向放煤口发展，上方出现大量强力链拱。这表明随着 γ 增大，强力链数量增加并逐渐连接形成强力链拱。

在此，提取了 $\gamma=0.6$ 条件下初始放煤过程中某时刻力链与煤岩分界面的融合图，如图 3-82 所示。可以看出，除了矸石层表层的弱力链，待顶煤放出体(紫色区域)和弱力链均处于强力链拱下放煤口附近，二者区域基本重合。放煤初期，在强力链拱的控制下，弱力链逐渐向放煤口发育，使该区域的顶煤颗粒近似无约束并从放煤口放出。

为从理论上直观分析煤岩分界面的发育特征，这里采用文献[13]中的矸-煤柱体理论进行分析。图 3-83(a)中，在初始放煤阶段，取支架上方距放煤口不同水平距离处两个煤矸立柱(横截面积均为 δ)，距放煤口近的柱体设为 1#矸-煤柱体，距放煤口远的柱体设为 2#矸-煤柱体。

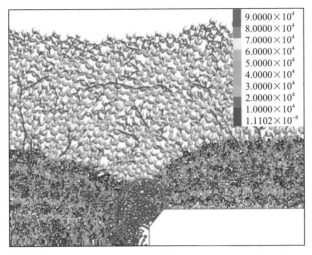

图 3-82 初始放煤过程中待顶煤放出体与力链的融合图(N)

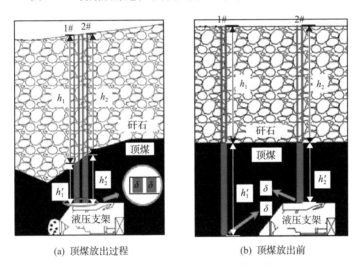

(a) 顶煤放出过程   (b) 顶煤放出前

图 3-83 初始放煤阶段矸-煤柱体示意图

两柱在底板上的压力分别为

$$G_1 = \delta\rho_c(h_1\gamma + h_1') \tag{3-27}$$

$$G_2 = \delta\rho_c(h_2\gamma + h_2') \tag{3-28}$$

式中，G_1 和 G_2 分别为 1#和 2#矸-煤柱体底部压力；δ 为柱体的横截面积；ρ_c 为煤的密度；h_1 和 h_2 分别为 1#和 2#矸-煤柱体的矸石区域高度；h_1' 和 h_2' 分别为 1#和 2#矸-煤柱体的顶煤区域高度；γ 为矸煤密度比；初始放煤开始时两柱体的高度相等，即 $h_1 + h_1' = h_2 + h_2'$。

根据式(3-27)、式(3-28)，1#和2#矸-煤柱体对底板压力的差值可以得到

$$\Delta G = G_1 - G_2 = \delta\rho_{\mathrm{c}}(h_1 - h_2)(\gamma - 1) \tag{3-29}$$

根据图 3-83(a)和式(3-27)~式(3-29)，显然可得 $h_1-h_2>0$，$\gamma>1$，则 $\Delta G>0$，且 G_1、G_2 和 ΔG 均随 γ 的增大而增大，说明模型中散体颗粒之间的应力随 γ 的增大而增大。散体颗粒间应力的增加说明放煤口处散体颗粒的放出速度增加。

同理，可以计算出图 3-83(b)中顶板压力的差值($\Delta G'$)：

$$\Delta G' = \delta\rho_{\mathrm{c}}(h_1' - h_2') \tag{3-30}$$

在图 3-83(b)中，初始放煤过程前，$h_1' - h_2'$ 的值等于支架高度。随着初始放煤的进行，不等式 $h_1' - h_2'>0$ 仍然成立。因此，在初始放煤阶段，采空区对底板的压力始终大于支架上方的压力，导致采空区侧的流速和顶煤放出体积大于支架侧。

2) 正常循环阶段

同理，第 16 次放煤过程结束时的煤岩分界面称为终止煤岩分界面。不同 γ 条件下的终止煤岩分界面形状如图 3-84 所示。可以看出，煤岩分界面向采空区弯曲的程度随着 γ 的增大而增大，即出现滞后发育现象。随着 γ 由 0.6 增大到 2.2，该现象先出现并发展，随后曲线整体向左移动，到达一定位置停止。

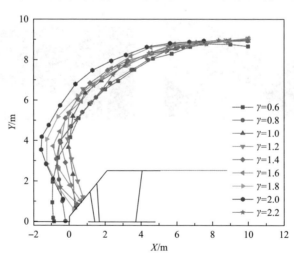

图 3-84　不同 γ 条件下的终止煤岩分界面形状

以第 16 次放煤过程后的模型图为例，提取不同 γ(0.6、1.0、1.4)条件下正常循环阶段的煤岩分界面形状、位移场图和力链图，如图 3-85 所示。

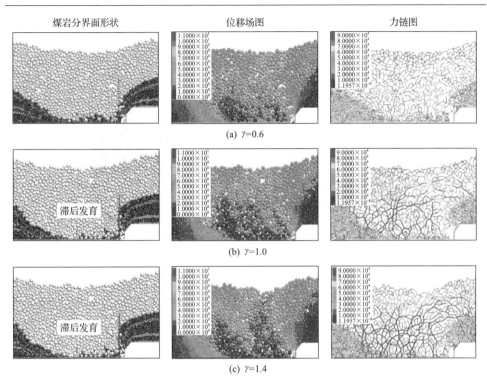

煤岩分界面形状　　　　　　　位移场图　　　　　　　力链图

(a) γ=0.6

滞后发育

(b) γ=1.0

滞后发育

(c) γ=1.4

图 3-85　不同 γ 条件下正常循环阶段煤岩分界面形状、位移场图(N)和力链图(m)

　　在煤岩分界面形态图中，煤岩分界面向采空区弯曲发育并最终超过放煤口，即出现了滞后发育的现象。在图 3-85(a) 的位移场图中，第一个大位移颗粒波峰后第二个波峰尚不明显；而在 γ=1.4 的位移场图中，显示了两个大小相似的大位移峰。当 γ=1.0 时，图 3-85(b) 中大位移颗粒数量同样较多，但第二个波峰并同样不明显。一般情况下，随着工作面推进，首先形成第一个大位移波峰。之后，由于放煤口和第一个大位移波峰间相对距离的增加，放煤过程对第一个大位移波峰的影响逐渐减小，进而形成新的大位移波峰。通过对不同 γ 条件下的位移场图进行对比分析可知，随着 γ 的增大，矸石颗粒对顶煤颗粒的侵入性增强，加速了周期波峰的形成和终止，从而导致周期波峰宽度减小，形成速度变快。

　　力链图表明，当 γ 较小时，弱力链拱大范围存在，强力链较少且未形成强力链拱。随着 γ 增大，弱力链拱向放煤口发育，采空区内出现强度链，矸石颗粒对下部颗粒的压力增大。随着强力链在采空区、液压支架上方顶板和工作面前方形成并增加，强力链逐渐连接形成强力链拱。在大量强力链拱的控制下，弱力链拱只存在于放煤口附近。放煤口上方液压支架高度处的顶煤由于有强力链拱的支撑，放出难度增大，导致煤岩分界面发育滞后。

　　图 3-86 显示了正常循环阶段的矸-煤柱体，其中 1#矸-煤柱体位于放煤口附近的采空区，2#矸-煤柱体位于支架上方。

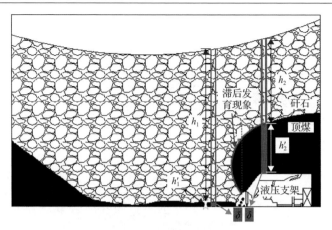

图 3-86　正常循环阶段矸-煤柱体示意图

　　根据图 3-86 和式(3-27)、式(3-28),正常循环阶段 1#矸-煤柱体总高度大于 2#矸-煤柱体总高度,$h_1 > h_2$,$\Delta G > 0$。随着正常循环阶段的进行,1#矸-煤柱体中,h_1 明显增加,h_1' 仅为残煤高度,导致采空区对底板的压力逐渐增大,矸石颗粒对顶煤颗粒的侵入现象明显增大,液压支架上方未放出顶煤体积增大,从而造成煤岩分界面的滞后发育,即煤岩分界面弯曲并向采空区发展,最终越过放煤口垂线的现象。

3.2.3.3　矸煤密度比对顶煤回收率的影响

　　顶煤回收率常用的两个指标为原煤回收率和纯煤回收率,本节采用纯煤回收率,其计算公式为

$$\omega = \frac{V_1}{V_2} \times 100\% \tag{3-31}$$

式中,ω 为纯煤回收率;V_1 为纯煤放出量,m^3;V_2 为纯煤的储量,m^3。

　　通过计算各方案纯煤的总体积,可以得到纯煤的储量。为了考察 γ 对顶煤回收率的影响,采用矩形圈定法计算顶煤回收率,其中,矩形高度等于煤层厚度与液压支架高度的差,矩形长度为支架推进长度,V_2 为矩形内的纯煤体积,V_1 等于 V_2 与矩形内残煤量的差,即纯煤产量。利用式(3-31)计算出不同 γ 条件下顶煤回收率,如图 3-87 所示。不同 γ 条件下顶煤回收率在 83%~87%波动,平均顶煤回收率约为 85.6%,而当 $1.0 \leqslant \gamma \leqslant 2.0$ 时顶煤回收率略高。

　　为分析不同阶段 γ 对顶煤回收率的影响,将 S_{I}、S_{II} 和 S_{III} 分别对应 3~6m、7~10m 和 11~15m 的推进距离。推进距离为 0~2m 的初始阶段记为 S_0。可以给出不同阶段顶煤回收率与 γ 的关系曲线,如图 3-88 所示。可以看出,试验中 S_{I} 和 S_{II} 的顶煤回收率均在 90%以上,而 S_0 的顶煤回收率为 77%~88%,S_{III} 的顶煤回

收率则小于 78%。这意味着 S_{III} 阶段煤损占总顶煤损失比例较大。其中 S_0、S_I、S_{II} 与 γ 呈正相关, 而 S_{III} 与 γ 呈负相关, 这体现出后期放煤阶段煤损随着矸煤密度比增大而增大的特点。

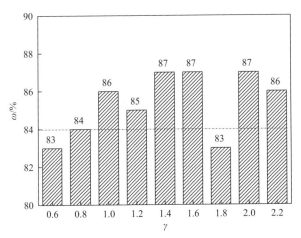

图 3-87　顶煤回收率与 γ 的关系

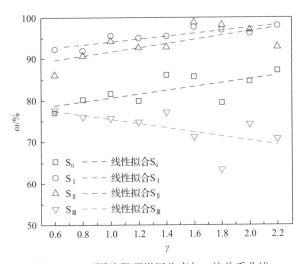

图 3-88　不同阶段顶煤回收率与 γ 的关系曲线

　　因此, 较大的 γ 有利于提高顶煤回收率, 且正常循环阶段的顶煤回收率远远高于初始放煤阶段的顶煤回收率。在设计生产时, 尽可能增大工作面推进长度, 是提高顶煤产量和顶煤回收率的一种有效手段。

3.2.4　高矸煤密度比对放煤规律的影响

　　上述数值模拟中 γ 的取值范围基本涵盖了煤矿的一般地质条件。然而, 为了进一步探索和验证上述所提到的一些现象和规律，本节设置了一个较高 γ 值（γ=5.0）的试验方案，来研究 3.2.3 节中的试验现象，并分析在高矸煤密度比条件下是否依旧成立。主要从以下几个方面进行验证：初始顶煤放出体的形状、正常循环阶段的 W_S、初始煤岩分界面形态及滞后发育的特征。

3.2.4.1　初始顶煤放出体

图 3-89 为 γ=5.0 条件下初始顶煤放出体的形状以及 D_1、D_2 与 γ 的关系。如图 3-89（a）所示，当 γ=5.0 时，顶煤放出体左侧边界明显向采空区偏移，而右侧边界位置基本不变，这与图 3-72（b）中的规律一致。在图 3-89（b）中，D_1 与 γ 也呈正相关，而 D_2 基本没有变化，同样与 3.2.3 节的分析相符。

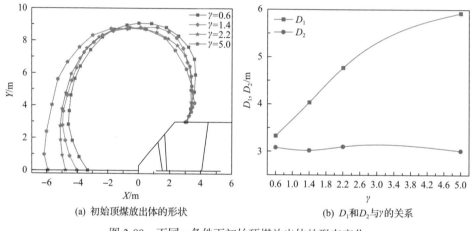

(a) 初始顶煤放出体的形状　　　　　　　(b) D_1 和 D_2 与 γ 的关系

图 3-89　不同 γ 条件下初始顶煤放出体的形态变化

3.2.4.2　正常循环阶段的顶煤放出体

以"镰形"顶煤放出体 DB13 为例，分析顶煤放出体弯曲现象，并将 W_S 绘于图 3-90 中。图 3-90（a）表明，γ=5.0 条件下 DB13 严重弯曲，其上部延伸至接近初始顶煤放出体顶部。在图 3-90（b）中，W_S 与 γ 基本呈正相关，整体趋势呈 S 形上升。容易得知，随着 γ 增加，DB13 向初始顶煤放出体顶部的方向延伸，其与初始顶煤放出体的水平距离是 W_S 的最大极限值。

3.2.4.3　初始煤岩分界面

图 3-91 给出了包括 γ=5.0 时的初始煤岩分界面。从 γ=2.2 到 γ=5.0，左边界高度随着 γ 的增大而减小的幅度并没有很大，说明左边界高度随 γ 增大而降低的速度有所减小，即 γ 越大，左侧初始煤岩分界面高度降低越缓慢。

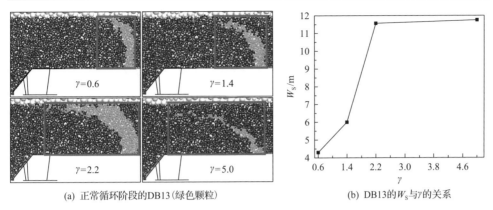

(a) 正常循环阶段的DB13(绿色颗粒)　　　　(b) DB13的W_s与γ的关系

图 3-90　DB13 在不同 γ 条件下的形状特征

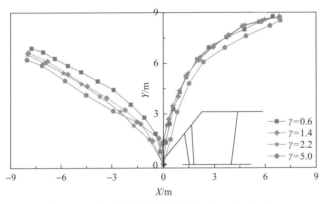

图 3-91　初始煤岩分界面形态($0.6 \leqslant \gamma \leqslant 5.0$)

3.2.4.4　滞后发育特征

在正常循环阶段,支架侧煤岩分界面出现滞后发育的特征。仍以第 16 次放煤结束的煤岩分界面为研究对象。在图 3-84 的基础上,加入了 $\gamma=5.0$ 时的滞后发育特征曲线,并根据滞后发育程度将滞后发育过程按照 γ 的取值范围合理划分为三个发育阶段。图 3-92 展示了不同 γ 值的 10 种方案的第 16 次放煤结束的煤岩分界面相对支架的位置。当 $0.6 \leqslant \gamma \leqslant 1.0$ 时,随着 γ 增大,煤岩分界面底部向右偏移,曲率增大,滞后发育现象渐渐出现,如图 3-92(a)所示;当 $1.0 \leqslant \gamma \leqslant 2.0$ 时,煤岩分界面均存在滞后发育现象,随着 γ 增大,煤岩分界面整体向采空区方向移动,表现为滞后发育现象的发育,如图 3-92(b)所示;当 $2.0 \leqslant \gamma \leqslant 5.0$ 时,煤岩分界面无明显或规律性变化,表现为滞后发育现象的停滞,如图 3-92(c)所示。因此,当 $\gamma \leqslant 1.0$ 时,基本不出现滞后发育现象,称为滞后发育的形成阶段。当 $1.0 \leqslant \gamma \leqslant 2.0$ 时,这种现象出现并随着矸煤密度比的增大而变得明显,称为滞后发育的发育阶段。当 $\gamma \geqslant 2.0$ 时,煤岩分界面的滞后程度达到极限,称为极限阶段。

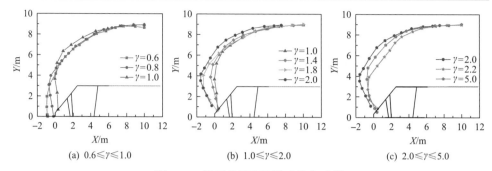

$$(a)\ 0.6 \leqslant \gamma \leqslant 1.0 \qquad (b)\ 1.0 \leqslant \gamma \leqslant 2.0 \qquad (c)\ 2.0 \leqslant \gamma \leqslant 5.0$$

图 3-92　煤岩分界面的滞后发育过程

3.3　顶煤湿度对放煤规律的影响

3.3.1　湿度对颗粒流动性影响

综放开采工作面顶煤中或多或少一般会自然带有一定水分，且随着工作面注水等操作，使得破碎顶煤中含水量有所增加。水分在粉/颗粒料中的存在形式，一般可分为吸附水、薄膜水、毛细管水三种[14]。当水分含量少时，最初水分都被粉粒料吸附在其表面，这种吸附水对粉粒料的流动性影响不大。随着水分的增加，在吸附水的周围形成了薄膜水。颗粒块度越小，粒子间距离越小，薄膜水的黏结性就越大，颗粒间就越不容易发生相对移动，故限制了颗粒整体的流动性。当水分增加到超过最大分子结合水时，就形成了毛细管水。由于毛细管内呈负压，因此毛细管水将粉粒料的料粒拉近靠拢，使整个粉粒料流动性变差，甚至整体失去流动性。因此，为进一步研究综放开采中顶煤块体湿度对放煤规律的影响，本节开展了不同顶煤湿度下的放煤试验，分析了顶煤湿度对顶煤回收率的影响。

3.3.2　试验过程及方案

综放工作面散体顶煤的干湿程度直接影响顶煤块体的流动特性，进而对顶煤回收率产生直接影响。松散介质的湿度（M），是指一定量的松散介质中所含水分的百分比[4]。通常用松散介质中所含水分质量与干燥的松散介质质量之比来表示，即

$$M = \frac{m_1 - m_2}{m_2} \times 100\% \qquad (3\text{-}32)$$

式中，m_1 为松散介质在自然湿度状态下的质量，kg；m_2 为松散介质在干燥状态下的质量，kg。

本次试验选用 3.1.4.1 节中自主研制的三维精细化控制放煤试验平台。为较准

确地反映散体顶煤湿度对放煤规律的影响，在 2.4 节中九里山矿 15081 工作面进行取样，选用真煤进行相似模拟试验，直接顶用 8～12mm 的白色巴厘石颗粒进行模拟，如图 3-93 所示。

图 3-93　相似材料颗粒

以 15081 工作面为工程背景，工作面采高 2.6m，试验模拟支架高度为 10cm，因此，几何相似比为 1：26。该工作面平均每间隔 5m 打一长度约 15m 的钻孔进行注水以排除瓦斯，测得现场顶煤含水率约为 6%。

试验过程及方案如下。

(1)首先按照几何相似比准备不同尺寸的顶煤块体，并将其完全烘干备用。

(2)根据 3.1.3.3 节中 15081 工作面顶煤块度分布级配曲线准备散体顶煤材料。

(3)将混合后的顶煤颗粒放置在容器中，分批次加水直至淹没全部散体顶煤，浸泡 48h，使其达到饱和吸水状态。

(4)将饱和吸水后的散体顶煤取出(图 3-94)，对其质量及自然安息角进行测量，计算顶煤湿度，然后进行第一次的放煤试验，并统计各个支架顶煤放出量。初始模型如图 3-95 所示，铺设煤层厚 20cm，矸石厚 15cm。

(5)第一次放煤试验结束后，回收全部散体顶煤，再次对其质量进行称重。

图 3-94　饱和吸水后的散体顶煤　　　　图 3-95　放煤试验初始模型

（6）对回收的散体顶煤烘干 2h，再次测量其湿度，并进行放煤试验；以此类推，共进行了 4 次放煤试验。

3.3.3　实验结果与分析

3.3.3.1　顶煤湿度计算

表 3-19 为 4 次放煤试验中散体顶煤湿度计算表。

表 3-19　散体顶煤湿度计算表

试验序号	干燥顶煤质量/kg	放煤前顶煤质量/kg	湿度/%
试验 1		10.42	16.29
试验 2	8.96	9.92	10.71
试验 3		9.58	6.92
试验 4		9.12	1.79

可以看出，在放煤前将散体顶煤试样在 100℃条件下烘干 12 h 后，顶煤整体质量为 8.96kg。随着放煤试验依次进行，饱和吸水的散体顶煤逐渐将水分挥发掉，使得顶煤湿度逐渐减小，根据式（3-32），依次求得 4 次试验中顶煤湿度分别为 16.29%、10.71%、6.92%及 1.79%。

3.3.3.2　自然安息角测量

分别多次测量不同湿度条件下散体顶煤自然安息角大小，求其平均值，结果如图 3-96 所示。可以看出，随着顶煤湿度的增大，自然安息角呈先减小后增大的

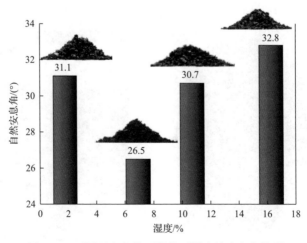

图 3-96　不同湿度条件下散体顶煤自然安息角情况

趋势,其中当湿度为6.92%(试验3)时,顶煤的自然安息角最小。可能的原因是当顶煤完全吸水饱和取出后(湿度为16.29%),在其表面还残余部分水分,增大了顶煤颗粒间的黏结力,使得其自然安息角较大;随着顶煤颗粒被烘干,顶煤颗粒表面水分逐渐减少,颗粒间因水分子产生的黏结力减小,从而顶煤颗粒的自然安息角逐渐减小;随着顶煤颗粒被继续烘干,顶煤颗粒内部裂隙含水量开始减小,顶煤颗粒自身重量减轻,使得散体顶煤的自然安息角呈增大趋势发展。

3.3.3.3　顶煤放出量变化

如图3-97(a)所示,在4次放煤试验过程中,分别称量每个支架放出的顶煤量,结果如图3-97(b)所示。

(a) 各支架顶煤放出量称量

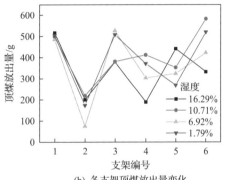

(b) 各支架顶煤放出量变化

图3-97　不同湿度条件下各支架顶煤放出量

可以看出,顶煤湿度改变了各支架顶煤放出特征及放出量大小。当顶煤湿度为16.29%(黑色曲线)时,水分子造成的顶煤颗粒间黏结力强,放煤过程流畅性较差,除首次放煤量较大外,后续放煤过程中顶煤放出量基本呈波浪形增减状态,这是放煤过程中顶煤放出体和煤岩分界面相互制约发育的结果。当顶煤湿度为10.71%(红色曲线)时,顶煤放煤过程流畅性有所改善,较大的顶煤放出量主要集中在工作面两端头。当顶煤湿度较小时(6.92%和1.79%),顶煤在流动过程中阻力较小,放煤过程较流畅,各支架顶煤放出量呈"W"形,即工作面两端头和中间位置,放出顶煤较多。但在顶煤放出过程中,随着顶煤湿度的减小,煤粉尘逐渐增多,不利于工作面管理。

为进一步对比不同顶煤湿度下顶煤回收率变化情况,将各试验中放出的顶煤质量总和除以放出范围内全部顶煤质量,即可求得各湿度条件下顶煤回收率大小,结果如图3-98所示。可以看出,随着顶煤湿度的增大,顶煤回收率呈先减小后增大再减小的趋势。综合考虑顶煤回收率大小、放煤过程流程程度以及粉尘大小,建议该工作面顶煤湿度为7%左右较好,也验证了现场注水方案的合理性。

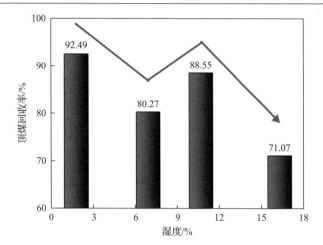

图 3-98　不同湿度条件下顶煤回收率变化情况

参 考 文 献

[1] 张昱. 倾斜沙漏流与颗粒休止角研究[D]. 兰州: 西北师范大学, 2016.

[2] 王兆会. 综放开采顶煤破坏机理与冒放性判别方法研究[D]. 北京: 中国矿业大学(北京), 2017.

[3] Lv H Y, Tang Y S, Zhang L F, et al. Analysis for mechanical characteristics and failure models of coal specimens with non-penetrating single crack[J]. Geomechanics and Engineering, 2019, 17(4): 355-365.

[4] 王家臣, 张锦旺, 王兆会. 放顶煤开采基础理论与应用[M]. 北京: 科学出版社, 2018.

[5] 杨永辰. 综放工作面顶煤可放出性试验研究[J]. 煤炭科学技术, 1998, (9): 2-5, 56.

[6] 魏炜杰, 张锦旺, 李耀庭, 等. 一种实验用丝杠螺母控制式综放支架: CN206441454U[P]. 2017-08-25.

[7] Wang J C, Wei W J, Zhang J W. Effect of the size distribution of granular top coal on the drawing mechanism in LTCC[J]. Granular Matter, 2019, 21(3): 70.

[8] Melo F, Vivanco F, Fuentes C, et al. On drawbody shapes: from Bergmark-Roos to kinematic models[J]. International Journal of Rock Mechanics and Mining Sciences, 2007, 44(1): 77 -86.

[9] 张锦旺, 王家臣, 魏炜杰, 等. 块度级配对散体顶煤流动特性影响的试验研究[J]. 煤炭学报, 2019, 44(4): 985-994.

[10] Wang J C, Wei W J, Zhang J W, et al. Numerical investigation on the caving mechanism with different standard deviations of top coal block size in LTCC[J]. International Journal of Mining Science and Technology, 2020, 30(5): 583-591.

[11] 李文湘. 矿物与岩石识别方法[M]. 北京: 石油工业出版社, 2013

[12] 吴泰然, 何国琦. 普通地质学[M]. 北京: 北京大学出版社, 2011.

[13] 张锦旺, 王家臣, 魏炜杰. 工作面倾角对综放开采散体顶煤放出规律的影响[J]. 中国矿业大学学报, 2018, 47(4): 805-814.

[14] 王树传, 高文元, 屈有元. 含水量和粒度对粉粒状物料流动性的影响[J]. 大连轻工业学院学报, 1996, (2): 29-32.

4 综放支架对放煤规律的影响

综放开采技术和金属矿崩落法开采的一个重要区别在于综放支架的存在。我国在应用综放开采技术初期，曾使用高位放顶煤液压支架(放煤口在支架顶梁)和中位放顶煤液压支架(放煤口在支架掩护梁)[1-3]，经过不断实践和技术创新，现在各综放工作面均采用低位放顶煤液压支架。与崩落法开采相比，低位放煤改变了放煤边界条件，使其一侧为无限长度水平边界，一侧为有限长度倾斜边界，这使得综放开采中顶煤流动特性和放出体形态发生了改变，使其呈非对称性的切割变异椭球体状[4, 5]。图 4-1 为目前常用的四柱式低位放顶煤液压支架结构示意图，主要包括支架顶梁、掩护梁、尾梁、底座、护帮板、侧护板、前后立柱、四连杆及液压系统等。当支架开始放煤时，首先收起尾梁插板，然后尾梁旋转打开放煤口开始进行放煤操作。在放煤过程中，支架掩护梁倾角 β_s、掩护梁长度与尾梁长度比 R_L、尾梁旋转角度 β_r 等都对顶煤流动性有直接影响。

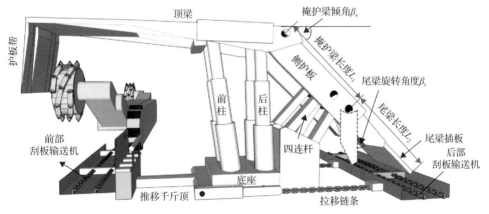

图 4-1　四柱式低位放顶煤液压支架结构示意图

4.1　支架对顶煤放出体形态的影响

如图 4-2 所示，采用自主研制的三维顶煤放出试验平台，开展了有无支架条件下室内相似模拟试验，重点研究综放支架对顶煤放出体形态的影响[6]。可以看出，综放支架对顶煤放出体下部形态影响较大，导致尾梁和放煤口附近顶煤放出量较少且无固定形态，同时使得顶煤放出体在支架侧存在超前发育特征。

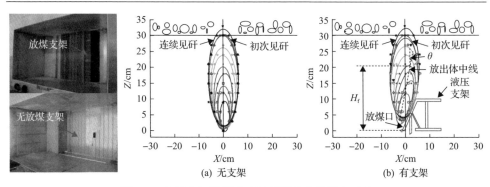

(a) 无支架　　　　　　　　(b) 有支架

图 4-2　有无支架放煤试验及顶煤放出体形态对比

如图 4-3 所示,为进一步定量描述顶煤放出体超前发育特征,对比分析了相似模拟和数值计算中,不同顶煤放出高度 H_f 下顶煤放出体中线向支架前方的偏转角 θ。可以看出,数值计算和相似模拟中顶煤放出体的偏转角都随放煤高度的增大呈现逐渐减小的趋势。当顶煤放出高度 H_f 小于支架高度且趋近于 0 时,由于受支架尾梁倾角的限定,顶煤放出体沿支架尾梁发育,放出体偏转角无限趋近于支架尾梁与竖直方向的夹角;而当顶煤放出高度 H_f 趋近于∞时,放出体偏转角趋近于 0°,即支架对顶煤放出体空间形态的影响可以忽略不计。

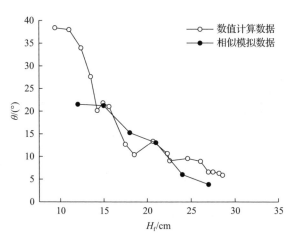

图 4-3　数值计算与相似模拟偏转角比较

在工程实践中,煤矿安全规程规定采用走向长壁放顶煤采煤法时,采放比不得小于 1∶3,且在正常的放煤循环过程中,由于煤岩分界面的限制,放煤高度一般都远小于顶煤厚度,故在综放开采中,支架会对顶煤放出过程产生较大影响。

4.2 掩护梁倾角对放煤规律的影响

4.2.1 模型建立与方案设计

为研究掩护梁倾角 β_s 对综放开采放煤规律的影响,利用 PFC^{2D} 建立综放工作面的离散元数值计算模型。

图 4-4 中模型上方白色颗粒模拟直接顶(矸石)颗粒,厚度为 10m,下方蓝色颗粒为模拟煤层颗粒,厚度为 20m,在煤层中设置 7 条等距的标志线,以便于观察顶煤的流动状态。移架步距设为 1.0m,共移架 12 次。支架高度为 3.8m,在其他支架参数一定的条件下,掩护梁倾角 β_s 分别设置为 30°、35°、40°、45°、50°、55° 及 60°共 7 组(图 4-4 右侧)。综放支架和模型边界由 PFC^{2D} 中的墙(wall)单元来模拟,通过 FISH 语言控制支架放煤口的打开或关闭,放煤过程中遵循"见矸关门"原则。模拟边界条件:颗粒四周以及顶底部墙体作为模型的外边界,其速度和加速度固定为 0。初始条件:颗粒初始速度为 0,只受重力作用,重力加速度为 9.81m/s^2,墙体速度与加速度为 0。顶煤和直接顶颗粒的基本物理力学参数见表 4-1,支架相关参数见表 4-2。

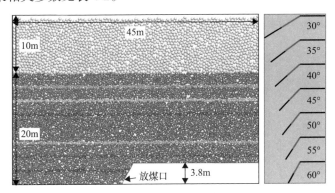

图 4-4 模型初始状态图

表 4-1 顶煤和直接顶颗粒的基本物理力学参数

材料	密度 $\rho/(kg/m^3)$	半径 R/mm	法向刚度 $k_n/(N/m)$	切向刚度 $k_s/(N/m)$	摩擦系数
顶煤	1300	60~220	2×10^8	2×10^8	0.7
直接顶	2500	250~300	4×10^8	4×10^8	0.7

表 4-2 模拟支架基本物理力学参数

材料	高度 H/m	法向刚度 $k_n/(N/m)$	剪切刚度 $k_s/(N/m)$	$\beta_s/(°)$	$\beta_r/(°)$	R_L	摩擦系数
支架	3.8	2×10^8	2×10^8	30/35/40/45/50/55/60	30	1.0	0.3

4.2.2　顶煤回收率变化特征

4.2.2.1　工作面顶煤回收率

上述 7 组放煤试验，每组试验共移架 12 次，放煤 13 次。7 组试验放煤完成后，分别统计各组试验顶煤放出量，并由式(4-1)计算各方案的顶煤回收率：

$$\eta_\alpha = \frac{N_\text{f}}{N_0} \times 100\% \tag{4-1}$$

式中，N_f 为不同掩护梁倾角下放出顶煤颗粒总数量，个；N_0 为放煤范围内放煤前全部顶煤颗粒数量，个。

不同方案下顶煤回收率见图 4-5。随着掩护梁倾角增大，顶煤回收率整体上呈递减的趋势。具体来看，当支架掩护梁倾角较小($30°\leqslant\alpha\leqslant45°$)时，尤其是 35°以下，综放支架掩护梁的倾角变化对顶煤颗粒流动影响较小，工作面顶煤回收率都较高，且变化幅度较小；当掩护梁倾角较大时($50°\leqslant\alpha\leqslant60°$)，随着掩护梁倾角的增大，顶煤回收率不均衡性显著增加，除掩护梁倾角 55°条件外，顶煤回收率相对于掩护梁倾角较小条件时显著减小。

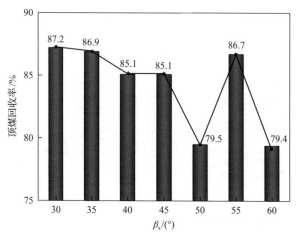

图 4-5　不同掩护梁倾角下顶煤回收率变化规律

当掩护梁倾角为 55°时，工作面顶煤回收率较高。可能的原因是随着掩护梁倾角增大，一方面，工作面推进方向上放煤口长度有所降低，顶煤放出过程中容易形成拱结构，减小顶煤最大运移范围[7, 8]；另一方面，随着掩护梁倾角增大，掩护梁上方颗粒的下滑分力逐渐增大，加快了支架侧顶煤颗粒的流动(可由 4.2.3 节中顶煤放出体形态验证)，两者互相叠加作用下，使得掩护梁倾角较大时，工作面顶煤回收率呈先增后减的趋势。

4.2.2.2 各放煤步距顶煤回收率

如图 4-6 所示，为进一步分析不同方案下工作面推进过程中各移架步距内顶煤放出情况，通过式(4-2)分别计算不同移架步距内的顶煤回收率大小。图中外层蓝色煤层颗粒表示未放出的颗粒，每个黑色矩形框内的所有颗粒为一个移架步距内总顶煤颗粒数量。

$$\eta_i = \frac{N_{if}}{N_{i0}} \times 100\% \tag{4-2}$$

式中，N_{if} 为第 i 放煤步距内放出顶煤颗粒数量，个；N_{i0} 是第 i 放煤步距内放煤前顶煤颗粒总数量，个。

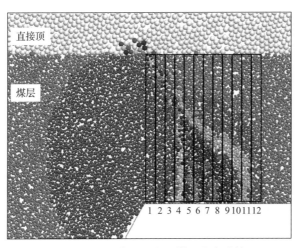

图 4-6　各放煤步距内顶煤回收率计算

由图 4-7 可以看出，随着工作面推进，在一个大循环内各移架步距内顶煤回收率整体呈逐渐降低的趋势。这是因为初始放煤时实际的放煤高度较大，放出的顶煤量较多，使得前三个移架步距内顶煤回收率都基本大于 80%。随着工作面继续推进，在煤岩分界面和"见矸关门"的条件约束下，实际的放煤高度大大减小，使得各移架步距内顶煤回收率逐渐降低，尤其是当掩护梁倾角为 50°和 60°时，其后续顶煤回收率远小于其他掩护梁倾角条件。同时可以发现，当掩护梁倾角为 55°时，后续各移架步距内顶煤回收率大大提高，最终使得工作面总体回收率较高。

4.2.3　顶煤放出体发育特征

将不同掩护梁倾角条件下初次放煤时放出的顶煤颗粒还原到初始模型上，即可得到不同方案下初始顶煤放出体形态，如图 4-8 所示。随着掩护梁倾角增大，

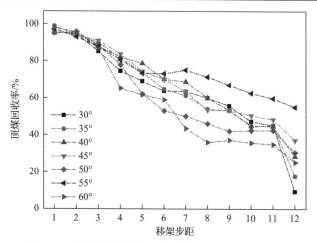

图 4-7 不同掩护梁倾角下各放煤步距内顶煤回收率

图 4-8 不同掩护梁倾角下初始顶煤放出体形态特征

支架顶梁上方放出的顶煤颗粒逐渐增多，说明支架侧的顶煤运移速度逐渐加快，使得顶煤放出体向工作面推进方向过度发育越来越明显。同时，当掩护梁倾角较小 ($35° \leqslant \beta_s \leqslant 45°$) 时，顶煤放出体上部截面长度较大，整体发育较为饱满；而当掩护梁倾角较大 ($\beta_s \geqslant 50°$) 时，顶煤放出体上部截面长度较小，整体形态较为瘦长。为进一步定量分析顶煤放出体形态和体积特征，分别统计了不同掩护梁倾角下初始顶煤放出体体积，并按照高度将顶煤放出体分为上中下三部分，其中，0～3.8m 高度区间定义为顶煤放出体下部，3.8～16.2m 高度区间定义为顶煤放出体中部，16.2～20m 高度区间定义为顶煤放出体上部，分别对不同部分顶煤放出量进行统计分析，结果如图 4-9 所示。

如图 4-9(a) 所示，随着掩护梁倾角增大，顶煤放出体体积呈先增大后减小再增大的趋势，从整体上看，当掩护梁倾角为 35°～45° 时，初始顶煤放出量较高。由图 4-9(b) 可知，随着掩护梁倾角增大，下部顶煤放出量较为稳定，基本保持在一

定值上下浮动,说明掩护梁倾角的变化对顶煤放出体下部体积影响较小。如图 4-9(c)
所示,中部顶煤放出量的变化趋势与总顶煤放出量趋势基本一致,当掩护梁倾角
较小($\beta_s<45°$)时,中部顶煤放出量显著大于掩护梁倾角较大条件,由此可以得出
在放煤高度相同条件下,掩护梁倾角较小时更有利于中部顶煤的放出。如图 4-9(d)
所示,随着掩护梁倾角增大,上部顶煤放出量整体上呈先增大后减小的趋势,当
掩护梁倾角大于 50°后有一定回升。因此,当掩护梁倾角较大时,随着倾角增大,
中上部顶煤放出量逐渐增大,使初始顶煤放出体体积呈增大趋势。

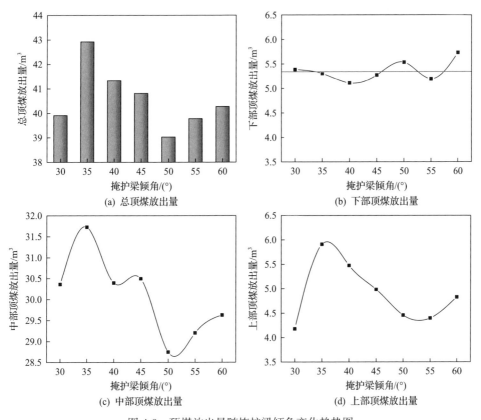

图 4-9　顶煤放出量随掩护梁倾角变化趋势图

为进一步研究体积增量是来自支架侧还是采空区侧,过支架掩护梁上边界点
作垂线,分别统计两侧顶煤放出体体积,如图 4-10 所示。采空区侧顶煤放出量(黑
色曲线)整体上呈逐渐减少趋势,这是因为随着掩护梁倾角增大,在工作面推进方
向上放煤口投影长度减小,缩小了顶煤最大运移范围,进而使得采空区侧顶煤放
出量大大减小。支架侧顶煤放出量(红色曲线)整体呈先增大后逐渐稳定趋势,即
增大掩护梁倾角,有利于支架顶梁上方及前方顶煤放出。

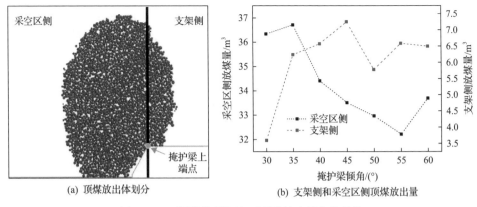

(a) 顶煤放出体划分　　　(b) 支架侧和采空区侧顶煤放出量

图 4-10　不同掩护梁倾角下顶煤放出量变化趋势

4.2.4　煤岩分界面演化特征

4.2.4.1　初始煤岩分界面演化过程

为研究不同掩护梁倾角下初始放煤过程中煤岩分界面形态发育过程的差异性，分别选取了35°、45°和55° 3种方案下顶煤放出过程作为研究对象(3种条件下初始顶煤放出量呈逐渐减小的趋势)。图 4-11 为 3 种掩护梁倾角条件下放煤高度(h_c)分别为 7.25m、12.25m、17.25m 时的煤岩分界面、顶煤待放出体(即暂未放出，后续放煤过程中将要放出的顶煤颗粒位置)及颗粒间力链分布情况。

可以看出，随着顶煤放出，煤岩分界面逐渐侵入煤层中，呈下凹形态，凹陷区域多为强力链，此处为矸石块的应力集中区域；随着掩护梁倾角增大，支架侧煤岩分界面与采空区侧煤岩分界面对称性逐渐变差，支架侧煤岩分界面变化趋势

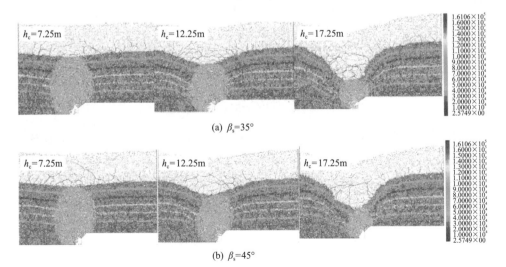

(a) β_s=35°

(b) β_s=45°

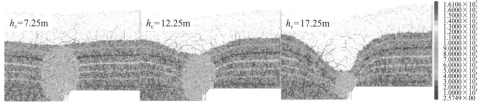

(c) $\beta_s = 55°$

图 4-11　不同掩护梁倾角下煤岩分界面、待放出体形态及颗粒间力链分布（N）

较为陡峭，而采空区侧煤岩分界面形态变化较为舒缓。同时随着掩护梁倾角增大，顶煤待放出体体积逐渐减小，即煤岩分界面下沉量较快，使整体顶煤放出量较少。此外，随着顶煤放出高度的增加，弱力链区主要集中在待放出体区域，也就是说待放出体区域内的顶煤颗粒之间互相作用力较小，重力起主导作用，并在周围强力链影响下逐渐流出放煤口，完成本次放煤过程。

4.2.4.2　正常放煤阶段煤岩分界面演化

本次试验初始放煤后，共进行了 12 次移架放煤操作，如图 4-12 所示，为 3 种掩护梁角度下初始放煤、正常放煤和末尾放煤时煤岩分界面形态特征。初始放

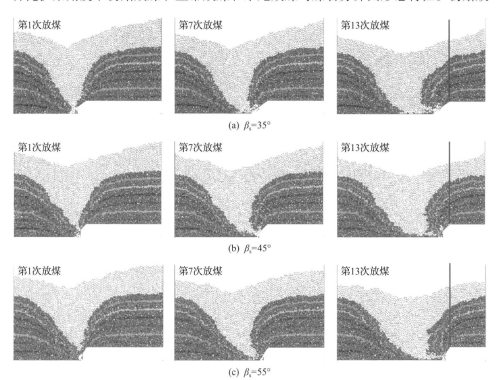

(a) $\beta_s = 35°$

(b) $\beta_s = 45°$

(c) $\beta_s = 55°$

图 4-12　正常放煤阶段煤岩分界面演化过程

煤(第1次放煤)时，随着掩护梁倾角增大，煤岩分界面各水平截面面积逐渐减小，即漏斗体积逐渐减小，与顶煤放出体体积变化一致。随着工作面继续推进至第7次放煤，采空区侧煤岩分界面形态变化较小，而由于后续放煤过程中主要放出的是中下部顶煤，使得支架侧煤岩分界面逐渐出现滞后发育现象，且随着掩护梁倾角增大，滞后发育现象越明显。由第13次放煤后支架侧煤岩分界面形态可知，随着掩护梁倾角增大，红色垂线左侧剩余顶煤颗粒逐渐减少，说明掩护梁倾角较小时，有利于工作面初始放煤及正常放煤，而掩护梁倾角较大时有利于工作面末尾处放煤。这也验证了4.2.2节的分析，即掩护梁倾角增大了顶煤的下滑分力，有利于支架侧顶煤颗粒流出。

4.2.5　顶煤成拱特征

在特厚煤层综放工作面，尤其是初始放煤时，实际放煤高度较大且顶煤破碎块度较大，在放煤过程中容易形成拱结构，阻碍放煤过程[9]。如图4-13所示，在放煤过程中，主要存在两种拱结构，一种为"掩护梁-顶煤"拱结构(以下简称掩顶拱)，一种为"尾梁-顶煤"拱结构(以下简称尾顶拱)。

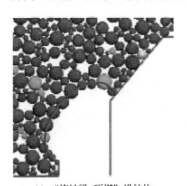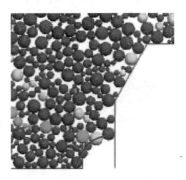

(a)　"掩护梁-顶煤"拱结构　　　　　　　(b)　"尾梁-顶煤"拱结构

图4-13　特厚煤层放煤过程中成拱类型

分别统计不同掩护梁倾角下放煤过程中顶煤成拱次数，并记录每次顶煤成拱类型，结果见表4-3。

表4-3　不同掩护梁倾角下放煤过程中顶煤成拱类型和次数

成拱类型	成拱次数/次						
	$\beta_s=30°$	$\beta_s=35°$	$\beta_s=40°$	$\beta_s=45°$	$\beta_s=50°$	$\beta_s=55°$	$\beta_s=60°$
掩顶拱	0	0	0	0	2	1	2
尾顶拱	0	0	0	0	0	1	11
总计	0	0	0	0	2	2	13

可以看出，当掩护梁倾角较小（$\beta_s \leqslant 45°$）时，整个放煤过程较为流畅，几乎没有出现顶煤成拱现象。这是因为当掩护梁倾角较小时，放煤口在水平面的投影宽度较大，颗粒容易流出放煤口，互相之间成拱概率较小。而当掩护梁倾角较大（$\beta_s > 45°$）时，开始出现成拱现象，尤其是当掩护梁倾角为 60° 时，成拱次数暴增，经统计可知拱的类型约 85% 为尾顶拱。因此，当掩护梁倾角太大时，虽然有利于支架上方顶煤颗粒的超前放出，但是放煤过程中成拱概率较大，放煤连续性较差，需要多次人工扰动。

4.3　掩护梁长度与尾梁长度比对放煤规律的影响

4.3.1　模型方案设计

支架掩护梁长度和尾梁长度是综放支架的重要参数。在放煤过程中综放支架与顶煤颗粒之间的摩擦系数要远小于颗粒与颗粒之间的摩擦系数，若在相同支架高度和掩护梁倾角条件下，增加支架掩护梁长度、减小尾梁长度，则一方面有利于支架掩护梁上方顶煤颗粒的快速滑出，起正向作用；另一方面由于尾梁长度的减小，相当于放煤口尺寸的减小，即减小了顶煤颗粒的最大顶煤运移范围，起反向作用。因此，支架掩护梁长度和尾梁长度为一对矛盾体，为确定支架掩护梁和尾梁的最佳长度范围，定义了综放支架掩护梁长度与尾梁长度比为 R_L，见式（4-3）：

$$R_L = \frac{L_1}{L_2} \tag{4-3}$$

式中，L_1 为掩护梁长度，m；L_2 为尾梁长度，m。

以 4.2 节中掩护梁倾角 60° 模型为例，共设计了 5 个方案，开展不同 R_L 条件下顶煤放出试验，见表 4-4。

表 4-4　试验方案设置

方案编号	掩护梁长度/m	尾梁长度/m	R_L
1	1.52	2.53	0.6
2	1.80	2.25	0.8
3	2.02	2.02	1.0
4	2.43	1.62	1.5
5	2.70	1.35	2.0

4.3.2　R_L 对顶煤回收率的影响

全部试验放煤完成后，分别统计各组试验顶煤放出量，并按照式（4-1）计算出各方案下工作面顶煤回收率，结果如图 4-14 所示。可以看出，随着 R_L 增大，工作面顶煤回收率呈变化速率逐渐减小的降低趋势。具体来讲，当 R_L 从 0.6 增加至 0.8 时，工作面顶煤回收率急速下降了 4.4%；当 R_L 从 0.8 增加至 1.0 时，顶煤回收率降低了 2.7%；而当 R_L 自 1.0 增加至 2.0 过程中，顶煤回收率仅仅降低了 1.9%。也就是说，在 R_L 减小（尾梁长度增加）的过程中，顶煤回收率前期增长比较缓慢，后期快速增长，但若是尾梁长度过长（掩护梁长度过短），尾梁受载较大，对尾梁部位的液压千斤顶支撑能力要求较高。另外，随着 R_L 增大，放煤过程中顶煤成拱次数显著增加，当 R_L=2.0 时，整个放煤过程共成拱 217 次，平均每次放煤成拱 16.7 次，严重影响了工作面推进速度。因此，综合考虑顶煤回收率、支架安全性能及放煤过程流畅性等方面，建议掩护梁长度与尾梁长度比 R_L 处于 0.8～1.0 较佳。

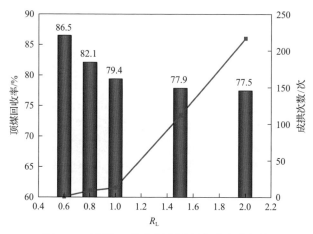

图 4-14　不同 R_L 条件下顶煤回收率变化规律

4.3.3　R_L 对顶煤放出体形态的影响

不同 R_L 条件下顶煤回收率的变化趋势，与各放煤步距内顶煤放出量直接相关。根据不同方案下初始放煤时放出顶煤颗粒的编号，首先反演出初始顶煤放出体形态，如图 4-15 所示。顶煤放出体中空白点即为放煤过程中顶煤成拱后，为破

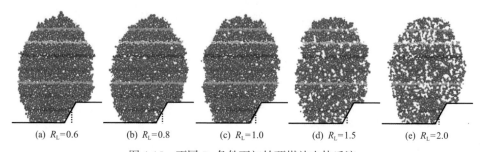

(a) R_L=0.6　　　(b) R_L=0.8　　　(c) R_L=1.0　　　(d) R_L=1.5　　　(e) R_L=2.0

图 4-15　不同 R_L 条件下初始顶煤放出体反演

拱而删除的顶煤颗粒点。计算所有放出的和删除的颗粒体积之和即为各方案下初始顶煤放出体体积，如图 4-16 所示。

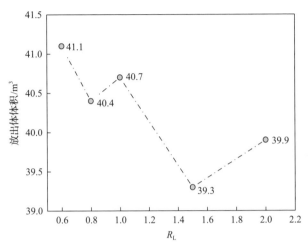

图 4-16　顶煤放出体体积随 R_L 的变化趋势

可以看出，随着 R_L 增大，初始顶煤放出体体积整体呈逐渐减小的趋势。这是因为随着放煤口在水平面投影长度的减小，缩减了顶煤最大运移范围，使得放出体积减小。当 $R_L=2.0$ 时，放出体体积有所增大，可能的原因是随着掩护梁长度的增加，支架侧顶煤颗粒滑动距离变长，在一定程度上抵消了一部分放煤口减小带来的负面效应。另外，随着 R_L 的变化，初始顶煤放出体体积处于 39.3~41.1m³，相比掩护梁倾角对初始顶煤放出体的影响程度较小。

为进一步定量分析不同 R_L 条件下顶煤放出体形态特征，图 4-17 分别统计了各顶煤放出体的最大水平宽度、掩护梁顶端右侧放出体体积 V_y，以及不同垂高范围内的放出体体积。如图 4-17(a) 所示，随着 R_L 增大，顶煤放出体最大水平宽度呈先减小后稳定的趋势，但整体变化幅度较小；当 $R_L \geqslant 1.0$ 时，放出体最大宽度逐渐稳定。图 4-17(b) 显示，放出体体积 V_y 的变化趋势与整个顶煤放出体体积的变化趋势基本一致，即当 $R_L \geqslant 1.0$ 时，V_y 较小，即超前发育趋势相对减弱。由图 4-17(c) 可以看出，当 $R_L \leqslant 1.0$ 时，随着 R_L 增大，中下部顶煤放出量整体上呈逐渐减小的趋势。当 $R_L \geqslant 1.0$ 时，随着 R_L 增大，上部顶煤反而出现增加的趋势，这是顶煤颗粒受较小摩擦系数(颗粒与支架掩护梁之间)运移距离和放煤口长度减小综合作用的结果。

以 R_L 为 0.6、0.8 和 1.0 为例，图 4-18 反演了后续放煤过程中放出体在初始模型上的形态特征。可以看出，在正常放煤阶段，随着 R_L 增大，放出顶煤的范围逐渐减小，遗留在采空区的中上部顶煤逐渐增多。也就是说，随着支架尾梁长度减小，放煤口投影长度相应减小，使得顶煤颗粒最大运移范围逐渐减小，尤其是正

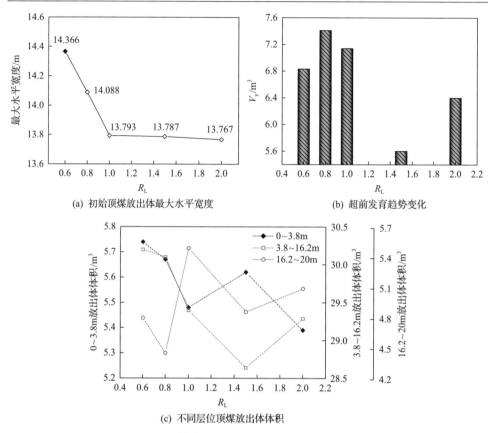

(a) 初始顶煤放出体最大水平宽度

(b) 超前发育趋势变化

(c) 不同层位顶煤放出体体积

图 4-17 不同条件下顶煤放出体形态与体积变化特征

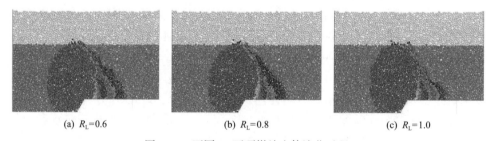

(a) $R_L=0.6$　　　　　(b) $R_L=0.8$　　　　　(c) $R_L=1.0$

图 4-18 不同 R_L 下顶煤放出体演化过程

常放煤阶段，在煤岩分界面的约束下，实际放煤高度较低，R_L 的变化对顶煤放出影响较大。因此，相比于初始放煤阶段，R_L 对顶煤放出高度较小的正常放煤阶段影响更大，进而影响了整个工作面的顶煤回收率大小。

4.3.4 R_L 对煤岩分界面演化的影响

图 4-19 为不同 R_L 条件下煤岩分界面在初始放煤和结束放煤时的形态。

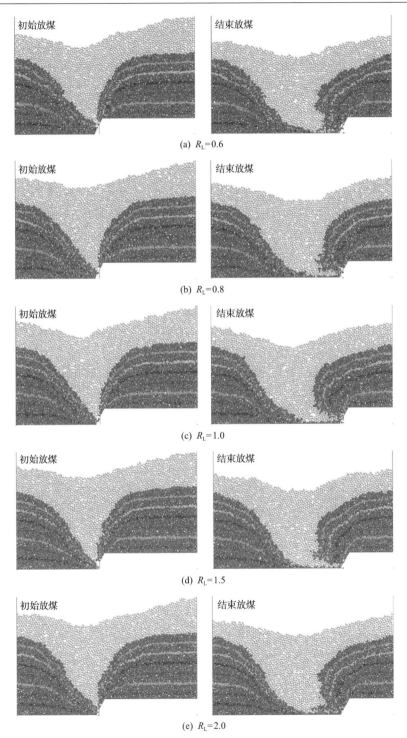

图 4-19　不同 R_L 条件下初始放煤和结束放煤时煤岩分界面形态

可以看出，初始放煤结束后，随着 R_L 增大，采空区侧煤岩分界面形态由上凹形（R_L=0.6）转变为近直线形（R_L=0.8、1.0），再逐渐转变为上凹形（R_L=1.5、2.0）；支架侧煤岩分界面则呈斜率变化较快的更加靠近放煤口中心垂线的曲线形，尤其是当 $R_L \geqslant 1.0$ 时，支架侧煤岩分界面下端基本与放煤口中心垂线重合。这说明在初始放煤过程中，$R_L \leqslant 1.0$ 时，煤岩分界面漏斗体积较大，即初始顶煤放出体体积较大，这与图 4-16 的分析结果基本一致。

由结束放煤时煤岩分界面形态可知，当 R_L=0.6 时，支架侧煤岩分界面约在 2 倍支架高度内出现连续转折现象，煤岩分界面与支架之间的残留顶煤量较少，即该条件下放出的中下部顶煤较多，且采空区残煤量较少。当 R_L=0.8 时，支架侧煤岩分界面中上部煤岩分界面斜率变化较明显，煤岩分界面与支架之间的顶煤残留量较少，也就是说该条件下更有利于中上部顶煤的快速放出。当 R_L=1.0 时，支架侧煤岩分界面形态最为光滑，但滞后发育较为明显，即下部顶煤放出量较大，采空区煤损较小。而当 $R_L \geqslant 1.0$ 时，支架侧煤岩分界面形态光滑性较差，支架高度范围内顶煤残留量较大，造成了较大的采空区煤损量。总体来说，当 $R_L \leqslant 1.0$ 时，工作面顶煤回收率较高。

4.4　尾梁旋转角度对放煤规律的影响

4.4.1　模型方案设计

摆动尾梁是综放工作面破坏顶煤拱结构的常用方法，不同支架尾梁旋转角度（β_r）直接影响工作面推进方向放煤口投影长度 L，进而对顶煤流动特性产生一定影响。本节主要针对尾梁旋转角度对放煤规律的影响开展研究，在保持掩护梁倾角 β_s 和掩护梁长度与尾梁长度比 R_L 不变的情况下，以图 4-4 为基础模型，设计了 5 个尾梁旋转角度，放煤口水平投影长度 L 对应改变，方案设计见表 4-5。

表 4-5　试验方案设置

$\beta_r / (°)$	L/m	$\beta_s / (°)$	R_L
28	0.9398		
29	0.9751		
30	1.0104	60	1.0
31	1.0456		
32	1.0809		

4.4.2　不同 β_r 条件下顶煤回收率变化

放煤结束后，分别统计各方案下顶煤放出量和成拱次数，并计算不同 β_r 条件下顶煤回收率，结果如图 4-20 所示。可以看出，随着 β_r 增大，放煤口水平投影长度逐渐增大，使得顶煤颗粒之间互相铰接成拱的概率减小，因此，整个顶煤放出过程中成拱次数逐渐减小。从工作面顶煤回收率方面来看，以 $\beta_r=30°$ 为界，当 $\beta_r \leqslant 30°$ 时，随着 β_r 增大，虽然放煤过程更加流畅，但矸石颗粒流出放煤口也较快，工作面整体顶煤回收率呈减小的趋势。当 $\beta_r \geqslant 30°$ 时，随着 β_r 增大，工作面顶煤回收率呈先增大后减小的趋势，也就是说，并不是 β_r 越大越有利于顶煤放出。因此，在现场综放工作面放煤过程中，频繁小角度摆动尾梁(增大或减小尾梁旋转角度)，有利于提高工作面顶煤回收率。

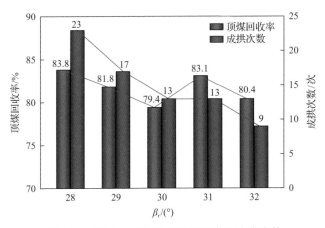

图 4-20   不同 β_r 条件下顶煤回收率和成拱次数

如图 4-21 所示，分别统计了不同方案下各次放煤过程中顶煤放出量大小。可以看出，不同方案下初始顶煤放出量最大，放出颗粒量达 2500 个左右，是正常放

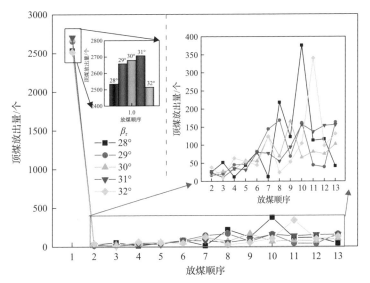

图 4-21   不同 β_r 条件下各次放煤过程中顶煤放出量变化趋势

煤阶段放出颗粒量的 5 倍以上。将不同方案下初始顶煤放出量放大（图 4-21 中左上角柱状图）可以看出，随着 β_r 增大，初始顶煤放出量呈先增大后减小的趋势，且当 $29° \leqslant \beta_r \leqslant 31°$ 时，初始顶煤放出量较大，再次说明小角度扰动尾梁，更有利于顶煤的放出。

由图 4-21 右上角第 2～13 次顶煤放出量变化的折线图可知，第 2～6 次移架放煤过程中，受初始放煤形成的煤岩分界面影响，顶煤放出量都较小，没有显著差异。在第 7～13 次移架放煤过程中，可以看出，当 β_r 为 28° 和 32° 时，两者顶煤放出量变化有相似性，即都存在两个放出量波峰，不同的是，当 β_r 为 28° 时，其波峰值较大，使得其整体顶煤回收率较高。而当 β_r 为 30° 时，整个放煤过程中各步距内顶煤放出量较少，且没有显著波动，使得整个工作面顶煤回收率较低，但放煤均衡性较好。

为进一步对比不同掩护梁倾角、掩护梁长度与尾梁长度比以及尾梁旋转角度对顶煤回收率影响的敏感性。以 $\beta_s = 60°$，$R_L = 1.0$，$\beta_r = 30°$ 为基础，对不同因素不同水平取值进行对比换算，见表 4-6。然后将不同因素下的工作面顶煤回收率绘制在一张图上，结果如图 4-22 所示。可以看出，不同因素下，掩护梁长度与尾梁长度比使得顶煤回收率极差（最大值与最小值差值）达 9.02%，掩护梁倾角影响下顶煤回收率极差为 7.87%，而尾梁旋转角度仅使顶煤回收率变化量为 4.49%。因此，若在相同自变量范围内（图中粉色方框内），可以得出掩护梁倾角对顶煤回收率的影响最大。

4.4.3　不同 β_r 条件下顶煤放出体形态

记录不同 β_r 条件下初始放煤过程中放出顶煤颗粒编号，并将所有放出颗粒在初始模型中进行删除，结果如图 4-23 所示，空白区域即为初始顶煤放出体形态。可以看出，当 $29° \leqslant \beta_r \leqslant 31°$ 时，顶煤放出体整体空白区域及最大水平宽度较大。

表 4-6　不同试验方案对比换算

$\beta_s/(°)$	转换	R_L	转换	$\beta_r/(°)$	转换
30	0.50	0.6	0.6	28	0.93
35	0.58	0.8	0.8	29	0.97
40	0.67	1.0	1.0	30	1.00
45	0.75	1.5	1.5	31	1.03
50	0.83	2.0	2.0	32	1.07
55	0.92	—	—	—	—
60	1.00	—	—	—	—

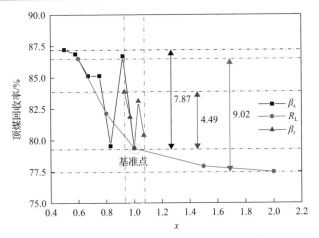

图 4-22 不同因素下顶煤回收率变化情况

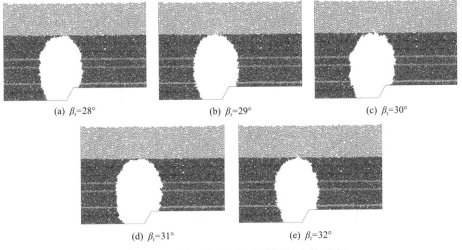

(a) β_r=28°   (b) β_r=29°   (c) β_r=30°

(d) β_r=31°   (e) β_r=32°

图 4-23 不同 β_r 条件下初始顶煤放出体形态

图 4-24 显示了不同 β_r 条件下初始顶煤放出体体积以及高宽比变化情况。可以看出，随着 β_r 增大，初始顶煤放出体体积呈先增大后减小的趋势，与 4.4.2 节的分析结果较一致。顶煤放出体高宽比则随着 β_r 增大，整体呈逐渐减小的趋势。

为研究不同 β_r 条件下顶煤放出体发育过程，放煤高度每隔 2.5m（即 2.25m、4.75m、7.25m、…、14.75m、17.25m、20.00m）进行一次放出体反演，并计算各放煤高度下放出体体积，结果如图 4-25 所示。

可以看出，不同方案下各顶煤放出体体积随着放煤高度增大，呈增长速率逐渐变大的增长趋势。但是当 β_r=28°，且放煤高度大于等于 17.25m 时，放出体体积增长量明显小于其他尾梁旋转角度，这使得该条件下顶煤放出体体积较小。为更清晰地展示不同尾梁旋转角度对顶煤放出体发育过程的影响，将放煤高度分为

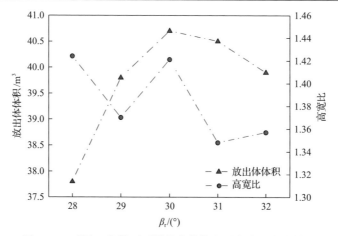

图 4-24　不同 β_r 条件下顶煤放出体体积及高宽比变化情况

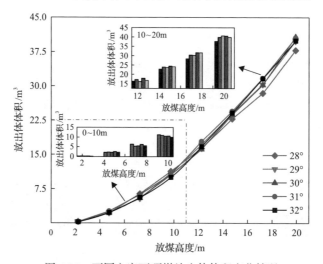

图 4-25　不同方案下顶煤放出体体积变化情况

0～10m 和 10～20m 两个组。发现，在放煤高度小于 10m 时，不同方案下顶煤放出体体积相差较小，而随着放煤高度增加（大于 10m 后），顶煤放出范围逐渐变大，放出体体积受影响较大。

4.4.4　不同 β_r 条件下煤岩分界面形态

如图 4-26 所示，分别选取 β_r 为 28°、30° 和 32° 条件下煤岩分界面形态进行分析。与 3.1.5.4 节煤岩分界面演化过程相比，当顶煤厚度较薄时，煤岩分界面滞后发育特征（即煤岩分界面上存在拐点，使得煤岩分界面下端头有向推进方向旋转特征）呈周期性变化，周期性旋转距离为 1～4 个推进步距[10]；而该综放工作面由于顶煤较厚，在正常放煤过程中，实际放煤高度较低，放出的多为中下部顶煤，使得煤岩分界面在较长推进距离内基本都呈现向采空区滞后发育的特征，周期性旋转距离大大提高，致使采空区残煤量较高。

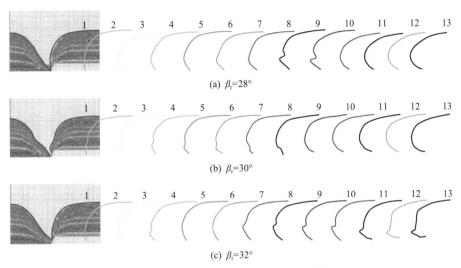

图 4-26 不同 β_r 条件下煤岩分界面形态演化过程

通过对比 3 个尾梁旋转角度下煤岩分界面形态演化过程可以看出，当 β_r=30° 时，初始煤岩分界面各层位水平截面较大，即漏斗体积较大，相应地初始顶煤放出体体积也较大，这与 4.4.3 节的结果一致。与 β_r=30° 相比，在后续工作面推进过程中，β_r=28°时煤岩分界面中上部顶煤推进前期近似呈直线，后期下沉速度较快，说明该条件下中上部顶煤放出量较多；而当 β_r=32°时，工作面推进前期煤岩分界面拐点高度较高，说明多放出下部顶煤，而推进后期煤岩分界面拐点上方近似呈垂直直线，即此时中上部顶煤放出量更大。总的来说，在初始放煤过程中，β_r=30°时，顶煤放出量较大，煤岩分界面更发育，而在正常放煤过程中，β_r=28°或 32°时，顶煤放出量更大，两者综合作用使得 β_r=30°时顶煤回收率较小。

参 考 文 献

[1] 王国法. 综采放顶煤技术发展与新型放顶煤液压支架[J]. 煤矿开采, 1996, (4): 18-20, 23.

[2] 高有进. 高位放顶煤液压支架的设计与受力分析[J]. 中国煤炭, 2004, (9): 33-35, 37.

[3] 富强, 闫少宏, 吴健. 综放开采松软顶煤落放规律的理论研究[J]. 岩石力学与工程学报, 2002, 21(4): 568-571.

[4] 王家臣, 张锦旺, 王兆会. 放顶煤开采基础理论与应用[M]. 北京: 科学出版社, 2018.

[5] 王家臣, 宋正阳. 综放开采散体顶煤初始煤岩分界面特征及控制方法[J]. 煤炭工程, 2015, 47(7): 1-4.

[6] Wang J C, Zhang J W, Song Z Y, et al. Three-dimensional experimental study of loose top-coal drawing law for longwall top-coal caving mining technology[J]. Journal of Rock Mechanics and Geotechnical Engineering, 2015, 7(3): 318-326.

[7] Melo F, Vivanco F, Fuentes C, et al. On drawbody shapes: from Bergmark-Roos to kinematic models[J]. International Journal of Rock Mechanics and Mining Sciences, 2007, 44(1): 77-86.

[8] 陶干强, 杨仕教, 刘振东, 等. 基于 Bergmark-Roos 方程的松散矿岩放矿理论研究[J]. 煤炭学报, 2010, 35(5): 750-754.

[9] 张勇, 司艳龙, 石亮. 块度对顶煤放出率影响的数值模拟分析[J]. 采矿与安全工程学报, 2011, 28(2): 247-251.

[10] Wang J C, Wei W J, Zhang J W, et al. Numerical investigation on the caving mechanism with different standard deviations of top coal block size in LTCC[J]. International Journal of Mining Science and Technology, 2020, 30(5): 583-591.

5 不同煤层条件下的放煤规律

煤层条件是影响综放开采放煤规律的关键因素,主要包括煤层厚度、煤层倾角等。综放开采技术对煤层厚度适应性强,4~20m 煤层均可采用。根据《煤矿安全规程》(2016 版)规定:"缓倾斜、倾斜厚煤层的采放比大于 1∶3,且未经行业专家论证的、急倾斜水平分段放顶煤采放比大于 1∶8 的严禁采用放顶煤开采"。因此,若要保障综放工作面的放煤效果,顶煤厚度应处于一定范围内,以保证裂隙顶煤可以较好地破碎,进而流出放煤口。对于采放比大于 1∶1 的较薄煤层以及采放比小于 1∶3 的特厚煤层综放工作面,其放煤规律存在特殊性,需进行深入研究,并提出较佳的采放工艺及针对性措施。此外,随着煤层倾角增大,综放工作面支架稳定性逐渐变差,在大倾角或急倾斜煤层工作面实施综放开采技术,放煤均衡性差,顶煤回收率需进一步提高。

5.1 薄顶煤动态精细化放煤

5.1.1 动态精细化放煤

以北辛窑煤矿 8103B 工作面为例,煤层厚度为 4.3~7.0m,平均厚度为 5.6m,工作面采高 3.0m,因此,顶煤厚度为 1.3~4.0m,采放比为 1∶0.43~1∶1.33,为典型的顶煤较薄煤层综放工作面。工作面走向长度 1868.8m,倾斜长度 165.9m,平均倾角为 22°。工作面装配 ZFQ13000/25/38 型低位放顶煤液压支架 97 架,ZFQG13000/27.5/42 型过渡液压支架 8 架(头 3 架,尾 5 架),以及 ZTZ20000/27.5/4 型端头液压支架 1 组(2 架 1 组)。8103B 工作面底板等高线图及工作面布置图,如图 5-1 所示。

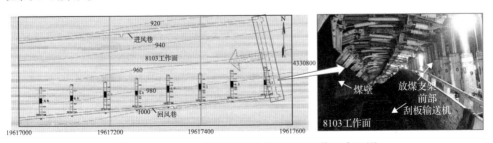

图 5-1　8103B 工作面底板等高线图及工作面布置图

　　由 2.4.3 节中顶煤回收率随顶煤相对块度的变化曲线可知，8103B 工作面顶煤回收率若想提高，则需增大顶煤相对块度，对此主要有两种措施：一是增大顶煤块度均值，二是减小放煤口长度。由于 8103B 工作面不是采用爆破或水力压裂等人为辅助手段来破碎顶煤，因此顶煤破碎块度大小难以控制和改变，即第一种措施难度较大。针对第二种措施，该综放工作面支架中心距（即工作面方向的放煤口长度）1.5m 是一定的，这也是目前工作面较为通用的尺寸，若直接减小放煤口长度，在该工作面实施可行性较低。为此，开发了一种动态精细化放煤方式，可相对减小支架放煤口长度，提高工作面顶煤回收率，可解决 8103B 工作面放煤均衡性差、顶煤回收率低、支架稳定性不高等问题[1]。

　　图 5-2 为动态精细化放煤方式基本流程。

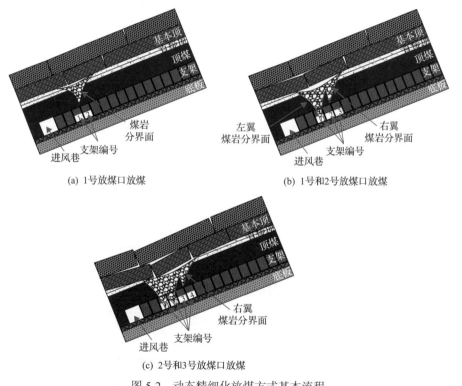

(a) 1号放煤口放煤　　　　　　　　　(b) 1号和2号放煤口放煤

(c) 2号和3号放煤口放煤

图 5-2　动态精细化放煤方式基本流程

　　(1) 首先打开 1 号支架放煤口进行放煤，当 1 号放煤口放煤到一半时，打开 2 号放煤口进行放煤[图 5-2(a)]，即此时 1 号和 2 号放煤口同时进行放煤；在放煤过程中，矸石逐渐侵入破碎顶煤中，形成煤岩分界面。

　　(2) 如图 5-2(b) 所示，当 1 号和 2 号放煤口初次见矸后（此时 2 号支架约放煤到一半），关闭 1 号放煤口，同时打开 3 号放煤口，即此时 2 号和 3 号放煤口同时放煤；在此期间，左翼煤岩分界面相对比较陡峭，但后续放煤过程中基本没有变化，而右翼煤岩分界面不断发育，形态相对平缓且向上端头侧延伸。

(3) 当再次见矸后，关闭 2 号放煤口，同时打开 4 号放煤口进行放煤，此时 3 号支架约放煤到一半，如图 5-2(c) 所示。即要保证工作面同时存在两个支架进行放煤，但两个支架放煤进度上存在差距，以此类推，对整个工作面进行放煤。

5.1.2 顶煤放出体形态

基于 B-R 模型[2-4]建立双坐标系计算模型，如图 5-3 所示。其中 1 号和 2 号放煤口中心分别是两坐标系中心 O_1 和 O_2，A 是任意的顶煤颗粒，B 是煤岩分界面最低点，θ 是顶煤颗粒 A 在 O_1 坐标系里所对应的角度。

顶煤颗粒 A 运动应满足式 (5-1)：

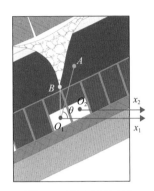

图 5-3　两坐标系建立

$$\rho(\theta) = \frac{1}{2} g\left(\sin\theta - \sin\theta_G\right) t^2 \tag{5-1}$$

式中，g 为重力加速度，m/s^2；θ_G 为顶煤颗粒最大运移角度，(°)；t 为放煤时间，s。

当 1 号放煤口放煤高度为顶煤高度一半时，2 号放煤口开始放煤，在此过程中顶煤颗粒 B 从原始位置到煤岩分界面最低点所用时间为 t_1，可由式 (5-2) 求得

$$\frac{H_c}{2\cos\alpha} = \frac{1}{2} g\left(1 - \sin\theta_G\right) t_1^2 \tag{5-2}$$

式中，H_c 为顶煤厚度，m；α 为工作面倾角，(°)。

联合式 (5-1) 和式 (5-2)，t_1 时刻的顶煤放出体方程如式 (5-3) 所示：

$$\rho(\theta)_{O_1} = \frac{H_c\left(\sin\theta - \sin\theta_G\right)}{2\cos\alpha\left(1 - \sin\theta_G\right)} \tag{5-3}$$

当顶煤同时从 1 号和 2 号放煤口放出时，原本从 1 号放煤口流出的顶煤颗粒路径受 2 号放煤口放煤的影响发生了一定变化。假设 t_2 时刻放煤口初次见矸，则 1 号放煤口关闭，3 号放煤口打开。t_2 可由式 (5-4) 计算：

$$\frac{H_c}{\cos\alpha} = \frac{1}{2} g\left(1 - \sin\theta_G\right) t_2^2 \tag{5-4}$$

此时，1 号放煤口上方顶煤充分放出，放出体完全发育，而 2 号放煤口处顶

煤放出体部分发育，两者理论方程见式(5-5)和式(5-6)：

$$\rho(\theta)_{O_1} = \frac{1}{2}g\left(\sin\theta - \sin\theta_G\right)t_2^2 \tag{5-5}$$

$$\rho(\theta)_{O_2} = \frac{1}{2}g\left(\sin\theta - \sin\theta_G\right)\left[\varepsilon(t_2 - t_1)\right]^2 \tag{5-6}$$

式中，ε 为两顶煤放出体影响系数，默认值为1，具体可由室内放煤试验或数值计算统计得出。根据8103B工作面地质条件，将 H_c=5.6m，α=22°，g=9.81m/s²，θ_G=60°代入式(5-3)、式(5-5)和式(5-6)，得到动态精细化放煤方式下顶煤放出体形态，如图5-4所示。其中，黄色区域为 t_1 时刻1号放煤口反演的顶煤放出体形态，当8103B工作面采用单口顺序放煤方式，则 t_1 到 t_2 时间内黄色顶煤放出体逐渐发育为红色顶煤放出体形态；当采用动态精细化放煤时，t_1 到 t_2 时间内顶煤放出体形态为红色区域和绿色区域的总和。因此，动态精细化放煤方式下顶煤放出体形态可以分成上下端侧两部分，下端侧放出体(红色区域)放出的顶煤来自1号支架上位顶煤，而上端侧放出体(绿色区域)放出的顶煤为2号支架下位顶煤颗粒。类似地，当1号放煤口关闭，3号放煤口打开，2号和3号放煤口同时放煤时，反演得到的顶煤放出体也是由两部分组成，下端侧放出体放出的顶煤来源于2号支架上位顶煤，上端侧放出体放出的顶煤来自3号支架下位顶煤，顶煤放出体整体呈一种特殊形态。

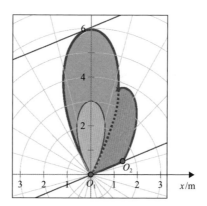

图5-4　动态精细化放煤方式顶煤放出体形态

总的来说，在某一放煤口放出工作面上位顶煤时，其相邻放煤口开始放煤，相当于缩小了本放煤口的放煤范围，也就间接缩小了本放煤口长度，实现了将8103B工作面支架放煤口长度缩小的目的，为进一步验证该分析的正确性，以及研究动态精细化放煤方式下的放煤规律，以下进行PFC²ᴰ数值模拟。

5.1.3　精细化放煤数值模拟

5.1.3.1　模型建立和方案设计

图 5-5 为 8103B 工作面放煤试验初始模型。模型中工作面长度 24m，顶煤厚度 2.6m，直接顶厚度 8.6m，工作面倾角 22°，放煤区域长度 15m，工作面上下端头分别设置不放煤支架。为研究放煤口长度对顶煤回收率的影响，以及验证动态精细化放煤方式的优势性，支架中心距分别设为 1.00m、1.25m 和 1.50m，支架编号由工作面下端头到上端头依次增加。

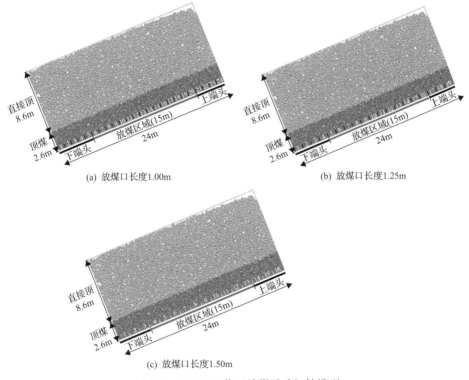

(a) 放煤口长度1.00m　　　　　　(b) 放煤口长度1.25m

(c) 放煤口长度1.50m

图 5-5　8103B 工作面放煤试验初始模型

煤岩体颗粒的物理力学参数见表 5-1。本次试验共设计了 5 个方案，见表 5-2，括号内支架编号表示相应编号支架同时进行放煤操作。

表 5-1　煤岩体颗粒的物理力学参数

类别	厚度/m	块度/mm	密度 ρ/(kg/m³)	法向刚度 k_n/(N/m)	切向刚度 k_s/(N/m)	摩擦系数
煤层	5.6	100～200	1590	2.0×10^8	2.0×10^8	0.4
直接顶	8.6	300～400	2500	4.0×10^8	4.0×10^8	0.4

表 5-2　不同放煤方式试验方案设计

方案	放煤方式	支架中心距/m	放煤顺序
1	单口顺序放煤	1.00	6-7-8-9-10-11-12-13-14-15-16-17-18-19-20
2	单口顺序放煤	1.25	5-6-7-8-9-10-11-12-13-14-15-16
3	单口顺序放煤	1.50	4-5-6-7-8-9-10-11-12-13
4	动态精细化放煤	1.50	4-(4,5)-(5,6)-(6,7)-(7,8)-(8,9)-(9,10)-(10,11)-(11,12)-(12,13)-13
5	双口顺序放煤	1.50	(4,5)-(6,7)-(8,9)-(10,11)-(12,13)

当模型运算平衡后，顶煤和矸石颗粒仅受重力作用，且颗粒初始速度设为 0，墙体速度与加速度也为 0。

5.1.3.2　提高顶煤回收率机理验证

按照试验方案进行放煤操作，放煤完成后，分别计算 5 个方案下工作面顶煤回收率 η_p，

$$\eta_p = \frac{N_p}{N_0} \times 100\% \tag{5-7}$$

式中，N_0 为放煤前距工作面下端头 3～21m 范围内全部顶煤颗粒数量，个；N_p 为放煤支架放出的所有顶煤颗粒数量，个。

如图 5-6 所示，根据方案 1～方案 3 数据显示，随着放煤口长度减小，8103B 工作面顶煤回收率逐渐增大，验证了 5.1.1 节分析结果的正确性，即减小该工作面放煤口长度，可增大顶煤相对块度，进而增大 8103B 工作面顶煤回收率。由方案 3 和方案 4 结果可以看出，支架中心距都是 1.50m，但动态精细化放煤方式大

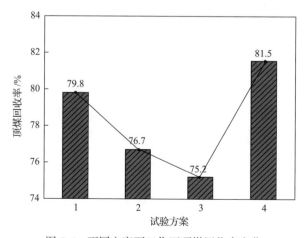

图 5-6　不同方案下工作面顶煤回收率变化

大提高了 8103B 工作面顶煤回收率，验证了由于相邻支架放煤的影响，间接减小了放煤口长度；从顶煤回收率的角度来看，动态精细化放煤方式的放煤口长度约 1.00m。

5.1.3.3　动态精细化放煤下的放煤规律

为进一步研究动态精细化放煤方式下顶煤流动特性，分析其顶煤放出体形态的特殊性，以及对比其他放煤方式的优势性，对比分析了方案 3～方案 5 单口顺序放煤、动态精细化放煤及双口顺序放煤 3 种放煤方式下顶煤放出体形态特征、颗粒运移路径、顶煤回收率变化等特征。

1) 顶煤放出体形态特征

顶煤放出体的形态特征对工作面顶煤回收率大小有直接影响，对开发提高顶煤回收率的放煤方式有重要意义。在放煤过程中，4 号支架放煤过程称为初始放煤阶段，5～13 号支架放煤过程称为正常放煤阶段。图 5-7 为 3 种放煤方式下反演所得的顶煤放出体形态。可以看出，单口顺序放煤时，初始顶煤放出体发育较为完整，正常放煤阶段顶煤放出体呈向工作面上端快速发育的"月牙"形；双口顺序放煤时，由于顶煤较薄，相邻两个放出体发育过程互相干扰不明显，各放煤口处顶煤放出体形态基本一致，放煤均匀性好，但放出体之间煤损较大；动态精细化放煤时，初始放煤阶段顶煤放出体形态与单口顺序放煤基本一致，正常放煤阶段顶煤放出体形态则与其他两种放煤方式有较大差异，其顶煤放出体呈现向工作面下端侧快速发育的形态，且放出体上端侧存在凹点[图 5-7(c)中黄色圆点]，使得放出体分为上下端侧两部分，下端侧部分来自本支架上位顶煤，上端侧部分来自下一支架下位顶煤，验证了理论分析的正确性；同时，在正常放煤阶段，凹点的位置呈周期性上下起伏特征。

　　(a) 单口顺序放煤　　　　　　(b) 双口顺序放煤　　　　　　(c) 动态精细化放煤

图 5-7　3 种放煤方式下顶煤放出体形态特征

2) 颗粒运移路径

动态精细化放煤方式下，顶煤放出体形态与单口顺序放煤不同，则说明颗粒的运移路径也发生了改变。图 5-8 分别统计了动态精细化放煤方式和单口顺序放煤方式下各支架放煤第一颗放出矸石的编号和位置，以及该放煤方式下放出的第一颗矸石在另一种放煤方式下所处的位置，图中 4#～13#为各支架编号，灰色竖线为放煤口中心线，黑色方形点为放出矸石颗粒的位置及编号，红色圆形点为未放出矸石颗粒的位置及编号。可以看出，两种放煤方式下工作面两端头放出的矸石颗粒编号都相同，工作面中部放出的矸石颗粒编号区别较大，说明动态精细化放煤方式对 8103B 工作面中部顶煤放出影响较大。

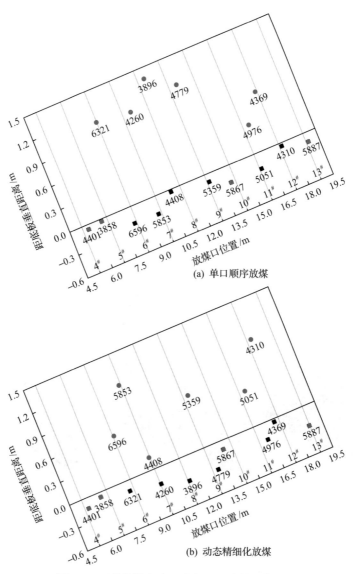

图 5-8　两种放煤方式下放出矸石编号及位置图

选取图 5-8 中工作面上中下三部分处 4401、5867 和 5887 三个颗粒作为研究对象,分别跟踪其在动态精细化放煤和单口顺序放煤方式下的运移路径,如图 5-9 所示。可以看出,初始放煤时[图 5-9(a)],颗粒 4401 在两种放煤方式下的路径基本都呈近似直线形,这与 B-R 模型基本假设一致,验证了理论分析采用 B-R 模型的正确性;正常放煤阶段,单口顺序放煤时颗粒 5867 和颗粒 5887 的运移路径方向变化较大,呈折线形,而动态精细化放煤时颗粒基本沿抛物线形态流出放煤口,放出位置较单口顺序放煤更靠近下端头方向,说明动态精细化放煤方式下支架放煤口长度间接减小,各个支架放煤时顶煤最大远移范围减小,使得顶煤颗粒的位移量较小。

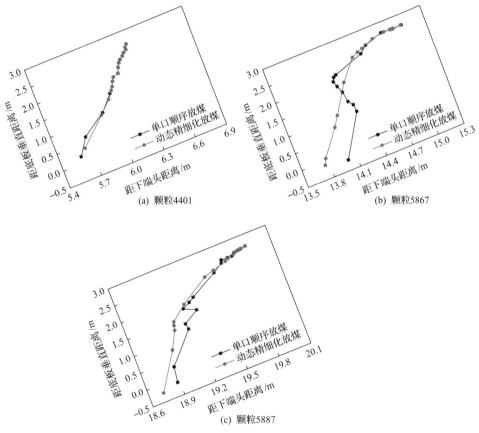

图 5-9　两种放煤方式下颗粒运移路径对比分析

3)顶煤回收率变化

3 种放煤方式放煤结束后,分别统计各支架放出顶煤颗粒数(放出量)及放煤时间,计算各支架的顶煤回收率 η_n:

$$\eta_n = \frac{N_n}{N_{n0}} \times 100\% \qquad (5\text{-}8)$$

式中，N_{n0} 为 n 号支架上方原有的顶煤颗粒数量，个；N_n 为 n 号支架上方放出的顶煤颗粒数量，个。

由图 5-10(a) 可以看出，动态精细化放煤方式下工作面下端头和中部位置各支架顶煤回收率基本都高于单口顺序放煤，且放煤均衡性比单口顺序放煤和双口顺序放煤要好，这说明该工艺有利于提高工作面下端头和中部位置的顶煤回收率。同时，双口顺序放煤方式下由于两个相邻的放出体之间煤损较大，各支架顶煤回收率变化较大，呈锯齿状。另外，根据动态精细化放煤方式下各支架顶煤回收率变化趋势可得出，由于 4～7 号各支架顶煤放出量较大，使得 8 号支架上方顶煤被提前放出，且较多的矸石堆积在放煤口附近，当 8 号支架放煤时，见矸较快，

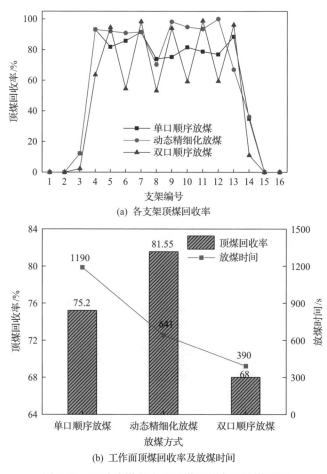

(a) 各支架顶煤回收率

(b) 工作面顶煤回收率及放煤时间

图 5-10　三种放煤方式下顶煤回收率和放煤时间

造成该支架顶煤回收率较低。总的来说，动态精细化放煤方式下工作面中部各支架顶煤回收率变化较小，提高了 8103B 工作面支架稳定性，优化了工作面管理。

图 5-10(b) 显示，动态精细化放煤方式下工作面顶煤回收率最高，相较于单口顺序放煤提高了约 8.44%。双口顺序放煤时顶煤回收率最低，说明双口放煤量比单口和动态精细化放煤量要小，不利于工作面顶煤放出，这与文献[5]中的研究结果相反。可能的原因是 8103B 工作面顶煤较薄，顶煤块度较小，双口放煤时，放煤口见矸较快，限制了双口放煤的优势。同时可以看出，相比于单口顺序放煤，动态精细化放煤的放煤时间大大缩短，节省了约 46%的时间，说明该放煤方式可加快工作面推进速度，增加工作面年产量，综合体现了该类工作面条件下单口放煤方式顶煤回收率高和双口放煤方式放煤时间短的优势。

5.1.3.4　采放比对动态精细化放煤效果的影响

1)试验方案设计

8103B 工作面除顶煤较薄外，还具有厚度变化大的特点。因此，为研究顶煤厚度变化对动态精细化放煤方式下放煤规律的影响，根据 8103B 工作面煤层厚度变化情况，设计了 6 种采放比条件下顶煤放出试验，见表 5-3，每种采放比条件下进行动态精细化放煤、单口顺序放煤、双口顺序放煤 3 种放煤方式。

表 5-3　不同采放比试验方案设计

方案	采高/m	顶煤厚度/m	采放比
1	3.0	2.0	1∶0.67
2	3.0	2.6	1∶0.86
3	3.0	3.0	1∶1.00
4	3.0	3.5	1∶1.17
5	3.0	4.0	1∶1.33
6	3.0	4.5	1∶1.50

2)顶煤回收率变化特征

6 种采放比条件下放煤试验完成后，分别计算各放煤试验下工作面顶煤回收率，结果如图 5-11 所示。在 8103B 工作面顶煤块度分布下，动态精细化放煤和单口顺序放煤方式下顶煤回收率都随着顶煤厚度的增大而增大，而双口顺序放煤方式下顶煤回收率较小，且随着采放比的变化顶煤回收率无明显变化，进一步说明 8103B 工作面不适合双口放煤。同时，当采放比大于 1∶1 时(顶煤厚度小于 3m)，动态精细化放煤方式顶煤回收率明显大于单口顺序放煤方式；当采放比小于 1∶1 时(顶煤厚度大于 3m)，两者之间差距明显减小，且单口顺序放煤方式的顶煤回收率逐渐大于动态精细化放煤方式，但动态精细化放煤方式的放煤时间要大大减小。

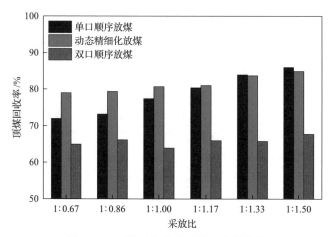

图 5-11　顶煤回收率随采放比变化趋势

3）顶煤放出体形态变化特征

为研究动态精细化放煤方式下顶煤放出体随采放比变化而变化的形态特征，反演了 6 种采放比下顶煤放出体形态，并选取了 3 种采放比条件进行分析（图 5-12）。

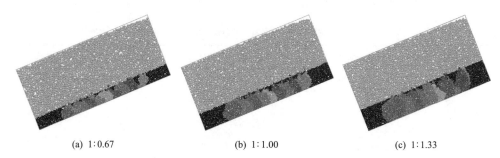

(a) 1:0.67　　　　　　　　(b) 1:1.00　　　　　　　　(c) 1:1.33

图 5-12　动态精细化放煤方式下不同采放比的顶煤放出体形态

可以看出，正常放煤阶段，随着采放比增大，顶煤放出体向工作面下端方向快速发育的趋势越来越不明显。也就是说，放出体下端侧部分所占比例逐渐缩小，放出体之间煤损逐渐增大，趋近于单口顺序放煤方式下顶煤放出体形态特征。因此，该放煤方式随着采放比的增大，顶煤回收率相较单口顺序放煤方式并无明显差异。

5.2　特厚煤层采放工艺优化

随着我国东部地区浅埋好采煤层的逐渐枯竭，中西部特厚煤层已逐渐成为我国煤炭行业发展的重心，如何安全高效绿色开发这些特厚煤层资源是亟须解决的问题。在开采早期,由于设备和开采工艺的限制,特厚煤层工作面现场常采用分层开采技术,但存在搬家次数多、下分层开采顶板维护困难、容易发火等问题,生产效率较低。随后在特厚煤层中引入综放开采技术,现场实施效果较好,但有些工作面也存在顶煤破碎程度低、放煤效果不理想、顶煤回收率低等问题。

5.2.1　特厚煤层放煤规律

5.2.1.1　试验模型建立

图 5-13 为特厚煤层综放工作面放煤试验初始模型。模型尺寸为 45m×29.93m,其中,煤层厚度为 19.93m,割煤高度为 3.8m,顶煤高度为 16.13m,采放比为 1∶4.24。模型采用球(ball)单元来模拟煤和直接顶颗粒,其中上部绿色颗粒为破碎直接顶,下部蓝色颗粒为煤。根据现场顶煤块度分布情况,同时考虑到计算机运行速度,顶煤颗粒半径确定为 60～220mm。采用墙(wall)单元来模拟综放支架,工作面支架尾梁与底板夹角为 60°,放煤步距为 1m。本次试验移架 12 次,即共放煤13 次。另外,为便于观察煤岩分界面演化过程,煤层中共设置了 7 层标志层,每层间距为 2.5m。顶煤和直接顶颗粒,以及模拟支架的基本物理力学参数见表 5-4 和表 5-5。

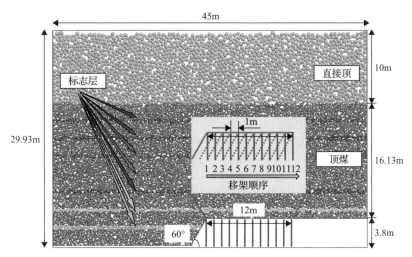

图 5-13　特厚煤层综放工作面放煤试验初始模型

表 5-4　顶煤和直接顶颗粒基本物理力学参数

材料	密度 $\rho/(kg/m^3)$	半径 R/mm	法向刚度 $k_n/(N/m)$	切向刚度 $k_s/(N/m)$	摩擦系数
顶煤	1300	60～220	2×10^8	2×10^8	0.7
直接顶	2500	250～300	4×10^8	4×10^8	0.7

表 5-5　模拟支架基本物理力学参数

材料	高度 H/m	法向刚度 k_n/(N/m)	剪切刚度 k_s/(N/m)	掩护梁倾角/(°)	摩擦系数
支架	3.8	2×10^8	2×10^8	40	0.2

　　放煤过程中遵循"见矸关门"原则，即当看到第一个直接顶颗粒流出放煤口后，关闭放煤口。这一原则的实现采用 FISH 语言来自动控制，模型在运行过程中，每隔 10000 步会自动检测一次，看是否有直接顶颗粒流出放煤口，从而实施关闭放煤口操作。放煤结束后，分别对特厚煤层综放工作面顶煤放出体特征、煤岩分界面形态、顶煤回收率变化、颗粒运移场和速度场分布等进行系统分析。

5.2.1.2　顶煤放出体特征

1)初始放煤阶段顶煤放出体

　　移架前初次放煤过程称为初始放煤阶段，而后续移架放煤过程称为正常放煤阶段。为展示特厚煤层综放工作面初始放煤阶段顶煤放出体发育过程，分别反演不同放煤高度(5.0m、7.5m、10.0m、12.5m、15.0m、17.5m、19.9m)时顶煤放出体形态，并统计不同放煤高度下顶煤放出体的高宽比(r)，结果如图 5-14 所示。

　　如图 5-14(a)所示，当放煤高度小于或近似等于支架高度时，顶煤颗粒以无序地自由落体为主，顶煤放出体发育不完整，此阶段称为顶煤自由落体阶段。该阶段内顶煤放出体高宽比接近 1，即此时顶煤放出体近似呈被切割的圆球形。如图 5-14(b)～(d)所示，顶煤放出体发育基本成熟，整体上可以看作是下部被支架掩护梁所切割的变异椭球体状；同时，随着放煤高度增大，高宽比增长速率逐渐

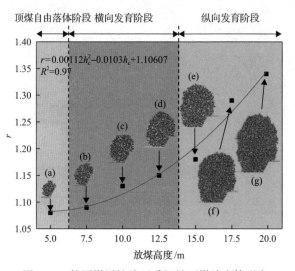

图 5-14　特厚煤层综放开采初始顶煤放出体形态

减小，说明此过程中顶煤放出体以横向发育为主，即采空区和支架顶梁上方顶煤颗粒运移速度较快，横向扩展范围较大，因此，称此阶段为横向发育阶段。

如图 5-14(e)～(g)所示，顶煤放出体发育更加成熟、完善，中上位顶煤放出体形态受支架影响逐渐较小，顶煤放出体在横向和纵向上都有很大程度的扩展，但纵向发育更为明显，使得顶煤放出体高宽比显著增大。图 5-14(g)显示，由于支架尾梁的存在，改变了放煤口的边界条件，一端为无限边界条件，而另一端为倾斜边界条件，且工作面为特厚顶煤，使得第一颗放出的矸石颗粒不在放煤口中心正上方，发生了小角度偏转，即顶煤放出体的轴线也发生了偏转。

总的来说，随着放煤高度增大，顶煤放出体的高宽比逐渐增大，尤其在发育后期，高宽比迅速增大，表明顶煤放出体逐渐由"矮胖"的圆球形变为"瘦高"的椭球形，即随着放煤高度增大，顶煤放出体的宽度发育受到了限制。这是由于在初始放煤后期，随着放煤高度增大，放煤口上方的颗粒速度要远大于放煤口两侧的颗粒速度，使得顶煤放出体纵向发育显著加快，而顶煤放出体宽度的发育受到约束。

2) 正常放煤阶段顶煤放出体

如图 5-15 所示，在正常放煤阶段，由于受煤岩分界面的约束，实际的顶煤放出体高度远远小于顶煤厚度，基本上就是放出支架高度范围内的顶煤，顶煤放出体发育不完全，顶煤放出体被切割部分占比较大。

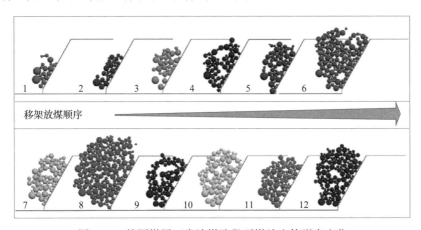

图 5-15 特厚煤层正常放煤阶段顶煤放出体形态变化

如图 5-16(a)所示，将每次放出的顶煤颗粒还原到初始模型上，得到初始模型上各个顶煤放出体形态。可以看出，除初始放煤外，后续移架放煤过程中，顶煤放出体呈向采空区方向倾斜的长条状，且由于在放煤过程中遵循"见矸关门"原则，正常放煤阶段顶煤放出量较少，上位破碎顶煤难以被放出。

第1次放煤
第2次放煤
第3次放煤
……
第12次放煤
第13次放煤

(a) 初始模型上顶煤放出体形态

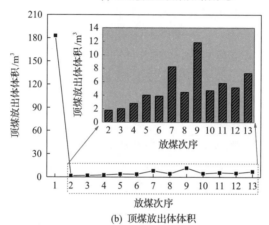

(b) 顶煤放出体体积

图 5-16　特厚煤层综放工作面顶煤放出体形态和体积变化

　　分别统计每个顶煤放出体的体积,其体积变化趋势如图 5-16(b)所示。可以看出,初始顶煤放出体体积最大,达到 180m³。正常放煤阶段顶煤放出体体积迅速减小,第 2 次到第 13 次放煤量如图中红色柱状图所示,顶煤放出体体积呈锯齿状上下波动。其中,第 2 次到第 6 次放煤量较小,这是因为初始放煤量太多,使得煤岩分界面与支架放煤口之间的顶煤颗粒较少,移架后开始放煤见矸较快,放出顶煤颗粒较少,直到第 7 次放煤后,初始煤岩分界面的影响开始减小,放煤量有所增加。

5.2.1.3　煤岩分界面形态

　　图 5-17 显示了整个放煤过程中煤岩分界面形态变化。可以看出,初次放煤后形成的初始煤岩分界面,其左翼变化相对平缓,在后续放煤过程中基本保持不变,右翼由于综放支架的影响,其初始形态较为陡峭,在后续移架放煤过程中变化趋势较为明显。为更加清晰展示煤岩分界面动态演化过程,将 13 次放煤结束后煤岩分界面绘制到一张图中,结果如图 5-18 所示。

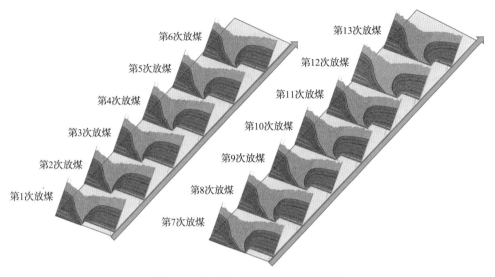

图 5-17　移架放煤后煤岩分界面形态

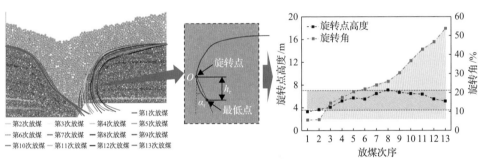

(a) 煤岩分界面形态　　(b) 旋转点高度和旋转角示意图　　(c) 旋转点高度和旋转角变化趋势图

图 5-18　特厚煤层综放开采煤岩分界面形态演化过程

如图 5-18(a) 所示，随着工作面的推进，右翼煤岩分界面上端部分逐渐向着推进方向前移，而下端部分则逐渐由采空区方向转向工作面推进方向。这是因为特厚煤层综放工作面在移架放煤过程中，顶煤放出量较小，主要是放出了下部堆积的破碎顶煤块体(通过 5.2.1.5 节中速度场特征可以验证这一点)，这使得右翼煤岩分界面的下端部分逐渐转向工作面推进方向，且随着推进距离增大煤岩分界面偏转程度得到累积。为进一步定量描述移架后煤岩分界面下端部分偏转程度，分别统计了各煤岩分界面旋转点高度(h_r)和旋转角(α_r)。如图 5-18(b) 所示，以第 7 次放煤结束后煤岩分界面为例，旋转点高度即煤岩分界面旋转点到煤岩分界面最低点的垂直距离 h_r。煤岩分界面旋转角为过煤岩分界面旋转点(原点 O)作垂线，逆时针旋转角度 α_r，此时旋转线刚好经过煤岩分界面最低点，角度 α_r 即为煤岩分界面旋转角的大小。

图 5-18(c)为煤岩分界面旋转点高度及旋转角变化趋势图。可以看出，不同于普通顶煤厚度条件(图 3-67)[6]，随着工作面推进，煤岩分界面旋转点高度整体呈先上升后下降的趋势，而煤岩分界面旋转角则呈逐渐上升的趋势。这是因为在移架放煤过程中，顶煤放出量相对于初始放煤要小很多，主要放出的是下位顶煤，使得旋转角越来越大。而不同推进距离放出的顶煤量存在上下浮动，这造成了旋转点位置出现上升下降不断变化的情况，从整体上看，旋转点的位置基本位于支架上方一倍支架高度范围内。

5.2.1.4 顶煤回收率变化

1)初次见矸条件下顶煤回收率

顶煤放出体和煤岩分界面互相作用直接决定了顶煤回收率大小。本次试验中共移架 12 次，每个移架步距的顶煤回收率，可以由该步距内放出的顶煤颗粒体积除以总体积求得。图 5-19 为每个移架步距的顶煤回收率变化趋势。可以看出，由于初始放煤量较大，且初始顶煤放出体具有向支架上方超前发育的趋势，使得前 3 个移架步距内顶煤回收率较大，达到 85%以上。而后续移架放煤时，第 7 个至第 12 个移架步距内的顶煤回收率则大大降低，约 40%；根据顶煤放出体向采空区方向倾斜的形态，以及放出体和煤岩分界面互相作用结果，若继续进行移架放煤操作，第 13 个及以上移架步距内顶煤回收率会有所提升，但还是有比较多的上位顶煤留在采空区无法放出。

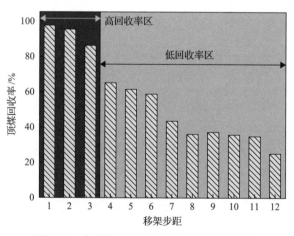

图 5-19　各移架步距内顶煤回收率变化规律

2)过量条件下顶煤回收率

为提高工作面顶煤回收率，现场综放工作面一般会采取过量放煤操作。因此，为研究过量放煤中顶煤回收率及含矸率的关系，本节选择第 7 个移架后的模型进行过量放煤操作。定义纯煤回收率 r_c 为第 7 个移架步距内放出的顶煤体积除以第 7 个移架步距内顶煤总体积；原煤回收率 r_{cg} 为第 7 个移架步距内放出的顶煤体积和矸石体积除以第 7 个移架步距内顶煤总体积；含矸率 r_g 为原煤中混入的矸石体积除以放出的煤矸体积：

$$r_c = \frac{V_c}{V_0} \tag{5-9}$$

$$r_{cg} = \frac{V_c + V_g}{V_0} \tag{5-10}$$

$$r_g = \frac{V_g}{V_c + V_g} \tag{5-11}$$

式中，V_c 为放出顶煤颗粒体积，m^3；V_g 为放出矸石颗粒体积，m^3；V_0 为一个移架步距内所有放出颗粒体积，m^3。

图 5-20(a) 为初次见矸时放出体形态，此时顶煤放出体体积较小，纯煤回收率约为 34%，见矸点位于放出体下端部分。如图 5-20(b) 所示，随着过量放煤，顶煤放出量迅速增加，当含矸率为 5.8% 时，纯煤回收率达到 84.5%，但矸石主要来自放出体下端部分；图 5-20(c) 显示，继续过量放煤，纯煤回收率增长速率降低，当含矸率为 10.8% 时，纯煤回收率达 101.1%，此过程中见矸点位置发生了改变，放出体中部位置的矸石流出放煤口；继续过量放煤时，两曲线间隔增大，说明含矸率迅速增加，但纯煤回收率增长速度开始减慢，如图 5-20(d) 所示。因此，在实际工作面建议当含矸率达 10% 左右时，即刻停止放煤有利于增加工作面顶煤回收率，且选矸成本较低。

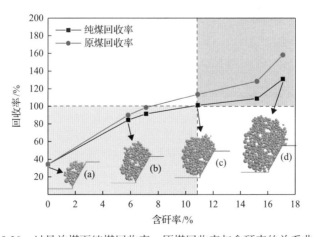

图 5-20 过量放煤下纯煤回收率、原煤回收率与含矸率的关系曲线

5.2.1.5 运移场及速度场特征

1)运移场特征

为研究顶煤颗粒在流动过程的运移场特征，从放煤口中心处出发，在顶煤放出体边界上每隔 20°选取一个研究颗粒，总共选出 6 个颗粒作为研究对象，这些颗粒的编号及初始位置如图 5-21(a)所示。在放煤过程中分别监测这 6 个颗粒的运移路径，并进行实时记录，结果如图 5-21(b)所示。可以看出，放煤口中心线右侧（支架侧），即支架上方的顶煤颗粒(编号 7939 和 7750)其运动轨迹在流出放煤口之前近似直线，这与文献[3, 7]中颗粒路径的描述基本一致。其中颗粒 7939 基本是沿着通过放煤口中心的直线运移的，而颗粒 7750 由于受到综放支架顶梁阻拦，无法直接沿着向放煤口中心的直线运动，而是首先沿着向支架掩护梁与顶梁交接处运动，达到掩护梁位置后，沿着掩护梁流出放煤口。根据两个颗粒流出放煤口的运动迹线来看，它们受到了放煤口中心线左侧(采空区侧)颗粒的冲击，向着工作面方向继续运动。

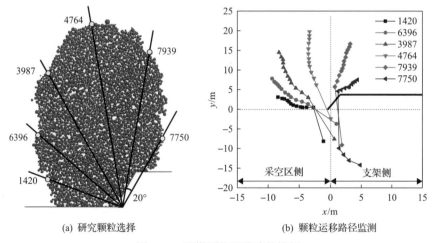

(a) 研究颗粒选择 　　　　(b) 颗粒运移路径监测

图 5-21　顶煤颗粒运移路径特征

采空区侧的顶煤颗粒(编号 1420、6396、3987 及 4764)，其运移路径在流出放煤口之前相对弯曲一些，呈近似抛物线形式，流出放煤口后，其运移路径亦向着工作面方向运动。另外，通过颗粒 7750 的运移路径可以看出，由于顶煤颗粒与支架之间摩擦系数较小，颗粒运动较快，支架侧颗粒首先流出放煤口，即顶煤放出体有向支架上方超前发育的趋势。

图 5-22 为特厚煤层综放开采初始放煤过程中煤矸颗粒运移场。可以看出，煤矸颗粒的位移场以放煤口中心线为界，呈现明显不对称性，中心线左侧颗粒的位移较大。同时，由于顶煤厚度较大，初始放煤影响范围较广，超前放煤口 9m 左右

的顶煤颗粒也发生了移动。

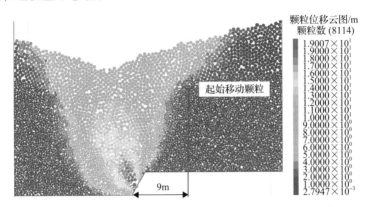

图 5-22 特厚煤层综放开采初始放煤过程中煤矸颗粒运移场

2) 速度场特征

图 5-23 为特厚煤层综放开采初始放煤见矸时煤矸颗粒速度场分布图。图中线段方向表示该颗粒的速度方向，通过线段的颜色可知该颗粒的速度大小。由于远离放煤口位置的顶煤颗粒速度较小，本节只分析了靠近放煤口处的煤矸颗粒速度场分布。通过图例可以看出，此时所有颗粒的最大速度为 2.16m/s，但绝对多数颗粒的速度还是比较小。为更清晰地展示较多颗粒的速度分布，将最大速度设置在 0.1m/s，即速度在 0.1m/s 以上的线段均显示红色。可以看出，由于综放支架的影响，放出口两侧颗粒速度场呈现出明显不对称性，支架侧颗粒速度整体上要大于采空区侧颗粒速度。这是因为颗粒与支架之间的摩擦系数要小于颗粒与颗粒之间的摩擦系数，导致支架侧颗粒的速度明显较大，尤其是支架掩护梁上方的颗粒。同时，放煤口上方的颗粒由于颗粒间互相碰撞，使得速度方向具有随机性，但通过位移场可知，整体上颗粒还是向着放煤口处流动。当颗

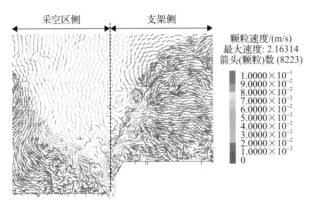

图 5-23 特厚煤层综放开采初始放煤见矸时煤矸颗粒速度场分布图

粒流出放煤口后，颗粒互相之间间距较大，仅受重力作用，颗粒速度迅速增加，速度方向偏向工作面推进一侧。

图 5-24 为正常放煤阶段煤矸颗粒速度场分布图。在工作面后续推进过程中，由于受到煤岩分界面的影响，顶煤放出高度大大减小，顶煤颗粒加速时间大大缩短，较大速度的颗粒范围(红色线段)要远远小于初始放煤过程。另外，在采空区侧，较大速度的颗粒数量相对要多，说明在后续移架放煤阶段，矸石的挤压对放煤过程具有重要作用。

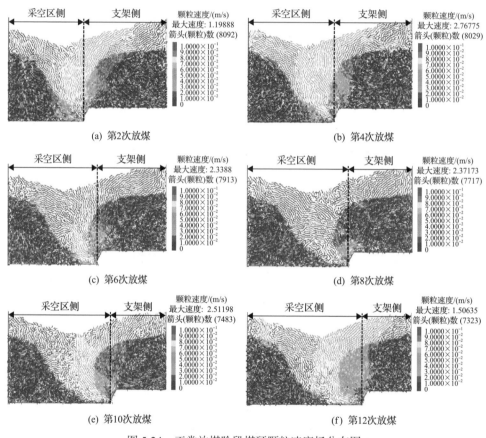

图 5-24　正常放煤阶段煤矸颗粒速度场分布图

总体来说，以放煤口中心线为界，特厚煤层综放工作面速度场和位移场表现出明显不对称性。初始放煤阶段，支架侧的颗粒运移路径呈近似直线形，位移较小，速度较大，较早流出放煤口，有向工作面推进方向超前发育的趋势；采空区侧颗粒运移路径呈近似抛物线形，位移较大，速度较小，但颗粒放出范围大，使得采空区侧顶煤放出量较大。正常放煤阶段，矸石的挤压迫使采空区侧顶煤快速流出放煤口，速度较快，位移量较大，放出顶煤颗粒较多。

5.2.1.6 不同放煤方式下的放煤规律

上述数值模拟试验主要模拟了特厚煤层综放工作面推进方向顶煤放出过程，而工作面布置方向上不同放煤方式下顶煤放出效果有待进一步分析。基于自主研制的三维精细化控制放煤试验平台[8]，利用真实煤样[图 5-25(a)]按照现场实测的顶煤块度分布进行模型铺设。铺设煤层厚度 498mm，直接顶厚度 250mm，矸石颗粒采用直径 5~10mm 的白色石子模拟，每隔 30mm 铺设一层标志颗粒，铺设好的相似模拟试验模型见图 5-25(b)。

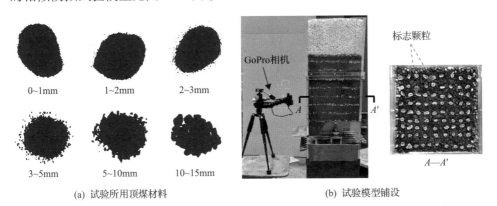

(a) 试验所用顶煤材料   (b) 试验模型铺设

图 5-25 特厚煤层综放工作面相似模拟实验

试验过程中，同样遵循"见矸关门"原则，分别进行了单口顺序放煤、双口顺序放煤及三口顺序放煤三种放煤方案。每次放煤结束后对放出煤量和矸石量进行称重，并记录放出的标志颗粒编号。如图 5-26 所示，在工作面布置方向上，单口顺

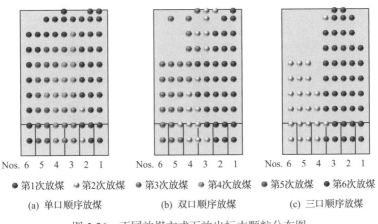

(a) 单口顺序放煤   (b) 双口顺序放煤   (c) 三口顺序放煤

● 第1次放煤 ● 第2次放煤 ● 第3次放煤 ● 第4次放煤 ● 第5次放煤 ● 第6次放煤

图 5-26 不同放煤方式下放出标志颗粒分布图

序放煤时，初始放煤共放出标志颗粒 28 个，主要集中在 1、2 号支架上方，标志点数量从低位到高位逐渐增多，放出体大致呈下窄上宽的椭球体状[图 5-26(a)]。

双口顺序放煤时，初始放煤共放出标志颗粒 34 个，较单口组多出 21.4%，放出标志颗粒分布范围较大，不仅包括 1、2 号支架上方的标志颗粒，还放出了部分 3、4 号支架的中位顶煤，放出体呈现出中部宽，两端窄的特点[图 5-26(b)]。三口顺序放煤时，初始放煤共放出标志颗粒 43 个，较单口顺序放煤多出 53.6%，放出范围最大，但是损失了部分 1、2 号支架上方的高位顶煤[图 5-26(c)]。整个放煤过程中，单口顺序放煤方案共放出标志颗粒 82 个，放出体发育形态最为完整；双口顺序放煤方案共放出标志颗粒 75 个，损失了大量 5、6 号支架上方的高位顶煤，放出体发育形态较不完整；三口顺序放煤方案共放出标志颗粒 67 个，损失了大量 4、5、6 号支架上方的高位顶煤，放出体发育形态最不完整。

图 5-27 为各放煤方案下顶煤放出量对比图。可以看出，在首次开口放煤后，各组后续顶煤放出量均小于首次放煤，但单口顺序放煤、双口顺序放煤后续放出体体积逐渐增加。不同放煤方案下总的放出量呈现：单口顺序放煤≈双口顺序放煤＞三口顺序放煤。这是因为单口顺序放煤能放出相邻支架上方的大部分高位顶煤、部分中位顶煤及少量的低位顶煤；双口顺序放煤则能大范围地放出相邻两支架上方的中位顶煤，使得单口顺序放煤和双口顺序放煤整体顶煤放出量近似相等。三口顺序放煤放出的顶煤基本位于本支架上方，且对高位顶煤的损失较大。总的来说，特厚煤层综放工作面两端头处放煤支架适合单口顺序放煤方式，而工作面中部则适合多口顺序放煤方式，可减小工作面架间损失，提高工作面顶煤回收率和放煤效率。

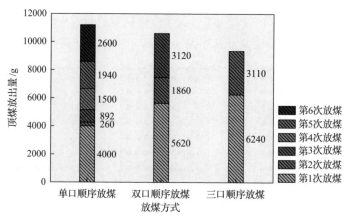

图 5-27　不同放煤方式下顶煤放出量

5.2.1.7　提高特厚煤层顶煤回收率的措施

根据上述特厚煤层综放工作面放煤规律研究，针对性地提出了以下几点提高工作面顶煤回收率的措施。

(1)考虑到特厚顶煤放出体在工作面采空区方向放出顶煤颗粒较多，以及煤岩分界面形态演化特征，建议现场工作面加宽后部刮板输送机，以更大限度回收放出的顶煤；目前该方法已在现场进行了应用，将后部刮板输送机宽度由原先的1342mm 增加至 1542mm，实施效果显著。

(2)PFC^{2D} 数值模拟试验中初始放煤阶段顶煤共成拱 15 次，严重影响放煤效率，因此，为增大放煤口尺寸，提高顶煤放出的流畅程度，除工作面方向进行多口放煤外，在工作面推进方向上应尽可能减小支架掩护梁倾角。

(3)随着洗选设备性能的提高，工作面各支架放煤时适当的过量放煤可大大提高工作面纯煤回收率，当含矸率约为 10%时，顶煤回收率较高，且洗选成本不高，综合效益大大提升。

(4)针对特厚煤层工作面布置方向上不同放煤方式下顶煤放出量情况，建议采用"端头单口放煤+中部多口放煤"的放煤方式，以提高工作面顶煤回收率，具体同时几个放煤口进行放煤，需根据实际工作面条件进行确定。

除上述措施外，作者于 2016 年在国家自然科学基金面上项目（"特厚煤层卸压综放开采基础研究"，51674264)中创造性地提出了 20m 及以上特厚煤层中部卸压综放开采技术，申请并授权了发明专利(201510756361.3)，即首先在特厚煤层中部按照传统长壁综合机械化开采方法预先开采一定厚度，剩余煤层进行综放开采，该种方法即大大降低了顶煤总厚度，又可较好破碎下部和上部顶煤，可有效提高特厚煤层综放工作面顶煤回收率，具体顶煤破碎效果和影响因素见 5.2.2 节详细内容。

5.2.2 卸压综放开采工艺

5.2.2.1 卸压综放开采工艺简介

如图 5-28 所示，将特厚煤层分为 A、B、C 三层，在 B 层布置卸压工作面，采用综采工艺进行回采，该分层回采过程中，C 层煤首先经历采动加载进程，工作面推过后则进入卸载进程，顶煤自行垮落破碎并堆积在 A 层煤上方，然后在覆岩沉降作用下开始承载，进入应力恢复进程(以上煤体破碎为一次破碎)；最后在 A 层布置综放工作面，依靠采煤机割煤回采 A 层煤，依靠放顶煤回采已经垮落破碎在 A 层上方的顶煤 C(此阶段煤体破碎为二次破碎)。该开采技术适用于坚硬特厚煤层或者瓦斯含量大的特厚煤层，依靠中层 B 的开采可实现对硬煤的预破碎或者有效地释放煤层瓦斯。

图 5-28　特厚煤层中部卸压综放开采技术

卸压综放开采顶煤经历了卸压采动、应力恢复再次承载和综放开采冒落放出三个进程，多次扰动影响下顶煤破坏程度高，可以实现 20m 及以上特厚煤层的一次性回采，极大提高了资源开采效率[9]。因此，对特厚煤层中部卸压综放开采进行相关基础理论研究，为未来该类煤层开采的现场技术开发提供基础理论十分必要。

5.2.2.2　卸压综放开采顶煤破碎块度研究

本节以西部某 20m 以上近水平特厚煤层为研究对象，分别对卸压开采阶段和综放开采阶段的顶煤破碎块度进行研究，从而确定顶煤的二次破碎效果。

1) 模型构建及试验过程

选取西部某矿 5# 主采煤层为研究对象，煤层埋深为 524.5～579.6m，平均为552m。煤层倾角为 3°～10°，平均为 6°。煤层平均厚度为 26m，普氏系数为 1.5，综合柱状图如图 5-29 所示。

根据相似原理，通过计算得到模型的各分层高度、合理配比及材料力学性能，初始试验模型如图 5-30 所示。模型铺设完成后，在卸压层上方采用 5cm×5cm 的网格布置 15 行 31 列位移测点，并在边界处留设 15cm 的保护煤柱，以降低开采边界的影响，最后确定卸压层和综放层具体位置及其推进方向(卸压层从左到右，综放层从右到左)。煤层中部卸压层高度设计为 5cm(模拟实际高度 3m)，底部综放层高度设计为 5cm(模拟实际高度 3m)。在卸压工作面推进过程中，使用自制简易液压支架监测支架的承载特性，以及升降架对顶煤(主要为下位顶煤)垮落破碎的影响，其中简易支架顶梁尺寸为：长×宽×厚=0.16m×0.10m×0.01m，在顶梁

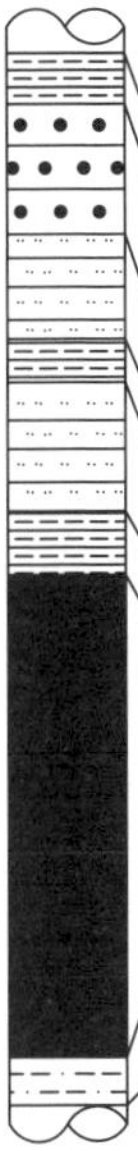

层厚/m	岩石名称	岩性描述
17	泥岩	深灰色、灰黑色泥质，含植物化石碎片
7	粗砂岩	灰白色、浅灰色粗砂岩，具斜层理，夹粉砂岩及泥质条带，成分为石英、长石、云母
6	粉砂岩	含磷铁矿结核及条带，产大量植物化石
2	泥岩	深灰色、灰黑色泥质，含植物化石碎片
7.5	粉砂岩	含磷铁矿结核及条带，产大量植物化石
3	泥岩	深灰色、灰黑色泥质，含植物化石碎片
26	煤5	黑色块状、具贝壳状断口，煤中夹矸较多
3	砂质泥岩	浅灰色及灰黑色砂质泥岩，黑色碳质泥岩夹煤线，含油，顶部0.4m为灰色钙质粉砂岩

图 5-29　煤层综合柱状图

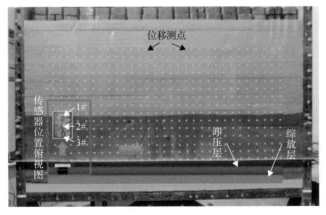

图 5-30　相似模拟初始试验模型

中部等间距依次安装 1#、2#和 3#数据采集器，从而提取不同顶梁位置处的载荷大小。

结合相似理论估算支架载荷为 3.3kN，以支架加载至卸载状态为周期来监测支架阻力，故确定工作面回采工序为：升架—割煤—降架—移架。工作面每次推进约 3m，共推进 22 次。模型开挖过程中采用 GoPro 相机记录模型状态全过程，根据各回采期间模型破坏情况选取若干张照片，并进行时间排序，用于分析顶煤的破碎程度。

2) 卸压开采阶段顶煤破碎块度

如图 5-31(a)所示，当卸压工作面推进到 45m 时，出现第 3 次大面积顶煤垮落破碎现象，根据图 5-31(a)局部放大图，可以统计出已垮落顶煤块体体积分布情况，结果如图 5-31(b)所示。随着顶煤块体体积增大，其所占比例和数量均呈先急剧增大后逐渐趋于稳定的趋势，且在累计块体体积达到 108m³ 时，其所占比例和数量增长较缓慢，这说明体积为 108m³ 以内的顶煤块体比较密集，块体体积累计占比约为 94%，块体数量约为 860 个。

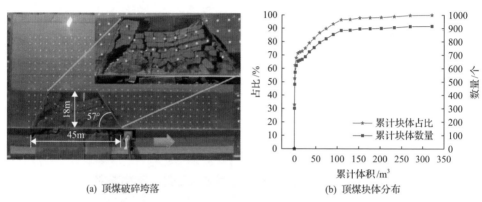

(a) 顶煤破碎垮落 (b) 顶煤块体分布

图 5-31　卸压工作面推进 45m 时顶煤垮落破碎特征

当卸压工作面推进 81m 时，模型开挖完毕，顶煤和顶板垮落空间形态均呈梯形，支架上方形成一条长度约为 18m 且贯穿顶煤和顶板的近竖直裂隙，见图 5-32(a)。顶煤垮落角度为 60°，垮落长度为 81m。顶板垮落角度为 58°，垮落长度为 63m。如图 5-32(b)所示，随着工作面继续推进，顶煤进一步破碎，体积为 108m³ 以内的顶煤块体所占累计比例约为 96%，块体数量约为 1700 个。与

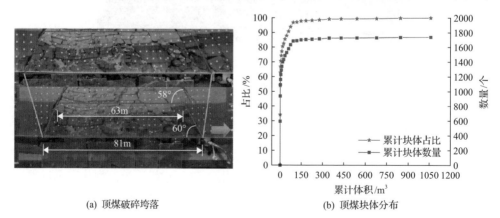

(a) 顶煤破碎垮落 (b) 顶煤块体分布

图 5-32　卸压工作面推进 81m 时顶煤垮落破碎特征

卸压工作面推进 45m 时相比，体积为 108m³ 以内的顶煤块体比例增加了 2%，但块体数量增加了 840 个。

3) 综放开采阶段顶煤破碎块度

如图 5-33(a)所示，当综放工作面推进 10m 时，工作面上方及前方顶煤得到进一步破碎，裂隙发育明显。顶煤随采随冒，形成较小的块体结构，其上部岩层也同步冒落，形成铰接岩块，且出现冒空区。顶煤顶板形成近似直角梯形的垮落空间形态，煤岩分界面模糊，有极少量矸石混入顶煤，顶煤冒落角度大于 90°，冒落长度约为 26m。顶板垮落角度为 90°，垮落长度为 18m。如图 5-34(b)所示，随着顶煤块体体积增大，其所占比例和数量均呈先急剧增大后趋于稳定的趋势，即在累计块体体积达到 22m³ 时，其所占比例和数量趋于稳定，且累计体积达到 108m³ 时几乎包含全部顶煤块体，块体占比约为 99.9%，块体数量约为 4810 个。

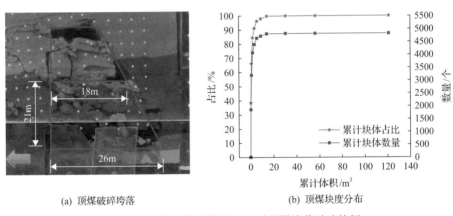

(a) 顶煤破碎垮落   (b) 顶煤块度分布

图 5-33 综放工作面推进 10m 时顶煤垮落破碎特征

图 5-34 为卸压工作面和综放工作面顶煤破碎块度对比图。可以看出，综放开

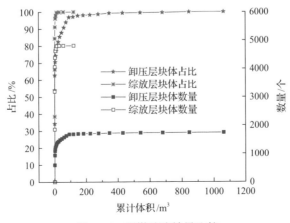

图 5-34 顶煤破碎效果比较

采阶段顶煤块体累计体积约为 119m³，108m³ 以内的顶煤块体最为密集，与卸压完毕相比，块体比例增加了 3.9%，块体数量增加了 3110 个，二次破碎后顶煤块体体积明显变小，较小体积的块体数量明显增多，二次破碎效果显著。

5.2.2.3 顶煤破碎影响因素分析

卸压综放开采技术能否成功实施，实施效果好坏受诸多因素影响，如煤层埋深、卸压层厚度、卸压层位置等，本节分析了其对顶煤破坏效果的影响规律，从而评价不同影响因素下顶煤的冒放性，为顶煤的顺利放出提供依据。

1) 煤层埋深

图 5-35 建立了不同煤层埋深下卸压综放开采数值模型。在上位顶煤中不同位置处布置位移测点 a1、a2、a3，中位顶煤中布置位移测点 b1、b2、b3，下位顶煤中布置位移测点 c1、c2、c3，分析当卸压完毕综放工作面推进 30m 时各测点随时间（模型运算步数）的位移变化规律，从而研究不同埋深下（452m、552m、652m）顶煤的变形及破坏特征。

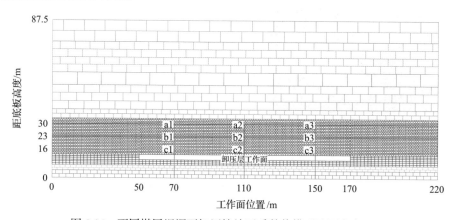

图 5-35　不同煤层埋深下卸压综放开采数值模型及测点布置图

图 5-36 为综放工作面推进 30m 时顶煤随埋深的变形及破坏特征。由测点 a1、b1、c1 的位移可知，随着埋深的增加，顶煤位移越来越大，即顶煤下沉量越来越大，说明顶煤破坏效果越来越好，且在过测点的纵向上，下位顶煤位移＞中位顶煤位移＞上位顶煤位移。

比较工作面中部和右部顶煤中测点位移可知，随着埋深的增加顶煤位移越来越大的规律更加明显，且在纵向上顶煤位移变化规律同样为下位顶煤位移＞中位顶煤位移＞上位顶煤位移。综上，顶煤埋深越深其破坏效果越好，即顶煤冒放性越好。

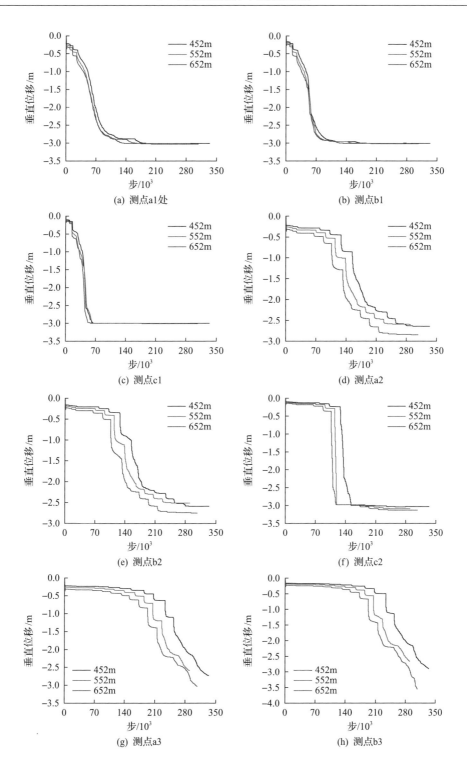

(a) 测点a1处

(b) 测点b1

(c) 测点c1

(d) 测点a2

(e) 测点b2

(f) 测点c2

(g) 测点a3

(h) 测点b3

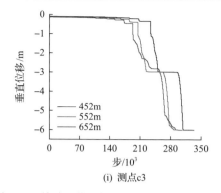

(i) 测点c3

图 5-36　综放工作面推进 30m 时顶煤变形特征

2) 卸压层厚度

图 5-37 建立了不同卸压层厚度(3m、4.6m、6.2m)的数值模型，只改变卸压层厚度。在顶煤不同位置处分别布置测线(红色水平线，使其位于上、中、下位顶煤中)，分析不同卸压层厚度下顶煤的变形及破坏规律。

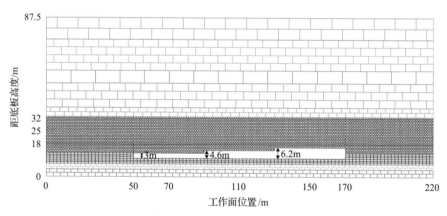

图 5-37　不同卸压层厚度的数值模型及测线布置图

图 5-38 为卸压面开采完毕时顶煤的变形特征。上位顶煤位移随卸压层厚度的增大呈增大的趋势，下位顶煤和中位顶煤变形规律和上位顶煤基本类似，且由于部分顶煤块体的错动堆积，在中位顶煤和下位顶煤中形成了大量的宏观裂隙，且其位移呈锯齿状分布特征，锯齿尖端位移最大，即此处顶煤变形破坏最为严重，能够减轻顶煤的二次破坏难度。

图 5-39 为综放工作面面推进 40m 时工作面周围顶煤的变形特征。可以看出，上位顶煤位移随卸压层厚度增大同样呈增大的趋势，且由于部分顶煤块体的错动堆积，中位顶煤和下位顶煤位移也呈现锯齿状分布特征。

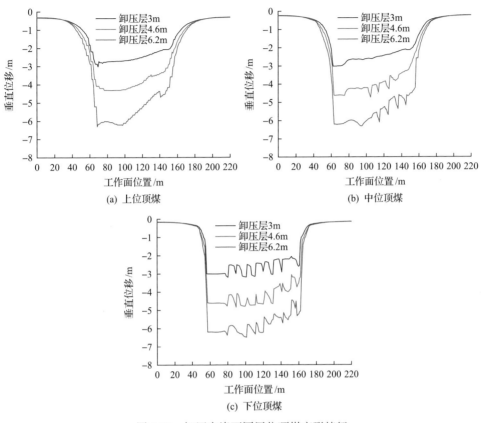

图 5-38　卸压完毕不同层位顶煤变形特征

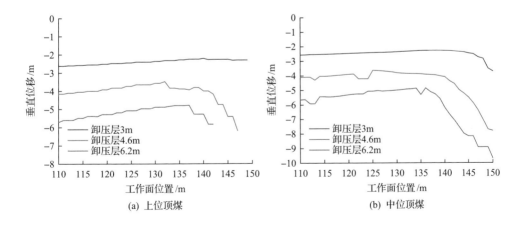

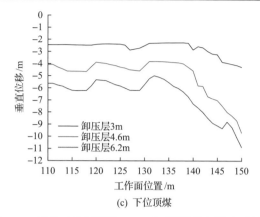

(c) 下位顶煤

图 5-39　综放工作面推进 40m 时不同层位顶煤变形特征

　　因此，无论是卸压开采阶段还是综放开采阶段，顶煤变形破坏特征均表现为随着卸压层厚度的增大其破坏效果越来越好的趋势，即卸压层越厚越有利于顶煤的破碎，顶煤冒放性自然越来越好，但是在工程应用中，应综合考虑其他因素的影响，进而确定最佳的卸压层厚度。

　　图 5-40 为综放工作面推进 40m 时不同卸压层厚度下工作面周围顶煤裂隙场分布特征。可以看出，当卸压层厚度为 3m 时，宏观张开裂隙主要分布在下位顶煤和部分中位顶煤中，上位顶煤以滑移裂隙为主，下位顶煤损伤破碎效果较好。当卸压层厚度为 4.6m 时，宏观张开裂隙主要分布在下位顶煤、中位顶煤和部分上位顶煤中，且以上位置处顶煤损伤破碎效果均较好。当卸压层厚度为 6.2m 时，宏观张开裂隙在顶煤中分布较为均匀且发育充分，基本贯穿至直接顶界面，此时顶煤整体损伤破碎效果均极好，其冒放性也最好。

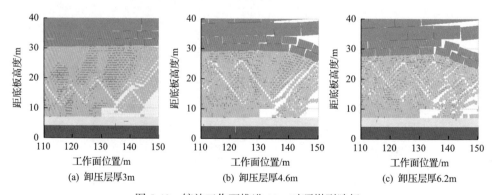

(a) 卸压层厚3m　　　　　　(b) 卸压层厚4.6m　　　　　　(c) 卸压层厚6.2m

图 5-40　综放工作面推进 40m 时顶煤裂隙场

3) 卸压层位置

如图 5-41 所示，建立了不同卸压层位置的数值模型，为了开挖方便及确定模拟结果的准确性，将综放层以上顶煤的块体划分一致，然后改变卸压层位置，分别设置在位置Ⅰ、Ⅱ、Ⅲ处，并在中位顶煤中布置位移测线(红色)。当卸压完毕综放工作面推进40m时，分析卸压层位置对顶煤变形破坏规律的影响。

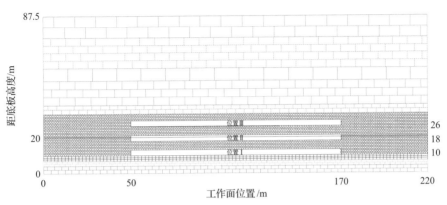

图 5-41　不同卸压位置的数值模型及测线布置图

图 5-42 为卸压层(厚 3.2m)在顶煤不同位置处综放工作面推进 40m 时的顶煤应力场及裂隙场分布特征。可以看出，卸压层在距离模型底部 10m 处顶煤中下部张开裂隙比较发育，破坏效果较好。卸压层在距离模型底部 18m 处顶煤上部张开裂隙比较发育，破坏效果较好。卸压层在距离模型底部 26m 处顶煤以滑移裂隙为主，且工作面前方裂隙顶煤被压实，工作面上方中位顶煤较完整，破坏效果较差。因此，卸压层在位置Ⅰ处顶煤整体破坏效果较好，即冒放性较好。但考虑到布置

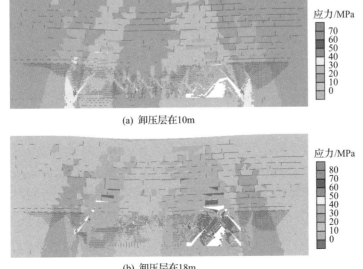

(a) 卸压层在10m

(b) 卸压层在18m

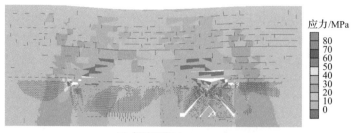

(c) 卸压层在26m

图 5-42　综放工作面推进 40m 时顶煤应力场及裂隙场

综放工作面时顶板较破碎，因此应该在离底煤一定距离处布置卸压工作面，以防在综放开采阶段工作面发生端面冒顶、架间漏冒及煤壁片帮等现象。

如图 5-43 所示，当综放工作面推进 40m 时，顶煤应力随着卸压层位置距底煤距离的增大呈无规则分布的特征，而工作面前方应力越大越有利于顶煤的破坏，因此顶煤的应力分布特征也表明当卸压层在位置 I 处顶煤整体破坏效果较好，即顶煤冒放性较好。

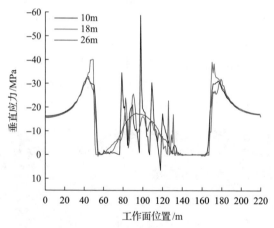

图 5-43　综放工作面推进 40m 时顶煤应力分布特征

4) 支架反复支撑

为分析同一位置支架反复支撑对顶煤的破坏作用，采用小尺度相似模拟试验对相关内容进行研究，模型铺设尺寸长×宽×高为 80cm×12cm×60cm，开挖空间尺寸为 32cm×12cm×20cm。假设模型为实际煤层中的某一范围内的煤体，底端和左右两边为固定位移约束，上端为可加载应力边界条件，铺设完成的实体模型如图 5-44 所示。

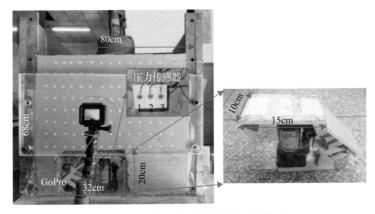

图 5-44 支架反复支撑顶煤初始模型

如图 5-45 和图 5-46 所示，随着加卸载次数的增加，顶煤裂隙条数、长度和张开度逐渐增大。在液压支架第 1 次加卸载后顶煤裂隙分形维数 D 为 2.305，第 3 次加卸载后顶煤裂隙分形维数 D 为 2.380，第 5 次加卸载后顶煤裂隙分形维数 D 为 2.410，说明顶煤裂隙分形维数也随着对顶煤加卸载次数的增加呈现逐渐增大的趋势，即分形维数越大顶煤裂隙越发育且顶煤越破碎。

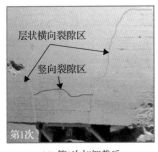

(a) 第1次加卸载后

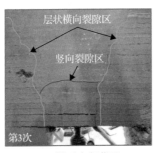

(b) 第3次加卸载后

(c) 第5次加卸载后

图 5-45 顶煤裂隙发育规律

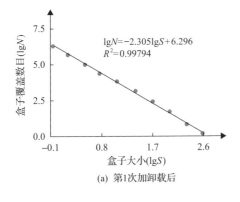

(a) 第1次加卸载后

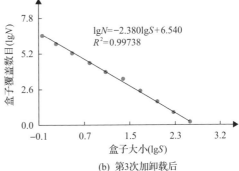

(b) 第3次加卸载后

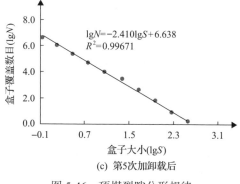

(c) 第5次加卸载后

图 5-46　顶煤裂隙分形规律

5.3　大倾角煤层走向长壁综放开采工艺

综放开采技术除在水平及近水平厚煤层中被广泛应用外，在倾斜、急倾斜等赋存条件复杂厚煤层开采中也得到了应用。图 5-47 为不同工作面倾角 (α) 下综放工作面顶煤回收率变化特征。可以看出，随着工作面倾角增大，顶煤回收率大致呈现先增大后减小的趋势。当 $0° \leqslant \alpha \leqslant 25°$（近水平、缓倾斜）时，工作面倾角的存在有利于上端头顶煤的放出，放出煤量较水平煤层大，其顶煤回收率大于水平条件下的顶煤回收率（图中红色虚线所示）；当 $\alpha > 25°$（倾斜、急倾斜）时，普通的上行放煤方式会导致放煤不均衡且下端头煤损急剧增大，其顶煤回收率低于水平条件下的顶煤回收率。因此在现场生产中，应当对倾斜煤层，尤其是大倾角煤层综放开采放煤工艺进行针对性地优化，以提高大倾角煤层条件下放煤均衡性和顶煤回收率[10, 11]。

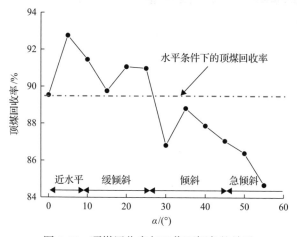

图 5-47　顶煤回收率与工作面倾角的关系

5.3.1 动态分段放煤工艺

针对大倾角综放工作面开采过程存在的问题，结合大倾角煤层综放工作面煤矸运移规律，作者研究团队针对性地开发了大倾角厚煤层走向长壁综放开采的"下行动态分段、段内上行放煤"的采放工艺[12, 13]，以下简称动态分段放煤工艺。该工艺主要包括：采煤机自上而下割煤；自上而下移架；自上而下动态分段，每个放煤分段内自下而上放煤；自下而上整体推移前刮板输送机和拉移后刮板输送机。自上而下动态分段是指根据煤岩分界面和顶煤放出体形状，确定每个分段内的支架数量，如图 5-48 所示。

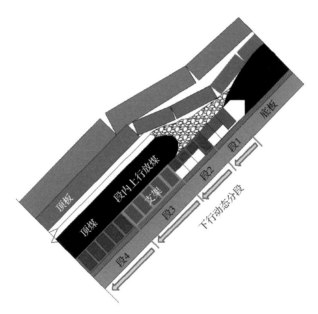

图 5-48 动态分段放煤工艺示意图

动态分段放煤工艺发挥了大倾角厚煤层走向长壁放顶煤开采的优势，在大倾角煤层条件下使用该工艺可以实现工作面的均衡放煤，提高综放设备防滑性能，提高综放工作安全性，提高顶煤回收率和资源利用率。为揭示该放煤方式的优越性，本节以淮北矿业邹庄煤矿 7401 工作面为工程背景，深入研究了动态分段放煤工艺的放煤规律。

5.3.2 试验工作面概况

淮北矿业邹庄煤矿 7401 工作面主采 72 煤层，72 煤层赋存条件复杂，煤层倾角大，煤质松软、易燃，瓦斯含量高，变异系数大。井田范围大致为走向南北、向西倾斜的单斜构造，大部分煤层厚度在 6～8m，普氏系数为 0.1～0.3。7401 工作面走向长度为 1810m，倾斜宽度为 101m，平均煤厚约 6.8m，平均倾角约 42°，采用走向长壁综合机械化放顶煤开采，采高 2.3m，放煤高度 4.5m，采放比为 1：1.96。7401 工作面煤层顶底板基本情况见表 5-6。

表 5-6　7401 工作面煤层顶底板基本情况

顶底板名称	岩石名称	厚度/m	岩性特征
基本顶	粉砂岩	$\dfrac{5.12\sim11.40}{7.63}$	深灰色，块状，性脆，具有少量植物化石。RQD=44%
直接顶	泥岩	$\dfrac{0.70\sim7.12}{3.56}$	深灰色，局部含砂质，含丰富的植物化石碎片，摩擦痕较发育，薄层状—中厚层状
直接底	泥岩	$\dfrac{2.10\sim8.34}{5.36}$	深灰色，块状，均匀层理，含大量植物化石碎片，局部见滑面
基本底	粉砂岩	$\dfrac{0.52\sim4.82}{2.17}$	深灰色，块状，平坦状断口，见有植物化石，致密

注：$\dfrac{5.12\sim11.40}{7.63}$ 为 $\dfrac{厚度范围}{厚度平均值}$；RQD 为岩石质量指标。

5.3.3　段内支架合理数量分析

段内支架数量的不同，会造成综放工作面放煤规律差异。为从理论上分析段内支架数量的合理值，首先建立了综放开采放出体简化模型，如图 5-49 所示。一次松动是指顶煤在支架活动和放煤口开启过程中发生的破碎，所以顶煤放出体高度应等于顶煤厚度（初始放煤）；二次松动是指放出体流出过程中周边破碎顶煤和破

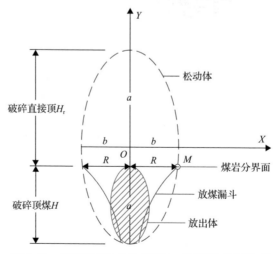

图 5-49　综放开采放出体模型中三要素的几何关系

碎直接顶对放出区域进行递补时发生的破碎，所以松动体的高度应等于顶煤和直接顶的厚度之和。

如图 5-49 所示，综放开采放出体模型主要包括放出体、松动体和放煤漏斗三要素，若以松动体的几何中心为原点建立坐标系，欲求得放煤漏斗半径，则还需要一个点坐标。根据以往研究结果，放煤漏斗的边界点 M 是煤岩分界面上第一个开始发生位移的点，所以它也是松动体边界上的一个点，其坐标应该满足松动体方程。

以松动体的几何中心为原点建立直角坐标系，得到松动体的方程式为

$$\frac{Y^2}{a^2} + \frac{X^2}{b^2} = 1 \tag{5-12}$$

松动体长半轴和短半轴的长度分别为 a 和 b，与离心率 e 的关系为

$$e = \sqrt{1 - \frac{b^2}{a^2}} \tag{5-13}$$

根据二次松动的发生机理，松动体的长轴等于顶煤和直接顶的厚度之和：

$$2a = H + H_r \tag{5-14}$$

变换公式(5-13)、式(5-14)并代入式(5-12)可得

$$Y^2 + \frac{X^2}{1 - e^2} = \left(\frac{H + H_r}{2}\right)^2 \tag{5-15}$$

将点 $M\left(R, \frac{H - H_r}{2}\right)$ 代入式(5-15)解得

$$\left(\frac{H - H_r}{2}\right)^2 + \frac{R^2}{1 - e^2} = \left(\frac{H + H_r}{2}\right)^2 \tag{5-16}$$

$$R = \sqrt{(1 - e^2) HH_r} \tag{5-17}$$

根据 BBR 体系，提高顶煤回收率、降低含矸率，应尽可能地扩大顶煤放出体与煤岩分界面的相切范围。但在工程实际中放出体和煤岩分界面的形态受顶煤厚度、直接顶厚度、煤岩体物理力学性质、支架掩护梁参数等多方面的影响，很难实现两者在空间上的重合。所以在当前研究阶段，认为当顶煤放出体的中轴线远离放煤漏斗边界，即先后两次放煤的支架中心距大于等于放煤漏斗半径时，更有利于顶煤的充分放出。式(5-18)解释了放煤漏斗半径 R 和段内支架数量 N 之间的关系：

$$R \leqslant (N+1) d \tag{5-18}$$

联合式(5-17)和式(5-18)可得合理段内支架数量 N 的确定公式：

$$N \geqslant \frac{\sqrt{(1-e^2) H \cdot H_r}}{d} - 1 \tag{5-19}$$

式中，H 为顶煤厚度，m；H_r 为直接顶厚度，m；e 为离心率；d 为支架中心距，m。

若在大倾角煤层综放工作面，则式(5-19)变化为

$$N \geqslant \frac{\sqrt{(1-e^2) H \cdot H_r}}{d \cos \alpha} - 1 \tag{5-20}$$

将 7401 工作面参数 H=4.5m，H_r=3.56m，e=0.5，d=1.5m，α=42°代入式(5-20)得

$$N \geqslant 2.2 \tag{5-21}$$

因此，取整数后可以得出，当段内支架数不小于 3 时，该综放工作面顶煤回收率较高。为进一步确定合理段内支架数量，并分析动态分段放煤工艺下煤岩分界面形态、顶煤回收率、力链场及位移场等变化特征，在 5.3.4 节中进行了离散元数值模拟。

5.3.4　动态分段放煤数值模拟

5.3.4.1　PFC^{2D} 模型建立

如图 5-50 所示，以 7401 工作面地质条件为背景，建立 PFC^{2D} 数值计算初始模型。模型中工作面高度为 2.3m，倾斜长度为 106m，共有 61 架放煤支架(中心距为 1.5m)和 9 架过渡支架(中心距为 1.65m)。

放煤支架采用球单元黏结而成，中间有可监测顶板及侧护板受力的墙单元，过渡支架直接采用墙单元来模拟。模拟顶煤(黑色颗粒)厚度为 4.5m，模拟直接顶(蓝色颗粒)厚度为 3.56m，工作面倾角为 42°。同时，为减小模型运算强度且较为准确地还原支架在上覆岩层载荷作用下的受力状态，在模拟中采用将基本顶及上覆岩层(白色颗粒)的厚度缩小为原厚度的 0.25，同时将基本顶颗粒密度增加为原密度的 4 倍的方法，加快了模型运算速率。模型中煤矸颗粒基本力学参数见表 5-7。

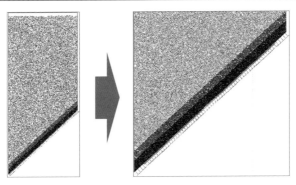

图 5-50 7401 工作面初始模型

表 5-7 模拟颗粒基本力学参数

材料	密度 ρ/(kg/m^3)	颗粒半径/m	法向刚度 k_n/(N/m)	剪切刚度 k_s/(N/m)	摩擦系数
煤	1500	0.05～0.20	2×10^8	2×10^8	0.7
直接顶	2500	0.20～0.30	4×10^8	4×10^8	0.7
基本顶及覆岩	10000	0.30～0.40	4×10^8	4×10^8	0.7

为研究动态分段放煤方式下的放煤规律，以及其相对于从下往上单口顺序放煤方式的优势性，并且确定基于 7401 工作面赋存条件的最佳分段长度，共设计了 5 种模拟方案，见表 5-8。

表 5-8 模拟方案

方案	分段长度	放煤支架顺序
1	3 个支架	(59-60-61)-(56-57-58)-····-(2-3-4)-1
2	4 个支架	(58-59-60-61)-(54-55-56-57)-····-(2-3-4-5)-1
3	5 个支架	(57-58-59-60-61)-(52-53-54-55-56)-····-(2-3-4-5-6)-1
4	6 个支架	(56-57-58-59-60-61)-(50-51-52-53-54-55)-····-(2-3-4-5-6-7)-1
5	不分段	1-2-3-4-5-6····56-57-58-59-60-61

表 5-8 中"()"表示括号内的支架为一个分段，按从下端头向上端头的放煤顺序进行放煤，整体上从上端头向下端头动态放煤，保证工作面设备稳定性。方案 5 为对照组，工作面采用从下端头向上端头单口顺序放煤方式。

5.3.4.2 不同方案顶煤回收率对比

如图 5-51 所示，5 种方案放煤结束后，分别统计每次放煤过程的顶煤放出量大小。为简化计算并充分反映不同分段长度下放煤规律，选取 16 个支架范围(图 5-51 中两条黑色实线之间的范围)内放出颗粒进行顶煤回收率分析，结果见表 5-9 和图 5-52。

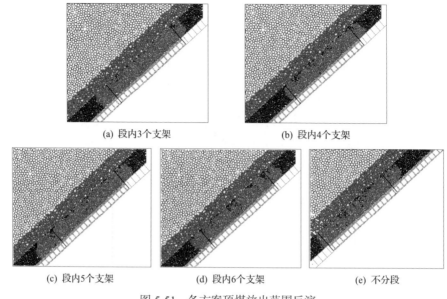

(a) 段内3个支架　　　　　　　　　　(b) 段内4个支架

(c) 段内5个支架　　　　(d) 段内6个支架　　　　(e) 不分段

图 5-51　各方案顶煤放出范围反演

表 5-9　各方案顶煤回收率计算结果

分段长度	放出顶煤颗粒数/个	顶煤颗粒总数/个	顶煤回收率/%	工作面上端头测量范围外放出顶煤颗粒数/个
3 个支架	1569	1618	96.97%	170
4 个支架	1500	1618	92.71%	155
5 个支架	1537	1618	94.99%	233
6 个支架	1463	1618	90.42%	217
不分段	1466	1618	90.61%	406

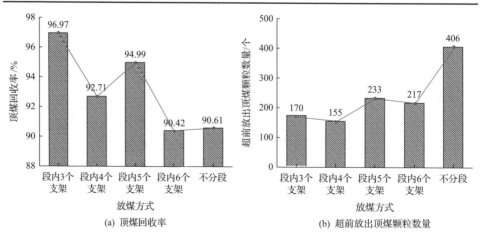

(a) 顶煤回收率　　　　　　　　　　(b) 超前放出顶煤颗粒数量

图 5-52　各方案放煤结束后顶煤放出量变化

可以看出，段内 3 个支架放煤方式下顶煤回收率最大，为 96.97%，段内 6 个支架放煤方式下顶煤回收率最小，为 90.42%，而对照组不分段放煤方式与段内 6 个支架放煤方式的顶煤回收率相差较小。同时，通过对比动态分段放煤方式下 4 种方案结果发现，段内奇数个支架的顶煤回收率相对要比段内偶数个支架的顶煤回收率高。另外，段内支架个数较大时(5 个、6 个)，工作面上端头位置超前放出顶煤量较大(大于 200 个)，尤其是不分段情况下(相当于段内 61 个支架)，上端头超前放出顶煤量最大(大于 400 个)，极不利于上端头侧支架稳定性。

5.3.4.3　残煤空间分布规律

图 5-53 为各方案放煤结束后残煤分布图，图中空白区域为放出的顶煤颗粒删除后的效果。可以明显看出，段内 6 个支架和不分段两种方式的残煤量较大，主要是工作面中部的部分中上位顶煤难以放出，使得工作面顶煤回收率较低。因此，综合考虑工作面顶煤回收率、放煤量均衡性及残煤分布情况，建议 7401 工作面选用段内 3 个支架长度的动态分段放煤工艺进行操作。

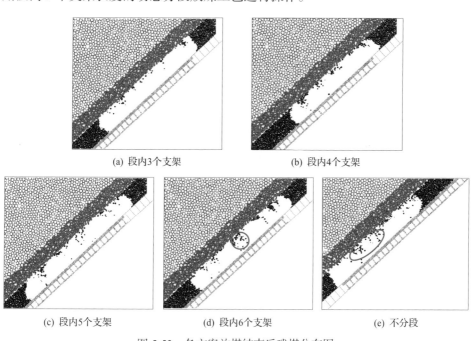

(a) 段内3个支架　　　　　　　　　　　　(b) 段内4个支架

(c) 段内5个支架　　　　　(d) 段内6个支架　　　　　(e) 不分段

图 5-53　各方案放煤结束后残煤分布图

5.3.4.4　煤岩分界面形态

图 5-54 分析了不同方案下工作面煤岩分界面形态变化，方案 1～方案 4 分别选取了 2 个分段内首尾架放煤后煤岩分界面形态作为研究对象，方案 5 均匀选取

了 4 个放煤状态作为研究对象。

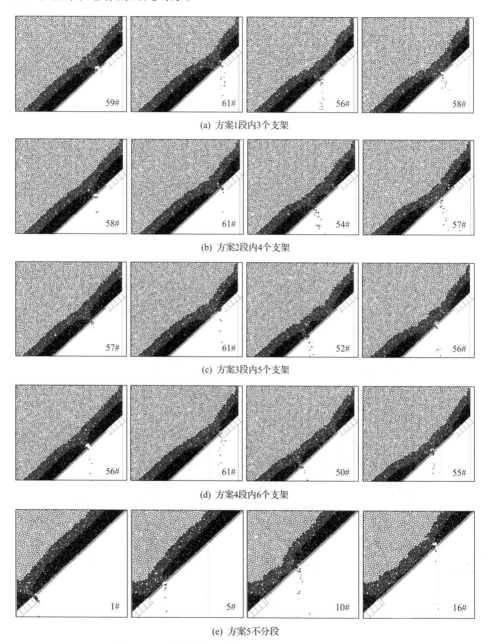

(a) 方案1段内3个支架

(b) 方案2段内4个支架

(c) 方案3段内5个支架

(d) 方案4段内6个支架

(e) 方案5不分段

图 5-54　不同方案下放煤过程中煤岩分界面形态变化

图 5-54(a)为段内 3 个支架放煤方式下煤岩分界面形态变化。初始放煤时，由于重力作用，煤岩分界面右翼形态更加向放煤口中心线倾斜，而煤岩分界面左翼

则是较为平滑地向下端头方向发育。第一分段放煤过程中左翼煤岩分界面变化不明显，而右翼煤岩分界面则是逐渐向工作面上端头方向发展。第二分段放煤过程中，左翼煤岩分界面同样变化较小，右翼煤岩分界面则呈山脊形（圆弧形），随着分段内其他支架逐渐向上端头方向放煤，山脊逐渐减小。

图 5-54(b)为段内 4 个支架放煤方式下煤岩分界面形态变化。随着分段内支架个数增多，右翼煤岩分界面发育范围变大，即工作面上端头超前放煤范围变大，支架稳定性变差。另外，第二分段放煤过程是在第一分段左翼煤岩分界面包络下进行的，因此，第一分段存在的残煤在第二分段放煤过程中也无法放出，同样地，第二分段的残煤在后续分段放煤过程中也无法放出，形成永久煤损。

图 5-54(c)为段内 5 个支架放煤方式下煤岩分界面形态变化。工作面上端头超前放煤范围变得更大，两分段放煤结束后，上端头侧遗留的顶煤颗粒明显减少。随着段内支架数量的增加，山脊形的煤岩分界面范围扩大。

图 5-54(d)为段内 6 个支架放煤方式下煤岩分界面形态变化。第二分段初始放煤后，山脊形右翼煤岩分界面跨度较大，在后续放煤过程中较难全部被放出，残煤较多。

图 5-54(e)为不分段放煤方式下煤岩分界面形态变化。可以看出，初始放煤后，左翼煤岩分界面基本没有变化，右翼煤岩分界面随着放煤过程逐渐向上端头方向发育。相比于动态分段放煤工艺，右翼煤岩分界面较偏离放煤口中心线，向上端头超前发育趋势非常明显。

5.3.4.5　放煤均衡性分析

图 5-55 为 5 个方案下不同支架放煤步数统计图。可以看出，段内 3 个支架放煤方式下，每段内第一架放煤时放煤步数最多，但基本少于 10×25000 步，且放煤周期性较好，放煤工人可规律性进行放煤操作。而段内 $4 \sim 6$ 个支架，最大放煤步数超过 10×25000 步的次数明显增多，每段放煤过程中初始放煤的步数也增加，放煤步数(时间)周期性不显著，均衡性较差。

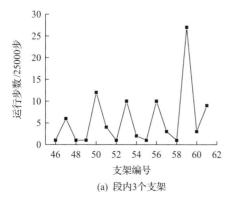

(a) 段内3个支架

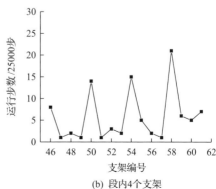

(b) 段内4个支架

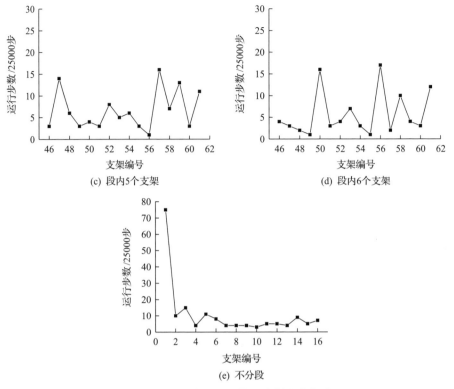

图 5-55　各方案不同放煤口放煤步数统计

5.3.4.6　力链场演化

PFC^{2D}模拟的颗粒间互相作用力,决定了颗粒的运移路径及速度大小,最终反映在顶煤放出量方面。因此,分析不同方案下力链场变化意义重大。图 5-56(a)为段内 3 个支架放煤过程中力链场变化。可以看出,顶煤放出过程中,颗粒间接触力减小,使得放煤口附近形成了弱力链区(蓝色线条区域),弱力链区的存在使得支架顶梁受力减小,容易发生倒架咬架现象。同时,上覆岩层中分布着强力链区(红色线条区域),强力链区有利于支架稳定性,随着放煤区域的扩大而逐渐减少。如图 5-56(b)所示,段内 4 个支架的弱力链区范围较段内 3 个支架要大,说明煤岩分界面发育范围更大,即颗粒运移范围更大,第二分段该特征更加明显。图 5-56(c)和(d)分别为段内 5 个支架和段内 6 个支架放煤过程中的力链场变化。段内 5 个支架和段内 6 个支架放煤的工作面上端头强力链区范围大幅度减少,说明工作面顶煤间互相作用力减小,设备维护困难程度增加。图 5-56(e)显示,不分段放煤方式下,从下往上颗粒被放出后,强力链区遭到严重破坏,支架不稳定范围较大;随着放煤过程逐渐向上移动,下端头的强力链区逐渐恢复,颗粒间互相作用加大。

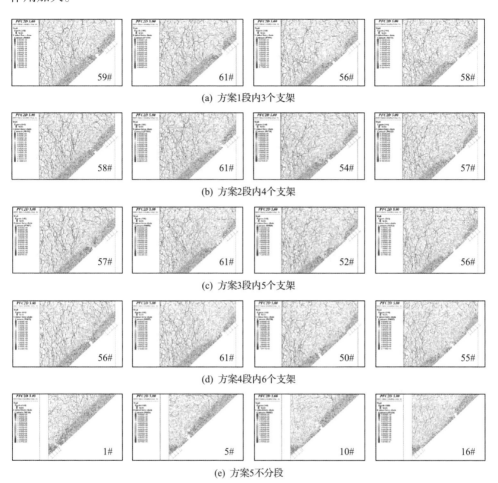

(a) 方案1段内3个支架

(b) 方案2段内4个支架

(c) 方案3段内5个支架

(d) 方案4段内6个支架

(e) 方案5不分段

图 5-56　各方案放煤过程中力链场变化

5.3.4.7　位移场分析

通过对比动态分段放煤工艺与从下到上单口顺序放煤工艺下颗粒的位移场特征，进一步分析了前者的优势性。图 5-57(a) 为段内 3 个支架工作面顶煤颗粒位移场。可以看出，初始放煤时，放煤口两侧位移场呈非对称性，远离放煤口附近的顶煤颗粒运移较小，而侵入煤层中直接顶颗粒的位移相对大很多，可以较明显地反映出煤岩分界面范围。图 5-57(b) 显示，与段内 3 个支架相比，主要区别在于第二分段放煤过程中，下端头方向顶煤颗粒位移较小，因此，放出的顶煤颗粒量要小。同时可以发现，第一分段放煤结束后，在第二分段放煤过程中，第一分段内的顶煤颗粒位移场变化不明显，这在动态分段放煤工艺中是共同的特征。

图 5-57(c)和(d)分别为段内 5 个支架和 6 个支架工作面顶煤颗粒位移场。可以看出，上端头侧顶煤颗粒的位移场明显大于段内 3 个支架和段内 4 个支架的颗粒位移，说明上端头侧顶煤放出量明显增多。从图 5-57(e)可以看出，相比于动态分段放煤工艺，上端头颗粒移动范围影响较大，不利于工作面的整体稳定性，而且随着放煤过程逐渐向上端头移动，上端头颗粒超前流动的范围一直在扩展，使得上端头支架稳定性较差。

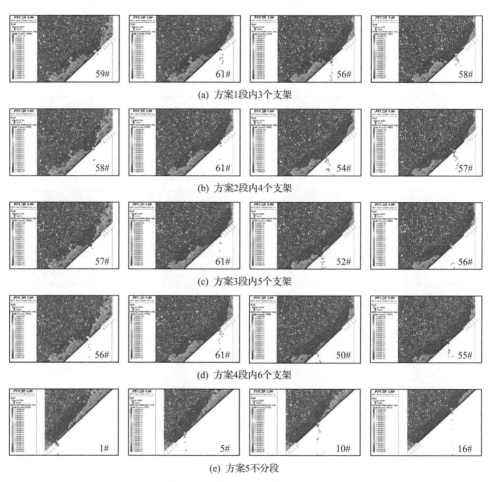

(a) 方案1段内3个支架

(b) 方案2段内4个支架

(c) 方案3段内5个支架

(d) 方案4段内6个支架

(e) 方案5不分段

图 5-57　各方案放煤过程中顶煤颗粒位移场变化

5.4　急倾斜煤层水平分段综放开采工艺

急倾斜煤层水平分段综放开采技术是急倾斜厚及特厚煤层的主要开采方法，从 20 世纪 80 年代末开始，在甘肃窑街、吉林辽源、新疆乌鲁木齐等矿区先后进行了急倾斜煤层水平分段综放开采的应用和研究。掌握放煤规律和提高顶煤回收率是该技术的核心研究内容之一，本节基于 BBR 体系，采用数值模拟和物理模拟相结合的方法，对急倾斜煤层水平分段综放工作面合理分段高度、巷道位置、采放工艺等进行深入研究。

5.4.1 合理分段高度确定

急倾斜煤层水平分段综放工作面长度受煤层厚度的限制，因而提高顶煤分段高度 (H_s) 是提高单位推进度煤炭产量、降低掘进成本和百万吨掘进率的重要途径。但是段高过大是否会影响顶煤的放出过程及顶煤回收率、是否能够达到规程要求，是值得研究的一个重要问题。

如图 5-58 所示，模拟了不同分段高度下顶煤放出试验，待工作面所有支架放煤结束后，统计该分段总体的放煤量和残煤量，再根据原始顶煤总量，计算该分段的顶煤回收率。可以看出，放煤量和残煤量均随分段高度的增大而增大，但两者在不同阶段的增大速率呈现出不同的特征。在分段高度增大的初期（9.4m≤H_s≤16m），放煤量的增大速率大于残煤量的增大速率，这说明在该区间内增大分段高度有利于放煤量的增加；随着分段高度继续增大（18.2m≤H_s≤24.8m），放煤量的增大速率逐渐减小，且小于残煤量的增大速率，说明在该区间内继续增大分段高度会使残煤量急剧增加，造成较大的煤损。

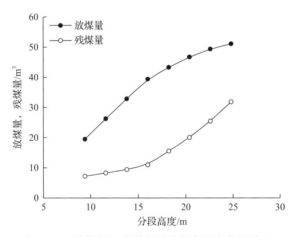

图 5-58 放煤量和残煤量随分段高度变化的关系

图 5-59 显示了顶煤回收率随分段高度的增大呈先增大后减小的趋势，结合图 5-58 可知，这正是放煤量和残煤量增大速率的差别在顶煤回收率变化上的体现。故从顶煤回收率的角度来看，分段高度的增大存在一临界值，超过该临界值后，顶煤回收率随分段高度的继续增大而减小。由图 5-59 可知，该临界值出现在 13.8～17.2m。故在满足放顶比（放煤高度与顶煤厚度之比）不小于 0.5 的前提下[14, 15]，使顶煤回收

率达到最大的水平分段综放开采合理分段高度取值范围为 $13.2\text{m}<H_s\leqslant16.2\text{m}$。

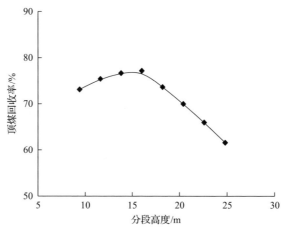

图 5-59　顶煤回收率随分段高度变化的关系

考虑到分段高度较低时，可能会导致开掘巷道的数量和掘进成本增加，故在以上合理分段高度取值范围内，应取其大值。

5.4.2　合理巷道位置确定

以江仓一号矿井 11220 急倾斜工作面所在片盘为背景建立三段水平综放模型，分别分析不同巷道位置对顶煤回收率和残煤形态的影响，综合考虑煤炭回收率和岩石巷道掘进率，最终确定合理巷道位置，为生产现场科学放矿提供依据[16]。

5.4.2.1　工程概况

江仓一号矿井位于青海省刚察县，矿区构造较简单，全矿井划分为两个水平五个采区，每个采区采用片盘式开采，每片盘垂高 50m，用石门穿通各煤层。11220 工作面位于一采区+3650 区段轨道石门以东，为东西两个露天矿坑之间的煤柱工作面，开采分层高度为 17m，分层底高为+3657m，工作面可采走向长度 123m，宽度 25m，平均倾角约 55°，工作面顶底板赋存条件见表 5-10。工作面采用

表 5-10　煤层赋存条件

顶板名称	岩石名称	水平厚度/m	岩性特征
基本顶	细砂岩	33.8	钙铁质细砂岩
直接顶	泥岩	31.3	砂质泥岩
煤		25.0	
直接底	泥岩	2.0	碳质泥岩
基本底	粉砂岩	23.9	钙质粉砂岩

ZFG6000/17/32 型过渡液压支架 2 副，ZF5600/16/30 型中间液压支架 12 副，架宽 1.5m，MG300/355-NWD 型短臂采煤机 1 台，机采采高 2.8m，放顶高 14.2m，采放比为 1∶5。

5.4.2.2 数值模型建立及方案设计

为模拟不同巷道位置情况下顶煤放出过程，根据表 5-10 的煤层赋存条件，建立了 11220 工作面所在片盘的整体模型，如图 5-60 所示，模型尺寸为 102m×50m，各煤岩层颗粒具体力学参数见表 5-11。

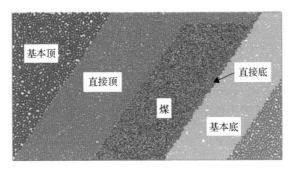

图 5-60　模型初始状态

表 5-11　模型颗粒力学参数

材料	密度 ρ/(kg/m³)	半径 R/mm	法向刚度 k_n/(N/m)	剪切刚度 k_s/(N/m)	摩擦系数
基本顶	2650	400～500	$4×10^8$	$4×10^8$	0.4
直接顶	2500	200～300	$4×10^8$	$4×10^8$	0.4
煤	1500	100～200	$2×10^8$	$2×10^8$	0.4
直接底	2500	200～300	$4×10^8$	$4×10^8$	0.4
基本底	2600	400～500	$4×10^8$	$4×10^8$	0.4

模型建立后，对其进行初始化，墙体作为模型外边界，速度和加速度均设为 0，为固定边界；颗粒初速度设为 0，仅受重力作用，重力加速度为 9.81m/s²。

根据 11220 工作面所在片盘分段情况，整个模型分三段进行综放开采，第一分段 16m，第二和第三分段均为 17m。在工作面宽度一定的条件下，工作面两巷位置的选择对顶煤回收率影响很大，因此本模拟通过改变巷道位置来重点回收靠近底板处的顶煤，减少底板煤损。如图 5-61 所示，根据底板巷道断面煤岩比（巷道断面中掘煤与掘岩面积比）及底板距 x（以煤层底板为 O 点，以底板方向为 x 轴正方向，巷道左下角 A 点到煤层底板 O 点的距离 x）模拟了底板巷道由全煤巷道逐渐变为全岩巷道的 5 种情况，具体参数见表 5-12。

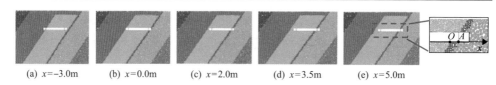

(a) x=-3.0m　　(b) x=0.0m　　(c) x=2.0m　　(d) x=3.5m　　(e) x=5.0m

图 5-61　不同巷道位置模拟方案

表 5-12　底板巷道位置参数

位置	煤岩比	底板距 x/m
a	1:0	-3.0
b	1:2	0.0
c	0:1	2.0
d	0:1	3.5
e	0:1	5.0

5.4.2.3　巷道合理位置确定

1) 巷道位置对残煤形态的影响

图 5-62 为不同巷道位置各分段放煤后残煤形态分布。可以发现，在工作面宽度一定的情况下，随着底板巷道位置的变化，各分段放煤结束后残煤主要集中在工作面底板、中部及顶板区域，具体每个区域的残煤量见表 5-13。

结合图 5-62 和表 5-13 可以看出，随着 x 由-3.0m 到 5.0m，第一分段工作面底板残煤量大幅度减小，形态由类似梯形逐渐横向收缩为线条形，共约减少 10.5m³ 残煤量；中部尖角形残煤量有所增加，在 $x \geq 2.0$m 后残煤形态基本不变。第二分段顶煤放出完毕后，底板残煤量呈逐渐减少的"v"形，同样地，当 $x \geq 2.0$m 后底板残煤形态变化较小；x 从-3.0m 到 2.0m，中部尖角形残煤量相对于第一

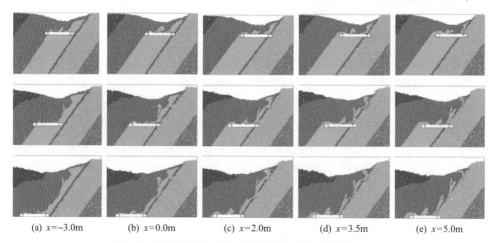

(a) x=-3.0m　　(b) x=0.0m　　(c) x=2.0m　　(d) x=3.5m　　(e) x=5.0m

图 5-62　不同巷道位置各分段放煤结束后残煤形态分布

表 5-13 放煤结束后残煤量

位置	第一分段残煤量/m³			第二分段残煤量/m³			第三分段残煤量/m³		
	底板	中部	顶板	底板	中部	顶板	底板	中部	顶板
a	13.7	2.5	0.0	30.0	0.5	0.0	43.6	1.2	0.0
b	8.7	4.8	0.4	21.7	1.2	0.6	29.8	2.4	0.6
c	6.3	3.1	1.9	15.2	2.5	1.9	23.5	3.6	2.3
d	4.8	3.1	2.9	12.5	3.8	3.2	19.5	4.4	3.4
e	3.2	3.4	5.0	10.4	3.4	4.8	17.1	4.3	5.1

分段放煤结束后较小，而 x 为 3.5m 和 5.0m 时，并无明显变化。第三分段放煤结束后，随着 x 的增大，底板残煤形态逐渐变为"树枝"形，残煤量共减少约 26.5m³；x 为–3.0m 和 0.0m 时，中部残煤量相对于第一分段放煤结束后较小，而 x 为 2.0m 到 5.0m 时，无明显变化。而由于限定了工作面宽度，随着 x 的增大使得顶板部分煤炭难以放出形成逐渐增大的弧形残煤，在三段开采中并无显著变化。

2) 巷道位置对顶煤回收率的影响

对上述 5 个巷道位置进行由底板向顶板的顺序放煤(从底板到顶板放煤支架依次编号为 1#～12#)，第一分段开采完毕后，继续开采第二分段和第三分段，不同巷道位置模型各分段顶煤放出量随着放煤支架编号变化情况，如图 5-63 所示。

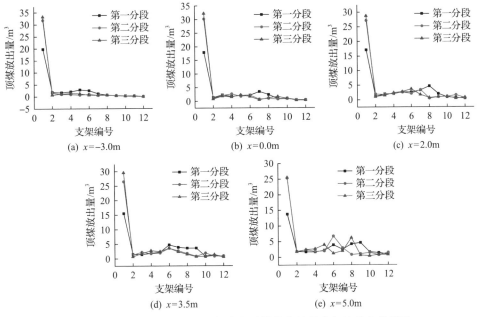

图 5-63 不同巷道位置模型各分段顶煤放出量随支架编号变化情况

　　可以看出，顺序放煤中每一工作面 1#支架是整个工作面主体放煤支架，在 1#支架放煤结束后，后续支架放煤量大幅度减少。同时由图 5-63(a)～(d)可以发现，第一分段支架编号 2#～12#对应的放煤量呈现出先增加后减少的趋势，中间支架 6#～8#放煤量较大，而第二分段和第三分段 6#～8#支架的放煤量达到一个低谷位置，说明第一分段放煤对以下分段放煤量有一定影响。

　　图 5-64(a)为不同方案下各分段 1#支架顶煤回收率(1#支架放煤量占整个工作面放煤量的比例)。可以看出，随着 x 的增大，即底板巷道从全煤巷道变为全岩巷道的过程中，1#支架的顶煤回收率逐渐减小，而整个工作面的顶煤回收率却逐渐增大，说明 1#支架顶煤回收率和整个工作面顶煤回收率呈负相关关系。这是因为随着底板巷道逐渐变为全岩巷道，1#支架放出的矸石量增多，煤炭颗粒放出量有所降低，1#支架放煤后形成的煤岩分界面对后续支架放煤约束减小，后续支架放煤量增加，使得整个工作面顶煤回收率增加。图 5-64(b)为各工作面顶煤回收率分布情况。图 5-64(b)中显示第一分段的顶煤回收率较低，随后第二分段和第三分段顶煤回收率在第一分段的影响下显著增加。

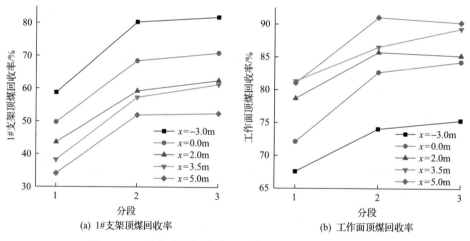

图 5-64　1#支架顶煤回收率和工作面顶煤回收率分布情况

　　图 5-65 为模型整体回收率随着底板巷道位置不同的变化情况，可以看出随着 x 的增大，模型整体回收率呈近似抛物线形式增长，由拟合的二次曲线可得到，当 x=4.75m 时，模型整体回收率达到最大值。在 x=2.0m 时，底板巷道为全岩巷道，此时片盘整体回收率约达到 85%，此后在工作面长度不变的条件下，继续将底板巷道向底板方向推动，整体回收率有所增加，但幅度不大。

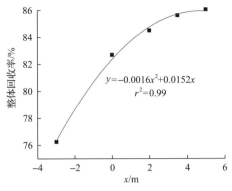

图 5-65 整体回收率随 x 分布情况

因此，综合考虑提高工作面顶煤回收率、减小残煤分布以及岩石掘进工程量，建议底板巷道设置在 $x=2\text{m}$ 的位置，此时底板巷道为全岩巷道，围岩稳定可节省支护费用，且整个片盘回收率约达到 85%。

5.4.3 合理采放工艺

5.4.3.1 单口顺序放煤方式优化

1)试验准备及方案

某矿主采煤层平均厚度 25m，倾角超 80°，结构复杂。根据煤层赋存条件和巷道布置情况(图 5-66)，在采区东翼布置了水平分段综放工作面，分段高度 16m，机采高度 2m，顶煤厚度 14m，采放比为 1∶7，属于典型的急倾斜厚顶煤综放开采，工作面选用 ZF1800-15/23BZ 型放顶煤支架，支架宽度 1.5m。如图 5-67 所示，采用自主研发的多功能综放开采模拟试验台及配套设备，设定几何相似比为 1∶20，工作面内部共设 9 台微型放煤支架，自右向左编号为 1#~9#，采用 8~10mm 粒径的青色石子颗粒模拟破碎顶煤，12~15mm 粒径的白色石子颗粒模拟上分段采空区矸石，并间隔布置了 741 颗标志点($X\times Y\times Z$，$19\times3\times13$)。

2)结果分析

单口顺序放煤方式是综放开采工作面传统的放煤方式，但是在急倾斜水平分段综放工作面，从顶板向底板放煤，或者从底板向顶板放煤，两种方案下放煤规律不尽相同，两种方案放煤结果如图 5-68 所示。

两种方案放煤结束后，分别统计各方案下各支架放煤量，结果如图 5-69 所示。可以看出，无论哪种方向，各个支架放煤量都呈现一多一少的波动状态，原因是相邻支架的放出体相互交叉影响，前一支架上方的放煤漏斗过大，放煤量过多，

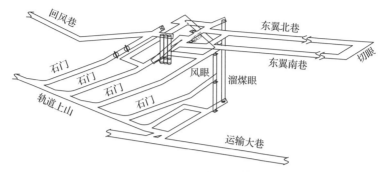

图 5-66　采区巷道布置图

图 5-67　模型初始状态

(a) 从顶板向底板放煤

(b) 从底板向顶板放煤

图 5-68　两种方案下顶煤颗粒放出情况

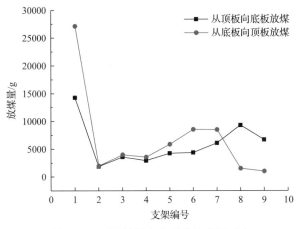

图 5-69　不同放煤方向顶煤放煤量对比

则后一支架放煤量减少，反之亦然。其中从顶板向底板放煤，初始放煤时放煤量较少，靠近底板附近放煤量较多，各个支架整体放煤量较为平均；而从底板向顶板放煤，初始放煤非常多，尾部放煤非常少。原因是受煤层倾角影响，靠近底板附近支架上方煤体更完整，煤量更多，所以放出较多。同时经过计算可以得出，从底板向顶板放煤，顶煤回收率更高。

5.4.3.2　间隔放煤方式

为进一步提高急倾斜水平分段综放工作面顶煤回收率，在散体顶煤放出模拟试验中除了顺序放煤，还加入了两组间隔放煤(分别间隔一个放煤支架和间隔两个放煤支架)作为对比试验，以分析它们在顶煤回收率和含矸情况上的优劣，从而帮助现场进行放煤方式上的相应优化，具体工作面支架开门顺序见表 5-14。

表 5-14　试验放煤顺序

放煤方式	支架开门顺序
顺序放煤	1#→2#→3#→4#→5#→6#→7#→8#→9#
间隔放煤($n=1$)	(1#→3#→5#→7#→9#)→(2#→4#→6#→8#)
间隔放煤($n=2$)	(1#→4#→7#→9#)→(2#→3#→5#→6#→8#)

煤岩分界面的发育反映了顶煤放出区域的变化，在初始放煤结果相同的条件下，通过对比后续放煤中煤岩分界面的位置和形态变化可以帮助了解不同放煤方式在顶煤放出情况下的差异，如图 5-70 所示。

(1)从图 5-70(a)初始放煤的煤岩分界面中可以看出，在厚顶煤综放开采中，顶煤厚度大幅增加,初始放煤时顶煤放出体充分发育,同时煤岩分界面高度扩展,测得放煤漏斗半径达 5.85m,横跨近 4 个放煤支架。

(2)图 5-70(b)顺序放煤中,由于 2#放煤口紧靠初始放煤漏斗,其顶煤放出体发育受到约束,支架放煤量较低,相应的煤岩分界面变化极小,并可以观察到其主要通过放煤漏斗内侧矸石的横向挤压进行扩展。

(3)图 5-70(c)间隔放煤(n=1),因为采用了非连续的放煤方式,缓解了相邻支架先后放煤时放煤漏斗约束放出体的情况,但 3#支架放煤量与初始放煤量仍然存在较大差距,而且煤岩分界面在形态上表现出上小下大的畸形发育。

(4)图 5-70(d)间隔放煤(n=2),继续增加放煤间隔至 2 个放煤支架后发现,4#支架的放煤量明显提升,已接近初始放煤时的放煤量,且先后两次放煤的煤岩分界面形态相似,主要通过上分段采空区矸石对顶煤放出区域进行填补。

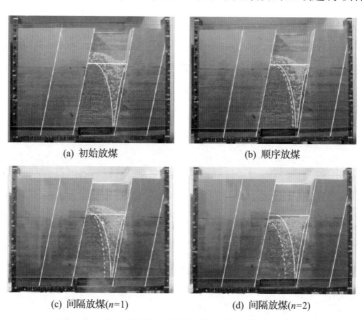

(a) 初始放煤　　　　　　　　　　　　(b) 顺序放煤

(c) 间隔放煤(n=1)　　　　　　　　　(d) 间隔放煤(n=2)

图 5-70　初始放煤和后续放煤的煤岩分界面形态

根据放出标志点的数量来反演各个支架放煤时的放出体大小,进而了解工作面不同位置的顶煤放出情况。图 5-71 为各个支架放出标志点数量,其中 S 值代表该数量的差值。可以发现在初始放煤后的第二次放煤中,顺序放煤的放出体与初始放煤的放出体差距最大($S_1=225$),而两组间隔放煤中各支架的顶煤放出量均呈现锯齿状分布,间隔放煤(n=1)的锯齿较小($S_2=121$),间隔放煤(n=2)的锯齿较大($S_3=52$),可见其放出体较为发育,顶煤放出量也更大。

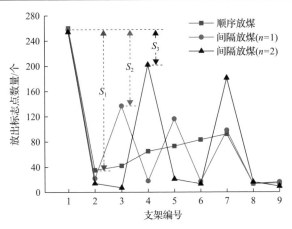

图 5-71　各支架放出标志点数量

图 5-72 为 3 种不同放煤方式下标志点放出总量及顶煤回收率。不难看出，间隔放煤($n=1$)的顶煤回收率(87.85%)相比顺序放煤方式的顶煤回收率(85.96%)已经略有改善，但其在类似于急倾斜煤层水平分段综放开采这种厚顶煤条件下的应用仍然受到局限，而间隔放煤($n=2$)中通过继续扩大放煤间隔，让放出体能够充分发育，并减少了混矸，煤岩分界面更加清楚，顶煤回收率达到 92.17%，相比顺序放煤和间隔放煤($n=1$)分别提高了 6.21%和 4.32%。

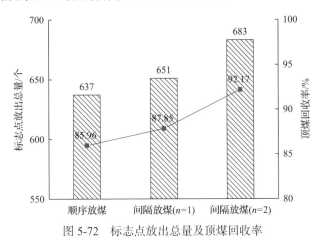

图 5-72　标志点放出总量及顶煤回收率

5.4.3.3　分段间隔和端头逆序放煤方式

1)分段间隔放煤方式

为进一步提高厚顶煤综放工作面的顶煤回收率，在普通间隔放煤的基础上进行改良，提出了分段间隔放煤方式[17]，其核心内容可简要描述为：分段大间隔，段内小间隔。具体操作如下。

(1)沿工作面放煤方向，以 n 为间隔设立主要放煤支架。

(2)通过主要支架对工作面进行分段，即每个分段内有 n 个次要放煤支架。

(3)放煤作业时沿放煤方向先对主要支架进行顺序放煤，每两个相邻主要支架"见矸关门"后，对中间分段的次要支架进行间隔放煤。如图 5-73 所示，以 $n=3$ 为例，放煤顺序为 1#→5#→3#→2#→4#。

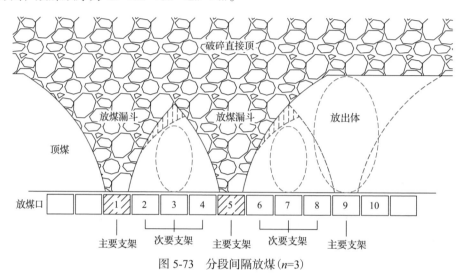

图 5-73　分段间隔放煤($n=3$)

(4)工作面采用分段及时支护的顶板管理方式，每个分段内的放煤支架全部"见矸关门"后即刻进行移架工序。

分段间隔放煤的优势在于：同样是非连续性放煤，继承了普通间隔放煤方式含矸率低的优点；再次扩大放煤间隔后，主要支架的顶煤放出体发育完整，先后放煤支架间的煤岩分界面较为对称，保证放出量的同时也为次要支架提供了良好的放煤空间；在顶板管理方面，采用分段及时支护的方式有效防止了工作面过长、空顶时间过久造成的片帮冒顶等现象。

2)端头逆序放煤方式

针对厚顶煤综放开采中工作面末端存在的大面积残煤，提出了端头逆序放煤方式[18]（图 5-74），其核心思想和具体操作如下。

(1)根据综放开采中每个工作循环的割煤方向，将工作面所有放煤支架划分为正序放煤段和逆序放煤段，其中从先割煤端开始的大部放煤支架为正序段，而只有靠近后割煤端的少数放煤支架为逆序段(一般为 3~5 架)。

(2)单向割煤时，正序段是指在该段内放煤方向与采煤机割煤方向相同，而逆序段则是指在该段内放煤方向和采煤机割煤方向相反。

(3)若工作面采用双向割煤，往返一次进两刀，且上行和下行都放煤，则逆序段会交替出现在上端头和下端头。

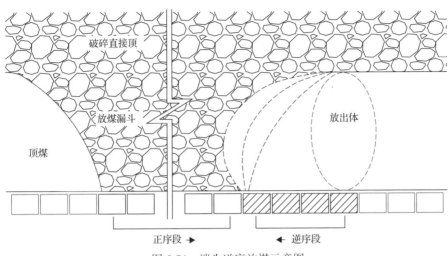

图 5-74 端头逆序放煤示意图

3)试验过程及结果分析

为了解 11220 急倾斜煤层水平分段综放工作面在顺序放煤中的放煤情况，进行端头逆序放煤方式和分段间隔放煤方式的模拟验证，依据上述工作面条件，建立 PFC^{2D} 模型，如图 5-75 所示。

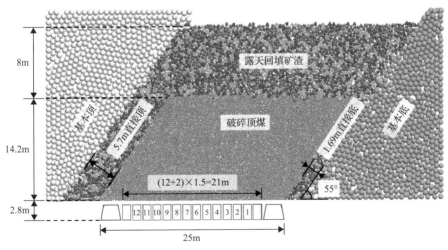

图 5-75 PFC^{2D} 模型及主要几何参数

图中绿色颗粒为破碎顶煤，周围的直接顶、直接底和露天回填矿渣均属风化跨落区域，通过链接力(contact)关联颗粒后添加随机裂隙(fracture)形成红、粉、紫 3 种颜色(分别代表 3 种形状)的不规则煤矸石簇(clump),具体物理力学参数见表 5-15。

表 5-15　煤岩物理力学参数

材料	密度 ρ/(kg/m³)	半径 R/m	法向刚度 k_n/(N/m)	剪切刚度 k_s/(N/m)	摩擦系数
煤	1500	0.05~0.2	2×10^8	2×10^8	0.4
矸石	2500	0.2~0.5	2×10^8	4×10^8	0.4

工作面的 12 架放煤支架(图 5-75 中蓝色)和 2 架端头支架(红色)通过 PFC^{2D} 中的墙单元来模拟,并利用 FISH 语言来控制放煤口按照预先设定的方案进行打开和关闭,模拟中放煤均遵循"见矸关门"原则,支架的几何尺寸和物理力学参数见表 5-16。

表 5-16　支架的几何尺寸和物理力学参数

材料	高度 H/m	中心距 W/m	法向刚度 k_n/(N/m)	剪切刚度 k_s/(N/m)	摩擦系数
支架	2.8	1.5	1×10^9	1×10^9	0.2

边界条件:由于急倾斜煤层水平分段的工作面长度较小,且本次试验只涉及单个放煤循环,所以模拟中并没有考虑基本顶跨落问题,而是把基本顶和基本底作为目标颗粒和簇的边界条件,将其速度和加速度固定为 0。初始条件:模型中颗粒和簇的初速度均为 0,放煤过程中只受相互挤压和重力作用,重力加速度为 9.81m/s²。

由 5.4.3.1 节可知,在急倾斜水平分段综放工作面从底板向顶板放煤,其顶煤回收率更高,在此基础上继续对模型进行顺序放煤、端头逆序放煤、分段间隔放煤的模拟试验,结合模型具体参数求得端头逆序放煤中最优逆序段长度 L=9m(6 倍支架宽度),如式(5-22),相应地分段间隔放煤中合理放煤间隔 N=5,然后完成 3 个方案的具体支架放煤顺序,结果见表 5-17。

$$L \geqslant \sqrt{(1-e^2)\,H\cdot H_r} = \sqrt{(1-0.544^2)\times14.2\times8} = 8.94 \approx 9\text{m} \tag{5-22}$$

表 5-17　试验方案放煤顺序

放煤方式	支架开门顺序
顺序放煤	1#→2#→3#→4#→5#→6#→7#→8#→9#→10#→11#→12#
端头逆序放煤	(1#→2#→3#→4#→5#→6#)→(12#→11#→10#→9#→8#→7#)
分段间隔放煤	(1#→7#→12#)→(4#→3#→2#→5#→6#)→(9#→8#→10#→11#)

图 5-76(a)、(b)、(c)分别是 3 个方案放煤结束后的状态,在初始条件完全相同的情况下,通过对煤岩分界面和工作面残煤形态的比较,可以基本了解 3 种放煤方式的放煤情况。可以看出,3 种放煤方式的主要煤损都出现在工作面上端头,这是因为在顶、底板均处于风化跨落区域的情况下,只能将工作面两巷布置于煤层中,这就使得放煤支架的总长度(21m)小于煤层的水平厚度(25m),在这种情况下支架的有效顶煤放出区域不能完全覆盖上端头顶煤,最终导致"半月"形煤损。根据对急倾斜水平分段综放开采中端头顶煤形态的分析,即靠近底板端头的顶煤可放出区域远大于靠近顶板端头,可知合理的工作面布置方式应该尽可能地让支架的有效放出区域覆盖更大面积的顶煤,底板条件允许时,还可以将巷道布置在岩层中,以充分发挥工作面支架的放煤能力。

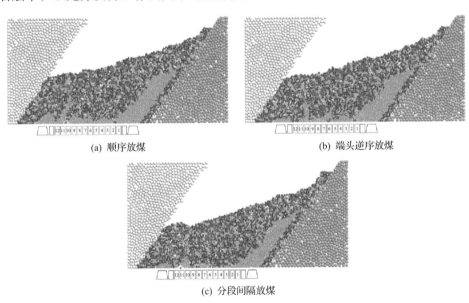

(a) 顺序放煤　　　　　　　　　　　　　　(b) 端头逆序放煤

(c) 分段间隔放煤

图 5-76　PFC 数值模拟实验计算结果

除上端头煤损外,下端头也出现了少许煤损,图 5-77 中对 3 种放煤方式的下端头顶煤放出区域及下端头残煤形态进行了对比,可发现顺序放煤下端头出现了典型的三角形残煤,从其顶煤放出区域的形态来看,显然是受到了邻近支架放煤的影响,而在端头逆序放煤和分段间隔放煤中,上端头支架的放出体发育都相对良好,残煤量也得到了有效的控制。

4)顶煤回收率对比

两种优化放煤方式都成功抑制住了下端头残煤的形成,但是在对工作面放煤量和顶煤回收率的统计中发现(图 5-78),端头逆序放煤方式对顶煤放出情况的改

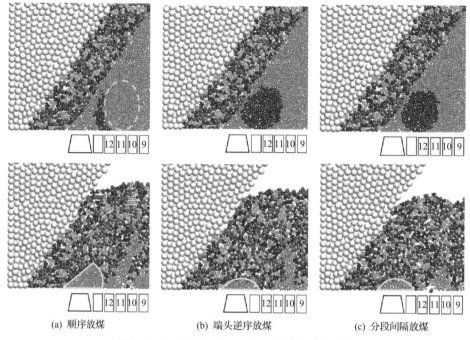

(a) 顺序放煤   (b) 端头逆序放煤   (c) 分段间隔放煤

图 5-77 下端头顶煤放出区域及残煤形态对比

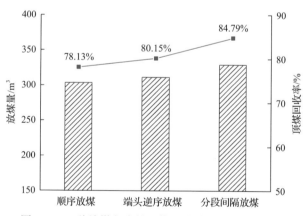

图 5-78 3 种放煤方式的工作面放煤量和顶煤回收率

善能力比较有限，相比顺序放煤的顶煤回收率 78.13%，仅提高了 2.02%。这是由于端头逆序放煤方式的作用机理是通过在工作面下端头设置逆序放煤段来解放下端头支架的放煤能力，然而在急倾斜水平分段综放开采的布置中，下端头的顶煤可放出区域总面积就不大，留给端头逆序放煤方式的发挥空间也就更小，若在普通综放工作面，该放煤方式可有效提高工作面端头顶煤回收率[5]。

分段间隔放煤继承了间隔放煤的优点，采用了非连续性的放煤方式，有效地克制了工作面中部的残煤出现，并且分段间隔放煤通过对工作面放煤能力的重新规划，将主要放煤任务集中在 1#、7#、12#放煤支架上，让主要支架在没有约束的条件下充分放煤后，保证了工作面的基础放煤量，即使次要支架在放煤过程中受到轻微扰动或出现局部混矸，也不会影响整个工作面的顶煤回收率。总体来看，在急倾斜煤层水平分段综放开采中，分段间隔放煤方式的放煤效果最佳，顶煤回收率达到 84.79%，相比顺序放煤方式 78.13%和端头逆序放煤方式 80.15%分别提高了 6.66%和 4.64%，且有望在工作面合理布置的情况下进一步提高。

参 考 文 献

[1] Yang S L, Wei W J, Zhang J W. Top coal movement law of dynamic group caving method in LTCC with an inclined seam[J]. Mining, Metallurgy & Exploration, 2020, 37(5): 1545-1555.

[2] Kuchta M E. A revised of the Bergmark-Roos equation for describing the gravity flow of broken rock[J]. Mineral Resources Engineering, 2002, 11(4): 349-360.

[3] Melo F, Vivanco F, Fuentes C, et al. On drawbody shapes: from Bergmark-Roos to kinematic models[J]. International Journal of Rock Mechanics and Mining Sciences, 2007, 44(1): 77-86.

[4] 王家臣, 宋正阳, 张锦旺, 等. 综放开采顶煤放出体理论计算模型[J]. 煤炭学报, 2016, 41(2): 352-358.

[5] 王家臣, 张锦旺, 陈祎. 基于 BBR 体系的提高综放开采顶煤采出率工艺研究[J]. 矿业科学学报, 2016, 1(1): 38-48.

[6] Wang J C, Wei W J, Zhang J W, et al. Numerical investigation on the caving mechanism with different standard deviations of top coal block size in LTCC[J]. International Journal of Mining Science and Technology, 2020, 30(5): 583-591.

[7] 张锦旺, 王家臣, 魏炜杰, 等. 块度级配对散体顶煤流动特性影响的试验研究[J]. 煤炭学报, 2019, 44(4): 985-994.

[8] Wang J C, Wei W J, Zhang J W. Effect of the size distribution of granular top coal on the drawing mechanism in LTCC[J]. Granular Matter, 2019, 21(3): 70.

[9] 王家臣, 吕华永, 王兆会, 等. 特厚煤层卸压综放开采技术原理的实验研究[J]. 煤炭学报, 2019, 44(3): 906-914.

[10] 张锦旺, 王家臣, 魏炜杰. 工作面倾角对综放开采散体顶煤放出规律的影响[J]. 中国矿业大学学报, 2018, 47(4): 805-814.

[11] Wang J C, Yang S L, Wei W J, et al. Drawing mechanisms for top coal in longwall top coal caving(LTCC): A review of two decades of literature[J]. International Journal of Coal Science & Technology, 2021, 8(6): 1171-1196.

[12] 王家臣, 赵兵文, 赵鹏飞, 等. 急倾斜极软厚煤层走向长壁综放开采技术研究[J]. 煤炭学报, 2017, 42(2): 286-292.

[13] 王家臣, 魏炜杰, 张锦旺, 等. 急倾斜厚煤层走向长壁综放开采支架稳定性分析[J]. 煤炭学报, 2017, 42(11): 2783-2791.

[14] Wang J C, Zhang J W, Li Z L. A new research system for caving mechanism analysis and its application to sublevel top-coal caving mining[J]. International Journal of Rock Mechanics and Mining Sciences, 2016, 88(10): 273-285.

[15] 王家臣, 张锦旺, 王兆会. 放顶煤开采基础理论与应用[M]. 北京: 科学出版社, 2018.

[16] 魏炜杰, 杨胜利, 李良晖, 等. 急倾斜煤层水平分段综放开采合理巷道位置确定[J]. 煤炭工程, 2017, 49(10): 16-19.

[17] 陈祎. 厚顶煤综放开采放煤方式研究[D]. 北京: 中国矿业大学(北京), 2017.

[18] 张锦旺. 综放开采散体顶煤三维放出规律模拟研究[D]. 北京: 中国矿业大学(北京), 2017.

6 图像识别智能放煤技术

放顶煤开采技术是开采厚及特厚煤层的有效方法[1-3]，放煤是放顶煤开采独有的工序，多年来，国内外一直致力于智能（自动化）放煤技术开发，但至今仍无实质性进展，也没有成熟的相关技术可以借鉴，因此智能（自动化）放煤技术开发是开创性的。

综采工作面的自动化开采起步于1984年美国西弗吉尼亚州的莫农加利县煤矿，标志性技术是首次使用电液控液压支架，实现了液压支架的自动推移，减少了液压支架的操作时间，保证了支架初撑力和推移到位规范。1990年以后，工作面"三机"自动化技术基本成熟，运行可靠[4, 5]。近几年来，我国在前期引进和借鉴美国、德国、澳大利亚等先进的工作面自动化技术，以及大量自主研发后，将综采工作面的自动化开采技术，与人工智能、大数据等相结合，逐步形成了我国综采工作面的智能开采技术，也制定了相应的技术标准，极大地推动了我国煤矿智能开采技术进步[6-10]，目前已经处于国际先进水平，某些技术如远程控制、数据自动处理等处于国际领先水平。与综采工作面的智能化技术相比，智能放煤技术的进展较小，目前尚处于初期研发和工业试验阶段。本书介绍的基于煤岩图像识别开发智能放煤技术是一条正确的技术路线，并获得了现场应用，这也是目前唯一进行现场应用的智能放煤技术。

煤炭开采过程主要涉及两类煤岩识别问题，一是综采工作面采煤机割煤过程中的煤岩界面识别，二是综放工作面放煤过程中的煤矸识别（煤矿开采中常把垮落在采空区的松散岩石称为矸石，把煤层中的岩石夹层称为夹矸，因此本章将放煤过程的煤岩识别称为"煤矸识别"）。无论综采工作面采煤机割煤过程中的煤岩界面识别，还是综放工作面放煤过程中的煤矸识别都具有很大难度，都还没有成熟的技术。割煤过程的煤岩识别尽管已经有三十余年的研究历史，但目前仍然是以记忆割煤为主。放煤过程中对后部刮板输送机上快速运动的煤矸堆积体进行煤矸识别，比工作面割煤过程的煤岩识别难度更大，精度和可靠性要求更高。目前，放顶煤工作面仍普遍采用人工放煤方式，放煤工人从液压支架间隙观察后部刮板输送机上的煤矸流，观察垮落的矸石是否被放出，以及放出的煤矸量，进而决定是否关闭放煤口，停止放煤。这种方法劳动强度大、生产效率低、环境粉尘大，并且容易出现误操作，不能准确区分顶煤中的夹矸和顶板岩石的情况。

智能化放顶煤开采是以智能化综采技术为基础，通过实现智能放煤最终达到放顶煤工作面的全部智能化控制。在智能化放顶煤开采相关技术领域，近年来国内进行了初步的探索试验。例如，兖矿集团兴隆庄煤矿试验程序控制与人工补放结合的放煤方式；潞安集团王庄煤矿试验研究了声音频谱煤矸识别技术；中国矿业大学进行了基于声波[11, 12]、近红外光谱[13]、自然射线[14-17]等的放煤过程自动控制系统实验研究，利用高性能多次回波信号反射激光雷达扫描技术对后部刮板输送机上的运煤量进行监测[18]；河南理工大学提出了微波加热-红外探测的主动式煤矸识别方法[19]；山东科技大学通过分析尾梁振动信号进行放顶煤工作面的煤矸识别[20]；山东工商学院等提出综合运用多种监测手段实现精准放煤控制的思路[21]；北京天地玛珂电液控制系统有限公司试验了记忆放顶煤方式；晋能控股煤业集团同忻煤矿采用煤矸冲击振动传感器识别矸石到达放煤口的时间。

上述技术研究的核心是聚焦放煤过程中如何识别、检测煤矸，即识别放煤过程中放出的是煤流还是矸石流，至于放出煤矸混合流中的含矸率没有研究，也无法计算煤矸流中的含矸率，无法分辨放出矸石是来自煤层夹矸还是顶板，这些技术仅仅试图解决 1.3.1 节中所述的智能放煤的第一步技术难题。为了识别放出矸石是来自煤层夹矸还是顶板，基于自主研发的顶煤运移跟踪仪（发明专利号：ZL200910080005.9)[22]，又研发了顶煤运移时间测量系统，构建了基于该技术的智能放煤控制系统，可以实现精准控制的多轮顺序智能放煤，已在淮北矿业朱仙庄煤矿 8105 工作面进行了初步应用[23]。最近几年，深度学习发展迅猛，已广泛渗透于各个行业、各个领域，用于解决复杂环境下的场景理解问题[24-26]，为图像识别智能放煤技术提供了技术保障，通过语义分割可以对放顶煤工作面后部刮板输送机上煤流中煤矸边界进行提取，进而获得含矸率，指导智能放煤。

国外放顶煤开采技术仅在土耳其、孟加拉、澳大利亚等少数几个国家有相关应用且大多为国内放顶煤技术的输出，如兖矿集团将放顶煤开采技术应用到澳大利亚澳思达矿，并探索了基于时间控制的自动化放煤方式。2018 年，卡特彼勒公司提出了基于记忆支架位态的智能放煤技术。此外，以惯性导航技术[27, 28]，超声波[29]、热红外[30]、太赫兹光谱[31]等煤岩识别技术，虚拟现实技术[32]，多传感器技术[33]为代表的综采工作面自动化技术使综采工作面的智能化成为可能，这也为智能化放顶煤开采技术的研究提供了一定的技术参考。

目前放顶煤工作面主要采用人工控制放煤，同时也在记忆放煤、支架位态、红外、声波、振动、高光谱、伽马射线智能放煤技术等方面进行了探索。记忆放煤比较容易实现，但是难以对放煤状态做出实时反馈，当煤层赋存条件发生变化时，会产生误差；支架位态智能放煤技术不受粉尘、水雾等因素的影响，但是准确性差；红外智能放煤技术也可以适应低照度、强噪声环境；声波、振动智能放煤技术则可以克服高粉尘问题，但是在煤矸物理力学性质相差不大时，易产生较大的识别误差；高光谱、伽马射线等智能放煤技术，具有灵敏度高的特点，但是设备成本高，有些体积较大的设备也会受限于放顶煤工作面支架后部的狭小空间。上述几种方法都无法获得含矸率数据，而含矸率又是影响顶煤回收率和煤质的关键因素。

实现智能放煤的核心是正确把握放煤口开启和关闭的时机，但目前尚未取得关键突破。作者研究团队经过十余年的联合科技攻关，通过对图像、声音、振动等多种煤矸识别技术的不断探索和研究，最终聚焦到图像识别技术，创新了放顶煤工作面后部刮板输送机上煤矸堆积体灰度差异特征的图像快速识别方法，发明了适用于放顶煤工作面高粉尘条件的煤矸图像采集系统，实现了放顶煤工作面的智能放煤，攻克了放顶煤工作面智能开采的关键技术难题，在淮北矿区和开滦矿区进行了现场应用。

6.1　图像识别智能放煤基础理论

放顶煤工作面放煤过程粉尘大、照度低，煤矸在后部刮板输送机上呈堆积状，块度差异大，这些因素不利于煤矸图像的精准识别。建立图像识别智能放煤基础理论，开发适应井下高粉尘环境的煤矸特征分析及识别模型，是实现图像识别智能放煤的关键。

6.1.1　煤矸图像特征照度影响机制

定量研究照度变化对图像影响、煤矸图像特征提取方法及特征描述指标等问题，揭示不同照度下煤矸图像特征的变化规律，为煤矸图像识别提供最优照度环境。

6.1.1.1　差异照度煤矸图像的特征指标

设计差异照度煤矸图像采集系统，采集不同照度下的煤和矸石图像，主要装置有 EF-200 型 LED 补光灯、VC1010D 型照度计、COMS 相机、白色背景板。其中补光灯具有 11 档照度调节功能，1～11 档照度依次增强，为实验提供稳定可靠的照度不同的光源；照度计用于照度的测量与记录，最大量程为 200000lx，分辨率为 0.1lx。选取来自大同矿区块度在 15cm 左右的煤和矸石各 77 块作为实验样本，如图 6-1 所示。

1) 图像采集

将煤和矸石样本放在平整地面的白色背景板上，COMS 相机和补光灯分立于背景板两侧，相机镜头与补光灯光源处于同一平面，置于背景板正上方 90cm 处，如图 6-1 所示。在暗室中进行图像采集，仅利用补光灯作为本实验的唯一光照来源，采用补光灯 6 个不同的档位来满足本实验图像采集过程中不同照度的要求。通过置于白色背景板上的照度计测量，本实验中涉及的 6 个不同照度 I 分别为3180lx、10780lx、17730lx、24200lx、30700lx 及 35600lx。移走照度计，对煤和矸石样本的图像进行采集，共计获得 924 张图像。将每张图像裁剪成只包含样本而不包含边缘及背景的像素为 630px×420px 的子图像，如图 6-2 所示，可以看出不同照度下，煤矸图像清晰度和可分辨性差异很大。

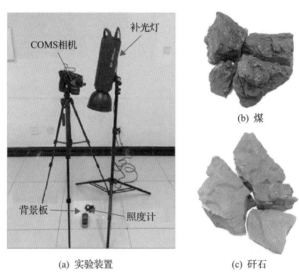

(a) 实验装置　　　　　　　　　　　　　(c) 矸石

图 6-1　实验装置及实验材料

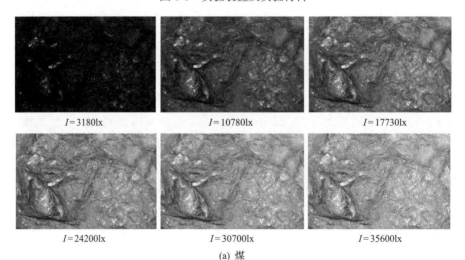

$I=3180\text{lx}$　　　　　$I=10780\text{lx}$　　　　　$I=17730\text{lx}$

$I=24200\text{lx}$　　　　　$I=30700\text{lx}$　　　　　$I=35600\text{lx}$

(a) 煤

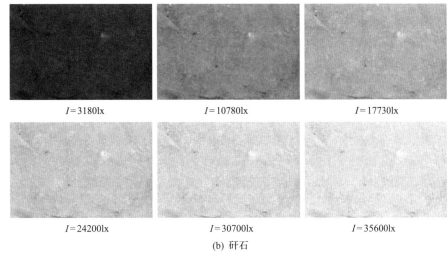

$I = 3180\mathrm{lx}$　　　　　　$I = 10780\mathrm{lx}$　　　　　　$I = 17730\mathrm{lx}$

$I = 24200\mathrm{lx}$　　　　　　$I = 30700\mathrm{lx}$　　　　　　$I = 35600\mathrm{lx}$

(b) 矸石

图 6-2　不同光照煤矸图像

2) 煤矸图像特征提取

实验所用煤样本颜色更黑，而矸石样本颜色为灰白色，提取煤和矸石样本的灰度特征用于煤矸识别存在可行性。

利用式(6-1)计算出灰度分布图[34]：

$$\mathrm{Hist}(i) = \frac{n_i}{N}, \qquad i = 0,1,\cdots,255 \tag{6-1}$$

式中，i 为灰度级；n_i 为灰度级为 i 的像素点个数；N 为总像素点数；$\mathrm{Hist}(i)$ 为 i 灰度级出现的概率。定量描述灰度特征的指标如下[35]。

灰度均值(Mean)表示图像的平均灰度。灰度均值的表达式为

$$\mathrm{Mean} = \mu = \sum_{i=0}^{255} i \times \mathrm{Hist}(i) \tag{6-2}$$

灰度方差(Variance)表示图像灰度的离散程度。灰度方差的表达式为

$$\mathrm{Variance} = \sigma^2 = \frac{1}{N} \sum_{i=0}^{255} n_i \times (i - \mu)^2 \tag{6-3}$$

灰度歪斜度(Skewness)表示图像灰度分布的不对称程度。灰度歪斜度的表达式为

$$\text{Skewness} = \frac{1}{\sigma^3}\sum_{i=0}^{255}(i-\mu)^3 \times \text{Hist}(i) \tag{6-4}$$

灰度峰态（Kurtosis）表示图像灰度分布集中于均值附近的程度。灰度峰态的表达式为

$$\text{Kurtosis} = \frac{1}{\sigma^4}\sum_{i=0}^{255}(i-\mu)^4 \times \text{Hist}(i) - 3 \tag{6-5}$$

灰度能量（Energy）表示图像分布的均匀程度。灰度能量的表达式为

$$\text{Energy} = \sum_{i=0}^{255}\text{Hist}(i)^2 \tag{6-6}$$

灰度熵（Entropy）表示灰度分布的不均匀、混乱程度。灰度熵的表达式为

$$\text{Entropy} = -\sum_{i=0}^{255}\text{Hist}(i) \times \log_2[\text{Hist}(i)] \tag{6-7}$$

纹理是图像中局部元素或者结构的缓慢或周期性变化造成的灰度值规律性分布的结果[35]。不同于灰度特征，纹理特征不是针对单个像素点分析，而是对包含若干个像素点的某一区域进行计算。观察本实验所选取的煤和矸石样本，一个较为明显的区别在于，煤样本具有玻璃光泽，容易反光，而且在成煤过程中沉积与变质作用等决定了煤样本的不同断面具有不同的反光特性，即由于断面的不同，会表现出条状亮纹、点状或片状亮斑，如图 6-3 所示。而矸石样本更多的是发生光线的漫反射而不反光或较弱反光。因此通过提取煤和矸石样本的纹理特征用于煤矸识别也同样存在可行性。

  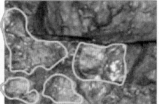

(a) 条状亮纹　　　　　　　　(b) 点状亮斑　　　　　　　　(c) 片状亮斑

图 6-3　煤反光所形成的亮纹、亮斑

基于 GLCM 选取对比度、相关性、角二阶矩及同质性等 4 个纹理特征。GLCM 是像素距离和角度的矩阵函数，通过计算图像中一定距离和一定方向

的两个像素点之间的灰度关系，揭示图像纹理的规律性。建立如图 6-4 所示的直角坐标系，在像素为 $M \times N$ 的图像 $f(x,y)$ 上，共有 H 个灰度级，A 点为图像中某一像素点，坐标为 (x_1, y_1)，其灰度为 i，即 $f(x_1, y_1) = i$，另一像素点 B，坐标为 (x_2, y_2)，灰度为 j，即 $f(x_2, y_2) = j$，像素点 A、B 间相对距离为 l，AB 连线与 x 轴正方向所呈的夹角为 α，称为 GLCM 的生成方向[36, 37]。

$$P(i, j, l, \alpha) = \mathrm{card}\left\{(x_1, y_1) \in M \times N, (x_2, y_2) \in M \times N \mid f(x_1, y_1) = i, f(x_2, y_2) = j\right\}$$
$$(6\text{-}8)$$

式中，$\mathrm{card}\{\}$ 为集合中元素的个数；α 通常取 $0°$、$45°$、$90°$ 和 $135°$；M、N 分别为水平分辨率和垂直分辨率；$P(i, j, l, \alpha)$ 表示为像素 (x, y) 的所有 α 方向，相邻间隔为 l 的像素对中一个取 i 值，另一个取 j 值的相邻像素对出现的次数。

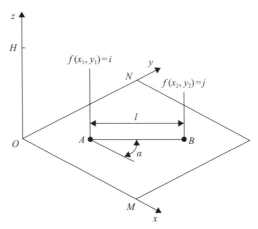

图 6-4　灰度共生矩阵 (GLCM) 示意图

GLCM 可以提供图像灰度在距离、方向变化的综合信息，不能直观地给出用于区分纹理的指标，需要在 GLCM 的基础上提取用于定量描述纹理特征的统计指标。需选取对比度、相关性、角二阶矩及同质性 4 个相互独立的特征[36, 37]。

纹理对比度 (Contrast) 描述的是图像中相邻像素点间的灰度级差异，其表达式为

$$\mathrm{Contrast} = \sum_{n=0}^{255} n^2 \left\{ \sum_{i=0}^{255} \sum_{j=0}^{255} P(i, j, l, \alpha)^2 \right\} \tag{6-9}$$

纹理相关性 (Correlation) 描述的是图像中相邻像素点间灰度级的相似程度。纹理相关性的表达式为

$$\text{Correlation} = \sum_{i=0}^{255}\sum_{j=0}^{255}\frac{ij \times \boldsymbol{P}(i,j,l,\alpha) - u_1 u_2}{\sigma_1^2 \sigma_2^2} \tag{6-10}$$

纹理角二阶矩(angular second moment, ASM)描述的是像素灰度级分布的均匀程度。纹理角二阶矩的表达式为

$$\text{ASM} = \sum_{i=0}^{255}\sum_{j=0}^{255}\boldsymbol{P}(i,j,l,\alpha)^2 \tag{6-11}$$

纹理同质性(Homogemeity)描述的也是像素灰度级分布的均匀程度。纹理同质性的表达式为

$$\text{Homogemeity} = \sum_{i=0}^{255}\sum_{j=0}^{255}\frac{\boldsymbol{P}(i,j,l,\alpha)}{1+(i-j)^2} \tag{6-12}$$

分别对 77 块煤和 77 块矸石样本在 6 种不同照度下的灰度、纹理共计 10 种特征进行提取，共提取 9240 个特征值，根据所提取的特征种类和照度条件的不同，将本实验划为 36 个灰度实验组，24 个纹理实验组，

6.1.1.2　煤矸图像颜色特征分析

基于上述分组对煤和矸石灰度子图像数据库的子图像进行统计计算，实现对灰度、纹理特征的提取。为了客观完整反映实验结果，将每组数据绘制成箱形图进行展示，将每组的 n 个数据从小到大依次排列，记为递增数列 $\{P_n\}$，通过设置上、下四分位数 Q_3、Q_1，上、下边缘 $Q_{\max}$、$Q_{\min}$，中位数 Q_2 等 5 个特征点对数列 $\{P_n\}$ 进行划分，如图 6-5 所示。

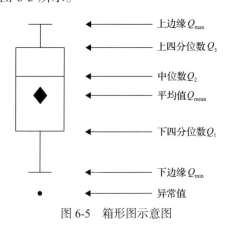

图 6-5　箱形图示意图

实验中发现，有部分实验组的个别数据要明显大于或小于同组其他数据，考虑到研究煤矸特征差异问题的特殊性，在不明确异常值出现原因的情况下，尚不能排除其存在的合理性。

因此，在绘制箱形图、求取中位数的基础上，将异常值考虑在内，对每组的数据分别计算平均值 Q_{mean}，如图 6-5 所示，主要对其平均值进行描述和讨论。

首先获得不同照度下煤矸图像的灰度分布图，如图 6-6 所示。

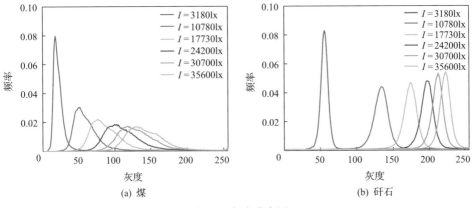

(a) 煤　　　　　　　　　　　　(b) 矸石

图 6-6　灰度分布图

如图 6-6(a) 所示，随着照度的增大，煤的灰度分布图整体向增大值方向移动，但峰值逐渐降低，图像上变得更加"矮胖"，说明煤的灰度在整体提升的情况下灰度分布逐渐分散。如图 6-6(b) 所示，矸石的灰度分布图同样整体向增大值方向移动，但移动幅度大于煤，此外，矸石的灰度分布更加集中，图像上更显"瘦高"，说明随着照度增大，矸石的灰度整体均匀提升，和煤的灰度分布图存在显著差异。对灰度分布图进行统计计算，获得如下几种统计量作为定量描述灰度特征的指标（图 6-7）。

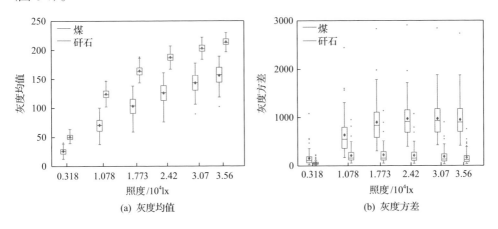

(a) 灰度均值　　　　　　　　　　　　(b) 灰度方差

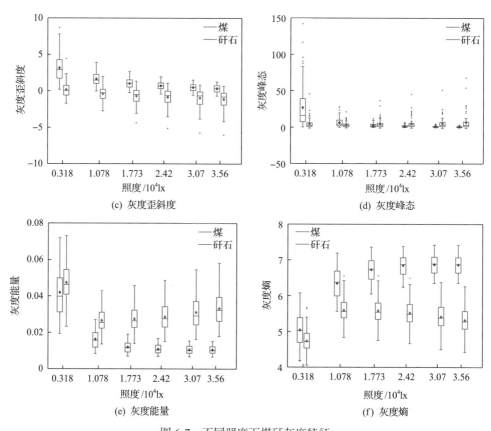

图 6-7　不同照度下煤矸灰度特征

可以看出，同一照度下，煤和矸石的灰度特征值存在差异，随着照度的变化，煤和矸石的灰度特征值也发生变化，且表现出不同的变化规律。因此，煤矸图像灰度特征的差异受照度影响，比如煤和矸石的灰度熵在低照度下差异较小，在高照度下差异较大。

6.1.1.3　煤矸图像纹理特征分析

对不同照度下的纹理特征进行提取，结果如图 6-8 所示。

类似于灰度特征值，同一照度下，煤和矸石的纹理特征值也存在差异，随着照度变化，煤和矸石的纹理特征值也发生变化，且表现出不同的变化规律。因此，煤矸图像纹理特征的差异也受照度影响，比如煤和矸石的纹理对比度在低照度下差异较小，在高照度下差异较大。

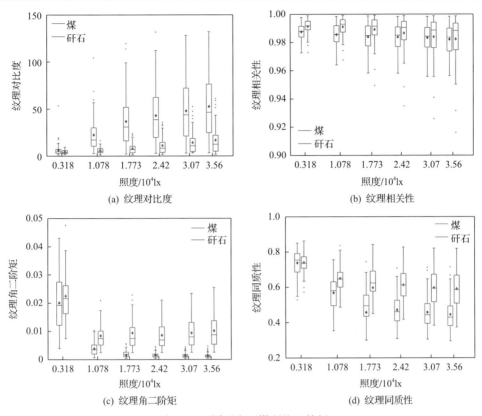

图 6-8　不同照度下煤矸纹理特征

6.1.1.4　煤矸图像归一化特征的差异指数

通过上述实验，获取了煤和矸石在不同照度条件下的灰度和纹理相关特征。随着照度变化，煤和矸石特征的变化规律不同，说明将不同照度下若干特征作为识别煤和矸石的依据存在可行性和优越性。为了更加清晰直观地分析照度对煤矸不同特征的影响程度，现将煤和矸石的同一特征作为 1 个特征分组，按照式(6-13)，将每个分组的特征值分别归一化至[0，1]。

$$f_{Yi}(V) = \frac{V_{Yi} - V_{Y\min}}{V_{Y\max} - V_{Y\min}} \tag{6-13}$$

式中，V_{Yi} 为 Y 特征分组中的第 i 个照度条件下的特征值；$V_{Y\min}$ 为 Y 特征分组中的最小特征值，即 $V_{Y\min} = \min(Y_{ic}, Y_{ig})$，$Y_{ic}$、$Y_{ig}$ 分别为 Y 特征分组中的第 i 个照度条件下所有煤和矸石的特征值；$V_{Y\max}$ 为 Y 特征分组中的最大特征值，即 $V_{Y\max} = \max(Y_{ic}, Y_{ig})$；$f_{Yi}(V)$ 为归一化后的 Y 特征分组第 i 个照度条件下的特征值，其中

Y 表示不同特征，i 的取值范围为 $1\sim6$，表示不同照度。

定义归一化特征差异指数 (normalized feature D-value index，NFDI)，如式 (6-14) 所示，表示在某一照度下煤与矸石特征的相对差异。该值越大，说明煤和矸石的该特征差异越大，反之越小。

$$\text{NFDI}_{Yi} = \left| f_{Yic}(V) - f_{Yig}(V) \right| \tag{6-14}$$

式中，NFDI_{Yi} 为 i 照度下的归一化煤矸 Y 特征差异指数，其中归一化煤矸灰度特征差异指数记为 NFDI-G，简称为灰度特征差，归一化煤矸纹理特征差异指数记为 NFDI-T，简称为纹理特征差；$f_{Yic}(V)$、$f_{Yig}(V)$ 分别为归一化后的煤和矸石特征值。不同照度下的灰度特征差与纹理特征差如图 6-9 所示。

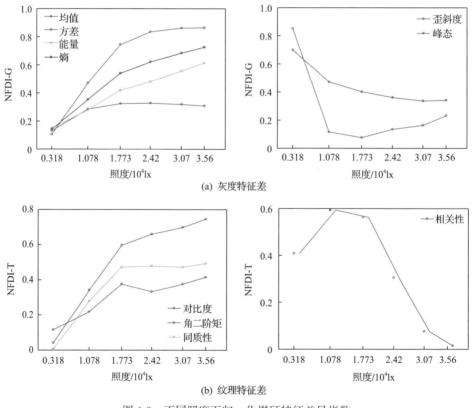

(a) 灰度特征差

(b) 纹理特征差

图 6-9　不同照度下归一化煤矸特征差异指数

利用归一化特征差异指数可以更直观地获得适合于煤矸识别的最优特征以及最优照度。该指数越大，说明煤和矸石的特征差异越大，所以何种照度下的何种特征会让煤和矸石表现出更大的差异，我们就可以在这种照度下提取这种特征，以此来精准识别煤矸。

通过实验可以发现，大多数情况下，在同一照度条件下，煤和矸石样本在某一灰度或纹理特征上存在差异，同时，煤和矸石样本的某一灰度或纹理特征也随着照度的变化发生显著改变，且两种样本的变化规律不尽相同。因此，可以根据煤矸在不同照度下表现出的特征差异，为图像识别智能放煤技术提供最优照度环境，有效提高煤矸混合体识别的准确度。

6.1.2 井下图像去尘去雾

井下图像去尘去雾是煤矸识别的基础。放顶煤工作面粉尘及水雾弥漫在空气中，对光线产生散射和吸收等作用，导致光线分布发生变化[38]，降低了图像采集设备的入射光量。粉尘、水雾对光线的散射作用是导致井下成像模糊、图像亮度低的主要因素，根据散射物粒子与入射光波长之间的关系将散射现象大致分为三类[39-40]。①瑞利散射，空气中的悬浮颗粒半径远远小于入射光波长，散射光强度正比于入射光波长，散射过程光频不变；②米氏散射，空气中的悬浮颗粒半径与入射光波长接近，散射后光线强度降低，但是光线方向不变；③拉曼散射，空气中的悬浮颗粒与入射光相互作用改变了散射光频率。其中，米氏散射主要由空气中的各种微粒，如粉尘、尘埃及气溶胶等引起，该理论为井下图像去尘去雾研究提供了理论基础[41]。

6.1.2.1 基于大气散射模型的井下尘雾分析

在米氏散射模型光线分解基础上，Narasimhan 等对带雾图像进行数学建模和分析，提出大气散射模型。该模型分为两部分，一部分是空气中的悬浮颗粒对目标物体表面的反射光产生散射作用，使反射光发生衰减，该部分使用光线衰减模型来描述；另一部分，由空气中的悬浮颗粒对环境光线造成散射，该部分使用大气光模型来描述。

图 6-10 为光线衰减模型示意图。物体表面的反射光传输到图像采集设备的过程中，空气中的悬浮颗粒对反射光线造成散射作用引起能量衰减，导致实际到达采集设备的反射光强度下降。采集设备和被测物体距离增加，或大气中的悬浮颗粒浓度增强，光线散射量变多，能量衰减也就越严重，随之物体成像质量越差。

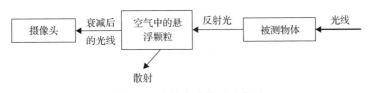

图 6-10 光线衰减模型示意图

图 6-11 为大气光模型示意图。空气中的悬浮颗粒对被测物体周围的光线（大

气光)产生散射作用，降低了到达摄像头的大气光量，影响了图像采集设备(如摄像头)入射光的光照强度，这是造成物体成像质量下降的另一个因素。

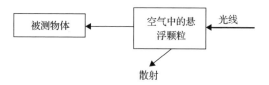

图 6-11　大气光模型示意图

图像成像质量下降是由采集图像时空气中的悬浮颗粒对物体反射以及大气光散射作用导致的。大气散射模型为

$$E(d,\lambda) = E_0(\lambda)\mathrm{e}^{-\beta(\lambda)d} + E_\infty(\lambda)(1 - \mathrm{e}^{-\beta(\lambda)d}) \tag{6-15}$$

式(6-15)等号右侧分别是光线衰减模型与大气光模型的表达式。令 $I(x)=E(d,\lambda)$，$J(x)=E_0(\lambda)$，$t(x)=\mathrm{e}^{-\beta(\lambda)d}$，$A=E_\infty(\lambda)$，则大气散射模型简化为

$$I(x) = J(x)t(x) + A[1 - t(x)] \tag{6-16}$$

式中，$I(x)$ 为观测设备最终采集到的图像；$J(x)$ 为无尘雾清晰图像；$t(x)$ 为场景被测物体的透射率。

基于大气散射模型的成像机理，何凯明团队[42]采集了大量全彩色无雾清晰图像进行实验研究及分析，归纳出一条经验性理论：在不包含天空区域的无雾清晰图像中，总会存在一些暗像素，其 RGB 某通道的值非常小，甚至接近 0。这些像素通称为暗元素，暗元素所在的通道称为暗通道。井下图像去尘去雾方法结合了暗通道原理与大气散射模型成像机理。

6.1.2.2　暗通道先验去尘去雾方法

何凯明团队对大量的无雾清晰图像进行实验，图像中某一像素的两次滤波值非常趋近于 0，表明该像素及其领域像素 RGB 的某通道最小值约为 0。

$$J^{\mathrm{dark}}(x) = \min_{y\in\Omega(x)}(\min_c J_c(y)) \to 0 \tag{6-17}$$

式中，$\Omega(x)$ 为像素以 x 为中心的邻域，即滤波窗口区域；y 为领域内像素；$\min_c$ 表示取 RGB 某通道的最小值。

根据暗通道公式分别对尘雾图像和无尘雾图像两次最小值滤波处理，图 6-12(a)与图 6-12(c)分别是地面无尘雾和井下带尘雾图像，图 6-12(b)与图 6-12(d)为对应的暗通道图。无尘雾的暗通道图 6-12(b)中，除天空区域外，图像中其他区域的暗通道呈黑色，即 RGB 某通道的灰度很低，接近于 0。尘雾暗通道图 6-12(d)中，由于尘雾的存在，暗通道区域的像素都远远大于 0，呈现灰白色，验证了暗通道先验理论的有效性与真实性。

(a) 无尘雾图 (b) 无尘雾暗通道图

(c) 输送机带尘雾煤矸图 (d) 尘雾煤矸暗通道图

图 6-12 地面及井下暗通道图对比

自然界中房屋、楼梯和树木的 RGB 某通道像素值很低，无尘雾暗通道图像整体接近黑色，像素低甚至接近零。暗颜色物体(矿井环境和煤)在没有直接光照的情况下，依靠自身的反射光照射，同时煤矿井下环境没有天空区域，因此暗通道先验算法适合无天空的煤矿井下环境。

1) 大气散射模型的透射率参数估计

图像去尘雾的实质是根据原始尘雾图像 $I(x)$ 得到清晰图像 $J(x)$，通过求解大气光值 A 和光线透射率 $t(x)$ 参数，推导出无尘雾图像 $J(x)$。根据暗通道先验理论，对大气光值 A 和光线透射率 $t(x)$ 进行参数估计。估计大气光的方法有很多，通常是对整幅图像进行分析，再选择最大的像素作为大气光值[43]，但最大的像素可能是白色物体而不是雾气最密集的地方，这种方法估计出的大气光值，去雾质量不理想。针对此缺陷，何凯明团队提出利用图像的暗通道图像估计大气光值，寻找暗通道图像中最亮的前 0.1%像素，用其中的最大值估算大气光值。

在估计透射率时，式(6-16)两边分别整除大气光值 A 得到：

$$\frac{I(x)}{A} = \frac{J(x)}{A}t(x) + 1 - t(x) \tag{6-18}$$

根据暗通道先验理论，继续对 RGB 的三通道进行两次最小滤波操作得到：

$$\min_{y\in\Omega(x)}\left(\min_{c\in\{\mathrm{RGB}\}}\frac{I^c(x)}{A^c}\right)=\min_{y\in\Omega(x)}\min_{C\in\{\mathrm{RGB}\}}\left(\frac{J^c(x)}{A^c}\right)\tilde{t}(x)+[1-\tilde{t}(x)] \tag{6-19}$$

假设 $t(x)$ 在邻域窗口 $\Omega(x)$ 中是固定值，式(6-19)继续最小值滤波，透射率粗估计为 $\tilde{t}(x)$，得出：

$$\overset{\mathrm{dark}}{J}(X)=\min_{y\in\Omega(x)}(\min_c J^c(x))=0 \tag{6-20}$$

$J(x)$ 是无尘雾清晰图像，根据暗通道先验理论可知 $\overset{\mathrm{dark}}{J}(X)$ 约为 0，即

$$\tilde{t}(x)=1-\min_{y\in\Omega(x)}\left(\min_{c\in\{\mathrm{RGB}\}}\left(\frac{I^c(y)}{A^c}\right)\right)=0 \tag{6-21}$$

且 A^c 始终大于 0，故得到初始透射率表达式为

$$\tilde{t}(x)=1-\min_{y\in\Omega(x)}\left(\min_{c\in\{\mathrm{RGB}\}}\left(\frac{I^c(y)}{A^c}\right)\right) \tag{6-22}$$

估计出大气光值与初始透射率，暗通道去尘雾图像如图 6-13(b)所示。

　　(a) 刮板输送机带尘雾煤矸图　　　　　　　(b) 暗通道去尘雾图

图 6-13　暗通道去尘雾结果

2) 基于引导滤波的透射率细化

图 6-13(b)中灰白的尘雾大部分已经去除，但图像亮度与对比度很低，整体呈现偏暗的视觉效果，矸石目标与背景没有区分开，需要通过引导滤波优化初始透射率，增强去雾后的矸石边缘信息。普通滤波器在消除噪声时，边缘和细节也会被弱化，而引导滤波基于引导图像，先输入一张引导图像 I，假设引导图像 I 和输出图像 q 之间满足局部线性关系，保证输出图像和引导图像的梯度一致，起到保持边缘的作用，且输入图像 p 是由输出图像与噪声叠加得到的。根据上述两个条件求出引导图像与输出图像间的线性系数 a 和 b，从而得到细化后的透射率。整

个细化过程如图 6-14 所示，使用暗通道图像作为引导图像，根据引导图像提供的梯度信息保留输出图像中的矸石边缘信息，最终起到保边的作用。

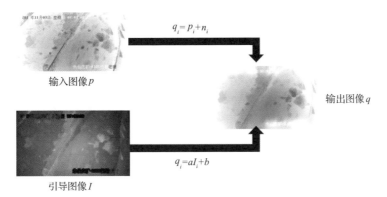

图 6-14　引导滤波透射率细化过程

根据细化后的透射率和估计出的大气光值，进行暗通道先验去雾，图像去尘雾结果见图 6-15。经过引导滤波细化后，图中的大部分尘雾得到消除，同时矸石边缘也尽可能地得到保留，矸石目标更加突出。但不足的是暗通道去尘雾算法是基于大气散射模型成像机理进行去尘雾，矸石目标的本征特征(纹理、边缘)较弱，矿井低照度环境的去尘雾图像对比较低。

(a) 刮板输送机带尘雾煤矸图　　　(b) 带引导滤波的暗通道去尘雾图像

图 6-15　带引导滤波的暗通道去尘雾结果

6.1.2.3　井下煤矸图像对比度及细节增强

Retinex 算法在去除光照对物体影响的同时，可提升图像的对比度，恢复增强物体本征细节信息。采用限制对比度的 Retinex 算法可以恢复暗通道去尘雾后的图像细节，适合矿下图像去尘雾后煤矸细节增强。

1)图像细节增强原理

Retinex 理论是由 Edwin Land 提出的，通过研究色彩恒常性理论，解释图像信息通过瞳孔到达视网膜，传入到大脑皮层神经系统所形成的视觉特性[44, 45]。如

图 6-16 所示，光照成像主要由入射分量和反射分量共同作用产生，反射分量可以表达物体目标的真实图像，但需要消除入射分量对目标图像的影响。Retinex 增强图像的基本思想就是尽量还原图像的反射分量，有效保留物体的纹理、形状、色彩、边缘等本征信息。Retinex 算法的本征细节还原与增强功能适用于经过暗通道去尘雾的井下图像。

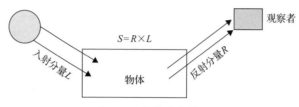

图 6-16 物体成像模型

根据 Retinex 理论，物体成像过程可以用式(6-23)表示：

$$S(x,y) = L(x,y) \times R(x,y) \tag{6-23}$$

式中，$S(x,y)$ 为成像设备的采集图像；$L(x,y)$ 为入射分量信息，反映入射光照的强度，也称为光照图像；$R(x,y)$ 为反射图像，反映了物体本身的真实色彩，包含了图像中物体的细节特征，是增强的目标图像。

对式(6-23)进行对数处理，乘积换算为加法操作，得到式(6-24)：

$$\log S(x,y) = \log(L(x,y) \times R(x,y)) = \log L(x,y) + \log R(x,y) \tag{6-24}$$

化简得

$$\log R(x,y) = \log S(x,y) - \log L(x,y) \tag{6-25}$$

若令 $s(x,y) = \log S(x,y)$，且 $l(x,y) = L(x,y)$，则得到 Retinex 增强公式：

$$r(x,y) = s(x,y) - l(x,y) \tag{6-26}$$

2) 基于单尺度 Retinex 的煤矸细节增强

Land 基于 Retinex 理论提出了单尺度 Retinex(SSR)算法[46]，该算法对图像的 RGB 三通道分量分别进行高斯卷积处理，估计出低频光照图像，通过对数域运算去除原始图像中的低频照射部分，得出反射分量。SSR 算法数学表达式为

$$r_i(x,y) = \log(R_i(x,y)) = \log\left(\frac{S_i(x,y)}{L_i(x,y)}\right) = \log(S_i(x,y)) - \log(S_i(x,y) * G(x,y)) \tag{6-27}$$

式中，r_i 为彩色图像第 i 个通道的反射分量；*为卷积操作；$S_i(x, y)$ 为相应通道的原始图像；$G(x, y)$ 为高斯函数，见式(6-28)：

$$G(x, y) = \frac{1}{2\pi\delta^2} \exp\left(-\frac{x^2 + y^2}{2\delta^2}\right) \tag{6-28}$$

且满足：

$$\iint G(x, y)\mathrm{d}x\mathrm{d}y = 1 \tag{6-29}$$

式中，δ 为高斯函数方差，δ 取值较小时，图像整体边缘细节信息突出；δ 取值较大时，图像色彩保真效果好，但边缘细节被弱化。由于矿下环境颜色单调，实验得出 δ 为 85 时，增强效果最好。

图 6-17 显示了单尺度 Retinex 处理之后的去雾增强效果，矸石目标纹理与边缘得到突出，提升了整幅图像的对比度，但是图像的背景也被增强，为了更加突出矸石目标信息，需要对 Retinex 算法进行改进。

(a) 暗通道初始去尘雾图像   (b) Retinex 增强结果

图 6-17　单尺度 Retinex 增强结果

3) 直方图均衡化增强煤矸细节

针对图像对比度全局得到提升以及背景得到增强两个问题，在 Retinex 算法对 RGB 三分量通过高斯卷积，转换回空域图像时，对图像 RGB 三通道进行限制对比度自适应直方图均衡处理(CLAHE)。即对图像分块处理，每块分别进行直方图均衡，利用局部信息增强的思想解决全局对比度增强的问题。同时通过设置阈值解决背景增强的问题，当图像直方图的某灰度级像素超过阈值时，超出阈值的部分被平均分配到图像的其他灰度级上，使累计分布直方图的斜率保持一致。

限制对比度的直方图均衡化方法对煤矸图像的增强处理结果及累计分布直方图如图 6-18 所示，图像矸石目标的边缘更加明显，边缘与背景的区分度增强。经过改进的 Retinex 方法处理，增强图像的累计分布直方图斜率也更加平缓。

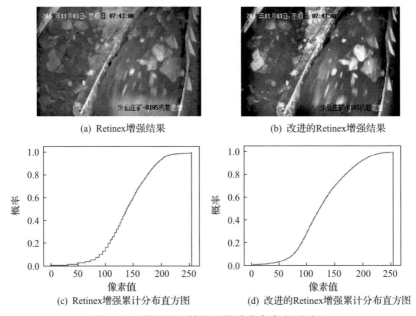

(a) Retinex增强结果   (b) 改进的Retinex增强结果

(c) Retinex增强累计分布直方图   (d) 改进的Retinex增强累计分布直方图

图 6-18   增强处理结果及累计分布直方图对比

6.1.3   煤矸图像特征快速提取技术

放顶煤工作面的煤矸识别，需要解决煤矸边界准确分割的问题，将深度学习方法引入煤矸识别研究中，增强图像识别的鲁棒性，提高检测速度和精度。

6.1.3.1   煤矸图像特征快速提取模块

DeepLab V3+(图 6-19)网络具有深层特征提取及多尺度特征融合的优势，由普通卷积池化、残差卷积池化输出 1/4 分辨率的低级特征，后续两个残差卷积池化输出 1/16 分辨率特征到空洞空间卷积池化金塔(atrous spatial pyramid pooling, ASPP)多尺度特征提取模块，输出高级语义特征。网络具有高级低级特征融合功能，能够适应井下环境中矸石的边界检测。

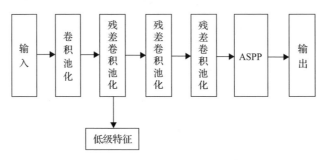

图 6-19   DeepLab V3+特征提取架构

放顶煤工作面的煤矸识别需要匹配刮板链速。轻量级网络特征 ShuffleNet、SqueezeNet、Mobilenet v1、Xception 等具有快速提取特征的性能，通常采用通道分离卷积，降低参数量，提升计算速度。为提高 DeepLab V3+特征提取的速度，研发了轻量特征提取网络结构(图 6-20)，倒置残差卷积取代残差卷积，采用分离卷积方式，提升特征提取速度。

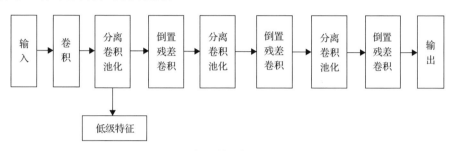

图 6-20　轻量特征提取网络结构

1)深度可分离卷积

基于深度可分离卷积的分离空间和通道的相关性，首先分通道卷积，即对每个输入通道做卷积，然后逐点卷积，由 $1×1×k$ 的卷积核处理，k 为通道数。

图 6-21(a)为彩色三通道图像的普通卷积过程，假设输出 4 个特征图谱，需要 4 个 $3×3×3$ 的卷积核，则卷积层参数为 108 个，即 $4×3×3×3$。图 6-21(b)为深度可分离卷积，同样获得 4 个特征图谱，深度卷积的参数为 27 个，即 $3×3×3$。逐点卷积参数为 12 个，即 $1×1×3×4$，参数总数为 39 个。其参数约为常规卷积 1/3，网络的参数数量及计算复杂度大幅降低。

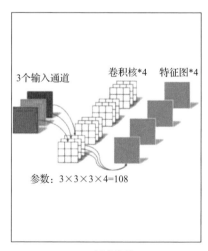

(a) 标准卷积

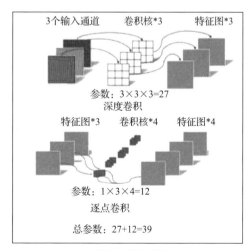

(b) 深度可分离卷积

图 6-21　标准卷积与深度可分离卷积

2) 倒置残差卷积

深层网络映射的函数比浅层网络映射的函数要复杂得多，对现实项目中函数的逼近能力更强。随着网络深度增加，提取的特征模式也更复杂，但训练网络中有一些层可能是多余的，甚至会起到反作用。

网络输入为 x，输出为 $F'(x,w')$，F' 是关于权重 w' 和网络输入 x 的函数。通过训练网络找到一组权重 w'，使 $F'(x,w')$ 最逼近真实的函数 $H(x)$，表示为

$$F'(x,w') \longrightarrow H(x) \tag{6-30}$$

图 6-22 为残差卷积结构图。网络输入 x 降维后进行普通卷积，输出前叠加输入 x，即残差，使得输出为 $H(x)-x$。训练网络的目的即找到一组权重 w，如果残差为 0，这个卷积层则不起作用。

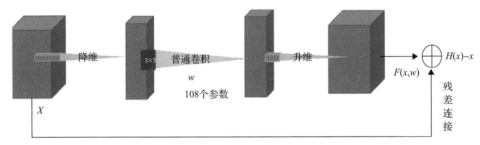

图 6-22　残差卷积结构图

残差结构制造恒等映射，$F(x,w)=H(x)-x=0$，则网络就是恒等映射。训练朝着恒等映射方向收敛，确保错误率不会因为深度增加变差。残差网络输出的变化对权重调整影响更大，反向传播的梯度更大，训练更容易。

倒置残差卷积结构(图 6-23)通过升维、深度可分离卷积、降维输出特征图谱，参数减少到 39 个，加快了特征提取速度。

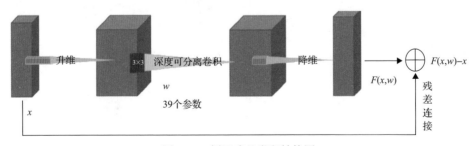

图 6-23　倒置残差卷积结构图

分离卷积步长为 1 时，输入和输出图谱的分辨率相同，可以倒置残差连接。分离卷积步长大于 1 时，不能进行倒置残差连接。图 6-24 是分离卷积下采样结

构，深度可分离卷积提取特征后，进行池化及降维处理，进一步突出了图像的语义信息。

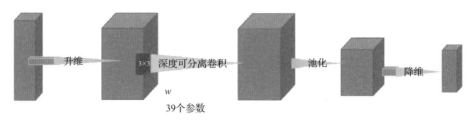

图 6-24　分离卷积下采样结构

DeepLab V3+网络除一个普通卷积外，采用三个倒置残差卷积，网络深度为 4 层，残差卷积参数数量为 108×3=324 个。提出的轻量特征提取网络由 3 个分离卷积、3 个倒置残差卷积，取代 3 个倒置残差卷积，网络深度为 7 层，可以获得更抽象的特征，参数数量仅为 39×6=234 个。网络深度增加了 3 层，参数数量下降到原来的 72%，可以以更快速度提取到更丰富、更抽象的特征。

6.1.3.2　煤矸图像多尺度特征提取模块

放煤过程中粉尘浓度大，煤矸目标识别及边界检测比较困难，比如粉尘弱化了边界信息，光照形成了阴影区域，煤矸边界相互遮挡。图像的多尺度信息提取及有效融合，是煤矸精准识别的保障，空洞卷积是提取多尺度特征的经典方法。

1) 空洞卷积

空洞卷积模板，模板元素由零填充。通过空洞率 r，卷积核膨胀到相应尺寸。图 6-25 中，空洞率为 1，模板尺寸为 3×3 普通卷积；空洞率为 2，模板尺寸为 5×5 普通卷积；空洞率为 4，模板尺寸为 9×9 普通卷积。

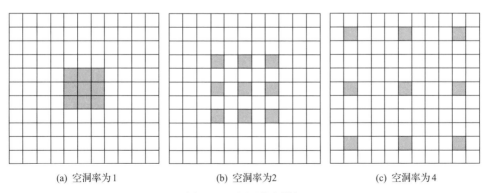

(a) 空洞率为 1　　　　　　(b) 空洞率为 2　　　　　　(c) 空洞率为 4

图 6-25　空洞卷积模板

空洞卷积的优势在于：①在学习到高层特征的过程中，不会因为图像尺寸缩小而丢失信息；②不增加卷积核参数，扩大卷积核的感受区域；③使用不同的空洞率获得相应的感受范围，获取多尺度图像特征。

2) 多尺度特征提取模块

空洞空间金字塔模块(图 6-26)，即 ASPP 模块，是经典的多尺度特征提取模块。残差网络提取前期特征后，采用不同空洞率的空洞卷积，增加特征图的空间分辨率，防止细小特征的丢失，保持弱边界的特征完整。

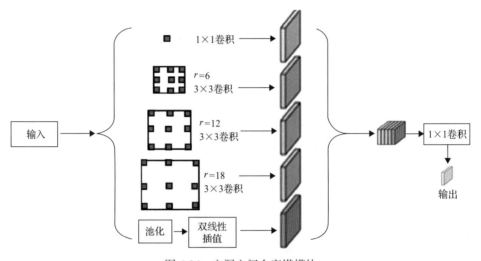

图 6-26　空洞空间金字塔模块

ASPP 模块主要包含三部分：①4 个不同空洞率的空洞卷积，获得 4 层不同尺度的特征图；②平均池化，继续双线性插值，得到 1 层滤波图谱；③合并 5 层特征图，包括 4 层空洞卷积特征图和池化插值特征图，融合后输出高级特征。

采用空洞空间金字塔模块，可以提取到煤矸图像的多尺度信息，融合后的高级语义信息是煤矸边界准确分割的依据。

6.1.3.3　轻量多尺度放顶煤工作面煤矸识别及边界测量模型

结合多尺度、轻量级特征提取模块与边界检测模块，提出了轻量多尺度放顶煤工作面煤矸识别及边界测量模型，该模型采用了图像像素分类的基本架构，即编码器和解码器架构，如图 6-27 所示。

编码器快速提取出多尺度特征，并将低级特征、高级特征分别送入解码器。解码器融合低级高级特征，获得像素分割结果。该模型可以满足煤岩流实时识别与边界分割完整的要求。

1) 轻量多尺度特征编码器

轻量多尺度特征编码器结构如图 6-28 所示，由轻量级特征提取模块和空洞空

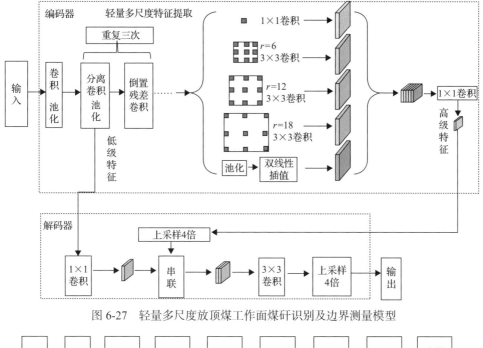

图 6-27　轻量多尺度放顶煤工作面煤矸识别及边界测量模型

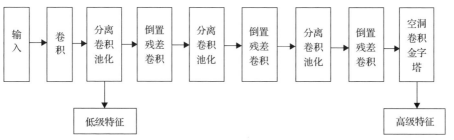

图 6-28　轻量多尺度特征编码器结构

间金字塔模块构成。图像首先由轻量级特征提取模块提取低级及前期特征，采用深度可分离卷积与倒置残差结构减小网络参数及内存使用，特征提取速度得到提升。网络深度到达 7 层，相比残差网络的 4 层卷积，获得的放顶煤特征更抽象、更丰富。

　　轻量级特征提取模块提取的特征，输入到空洞空间金字塔模块，通过不同空洞率的空洞卷积，扩大感受野，避免下采样操作丢失过多的空间信息，得到不同尺度的特征，最后通过融合不同尺度的特征，保证煤矸图像中边界分割的准确性。

　　2)轻量多尺度特征解码器

　　煤矸边界检测解码器即有效的上采样过程，如图 6-29 所示。

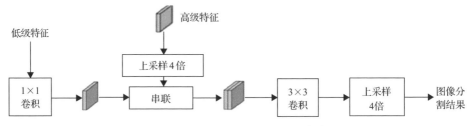

图 6-29 轻量多尺度特征解码器结构

首先对轻量多尺度特征编码器输出的高级特征，进行倍数为 4 的双线性插值上采样，获得与来自主干网络的低级特征相同的分辨率，合并低级特征和高级特征。因为低级特征包含多通道数据，合并之前应用卷积减少通道数量。合并后的特征图谱应用 3×3 卷积细化特征，最后通过倍数为 4 的双线性插值上采样恢复到原始图像分辨率，并得到最终预测结果。

6.1.3.4 煤矸图像数据及标注

利用工业摄像头在实验室以及工作面现场采集煤矸图像数据，实验室采集图像 1000 帧，工作面采集图像 220 帧。使用 Labelme 标注工具将采集的 1220 帧图像中的煤矸边界逐一标注，标注后的图像文件以.json 的文件格式存储，json 文件中保存原始数据的目标位置以及类别信息。使用 labelme_json_to_dataset 程序，将生成的 json 文件批量转换为 mask 文件，以备轻量多尺度煤矸识别及边界检测网络训练时使用(图 6-30)。

图 6-30 矸石原图及标注图

制作图像数据集，数据集包含三个文件夹：①JPEG Images 文件夹，存放所有的原始图片；②Segmentation Class 文件夹，存放所有的由 json 文件转换成的 mask 文件；③Segmention 文件夹，存放 train.txt、test.txt、val.txt 文件。训练模型时，程序根据 txt 中的路径信息自动地从标注文件和原始文件中读取数据作为训练集、测试集、验证集。

6.1.3.5　煤矸图像识别及检测

由上述采集的原图和标注图像成对送入模型，模型训练通过误差函数计算输出结果与标注图像中间的误差，反馈调节模型中的网络参数。训练的误差小于阈值时，模型训练完成。

为平衡权重抵消边缘与非边缘之间的信息差异，采用类平衡交叉熵损失函数：

$$l_{\text{side}}^{(m)}(W, w^{(m)}) = -\beta \sum_{j \in Y_+} \log Pr(y_j = 1 \mid X; W, w^{(m)})$$
$$\qquad\qquad - (1-\beta) \sum_{j \in Y_+} \log Pr(y_j = 0 \mid X; W, w^{(m)}) \qquad (6\text{-}31)$$

式中，$\beta = \dfrac{|Y_-|}{|Y|}$，$1 - \beta = \dfrac{|Y|}{|Y_-|}$，边缘和非边缘真实值标注数据集用 $|Y|$ 和 $|Y_-|$ 表示。

将现场采集到的图像输入到训练好的煤矸识别模型中，实时检测煤矸分割二值图，并对二值图中的煤矸目标进行边界提取，二值图中的边界信息叠加到原始矸石图像。煤矸识别检测结果如图 6-31 所示。

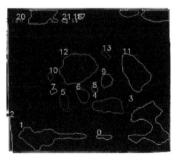 

(a) 传统阈值方法边界检测　　　　(b) 轻量多尺度放顶煤工作面识别
　　　　　　　　　　　　　　　　及边界测量模型检测结果

图 6-31　煤矸识别检测结果

传统阈值方法进行图像煤矸目标识别，图像下方和上方各有 3 个非煤矸目标误检，9 个煤矸目标中有 2 个漏检，轻量多尺度放顶煤工作面识别及边界测量模型的检测结果无误(图 6-31)。

传统阈值方法的检测结果中，图像误检测出下方的 2 个、上方的 3 个非煤矸目标，9 个煤矸目标全部检测，轻量多尺度放顶煤工作面识别及边界测量模型的检测结果同样无误(图 6-32)。

将训练好的模型进一步对放顶煤工作面后部刮板输送机上的煤矸图像进行实时识别(图 6-33)，该模型实现了对矸石边界的快速准确检测。

(a) 矸石原图像　　　　　　　　　　　(b) 矸石识别结果

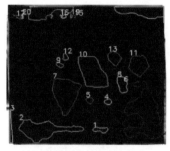

(c) 传统阈值方法边界检测　　　　　(d) 轻量多尺度放顶煤工作面识别及
　　　　　　　　　　　　　　　　　　　　　　边界测量模型边界检测

图 6-32　传统阈值方法与轻量多尺度放顶煤工作面识别及边界测量模型检测结果对比

(a) 图像分割结果　　　　　　　　　　　(b) 二值化处理

图 6-33　图像采集与分割

6.1.4　放顶煤工作面含矸率高精度预测方法

6.1.4.1　基本概念

相比于其他识别技术或手段,图像识别智能放煤技术的一大优势是可以实现含矸率的识别。含矸率(rock mixed ratio,RMR),是指从放煤口放出并落在后部刮板输送机上快速移动煤岩流中的矸石体积(矸石表面积或二维图像中的投影面积)与煤矸总体积(总表面积或二维图像中的总投影面积)的比值,取值范围[0,100%],如式(6-32):

$$\mathrm{RMR} = \frac{Q_{\mathrm{rock}}}{Q_{\mathrm{coal}} + Q_{\mathrm{rock}}} \times 100\% \tag{6-32}$$

式中，Q_{coal}、Q_{rock} 分别为煤、矸石的投影面积、表面积、体积或者重量。

目前，常用的一些智能放煤技术，比如基于声音或者振动信号的技术，仅能对"放煤""放矸"两种放煤阶段进行区分，而无法对含矸率进行判别，这是典型的"见矸关门"原则。最近的研究发现，当含矸率为 10%~15% 时，才可使顶煤回收率达到最大化[47]，这就要求在煤矸识别时，要对含矸率给出定量精准判断，否则会造成较大的顶煤损失。

对含矸率的精准判断离不开高精度的图像分割结果，放顶煤领域的图像分割不同于其他领域。比如在煤矸分选过程中[图 6-34(a)]，待分选的煤和矸石被平铺在皮带输送机上通过传感器识别，煤矸边界较为清晰，识别性能好。而在放顶煤工作面，后部刮板输送机带动煤岩块体流快速移动，煤和矸石相互堆积叠压[图 6-34(b)]，不利于边界识别与含矸率计算。

(a) 煤矸分选　　　　　　　　　　　(b) 放顶煤工作面

图 6-34　不同研究领域的煤矸识别

含矸率是一个广义的概念，不仅可以用投影面积比表示，还可以用表面积比、体积比或者重量比表示。通过统计二维图像中像素点个数，可以得到用投影面积比表示的含矸率。实际上，放顶煤工作面后部刮板输送机上煤岩块体流中的煤和矸石是三维块体且相互叠压堆积，所以，通过煤矸二维图像反演煤矸块体三维堆积形态，获得煤岩块体流表面的体积含矸率，并且对叠压在煤岩块体流内部的体积含矸率进行预测(图 6-35)，这是一种提升含矸率测量精度的方法，也是图像识别智能放煤技术有别于且领先于其他监测手段或方法的地方。

6.1.4.2　含矸率高精度预测研究思路

顶煤和矸石从放煤口被放出后，会堆积在后部刮板输送机上，并运出工作面。通过分析它们的堆积特征，可以提升含矸率识别精度。图像识别是以分析二

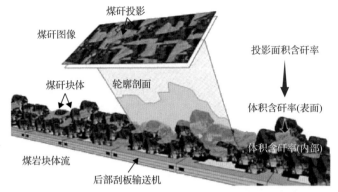

图 6-35　　图像识别智能放煤技术涉及的几种含矸率

维图像为基础的，图像采集到的信息也仅仅是煤岩块体流表面的信息，因此，直接通过图像获得的含矸率是煤岩块体流表面矸石的投影面积与表面煤矸总投影面积的比值。而实际上，放出的煤和矸石并不是以二维形态存在的，也不是彼此独立平铺在后部刮板输送机上的。它们不仅是三维块体，而且相互堆积叠压。因此，制定了"由表及里"（Surface to Inside, S2I）含矸率高精度预测两步走策略。首先，通过分析煤矸块体三维形态特征与二维形态特征关系，实现投影面积含矸率向表面体积含矸率的过渡；其次，通过对煤矸块体堆积特征的分析，获得煤岩块体流表面体积含矸率与内部体积含矸率的关系，完成由表面体积含矸率向内部体积含矸率的跨越（图 6-36），达到利用二维图像预测三维含矸率的目的，最终实现透明化煤岩流，实现含矸率的高精度测量。

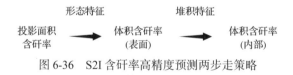

图 6-36　　S2I 含矸率高精度预测两步走策略

6.1.4.3　基于多视图像序列的煤矸块体三维精准重建与体积测量

图像识别智能放煤技术的最终目的是计算出后部刮板输送机上煤岩流中的矸石块体的体积占比。这涉及两个关键问题，其一，二维图像中煤矸块体投影面积与三维现实中块体体积的映射关系；其二，煤岩流中煤矸块体堆积特征，即表面体积含矸率与内部体积含矸率的映射关系。这两个问题中，都需要准确获得煤矸块体样本的体积或其他形状特征参数，因此需要对煤矸块体进行三维精准重建。

三维信息的准确测量是实现煤矸块体三维重建的关键。基于图像识别的思路，提供了一种基于多视图像序列的煤矸块体三维精准重建方法。采用普通消费级相机对煤矸块体完成一组多视图像序列的采集，利用不同视角下煤矸块体在二维图像中的侧影轮廓线构建煤矸块体的可视化外壳，实现对煤矸块体真实形状的合理逼近。进一步将图像中煤矸块体的纹理信息映射到可视化外壳上，完成三维精准重建(图 6-37)。

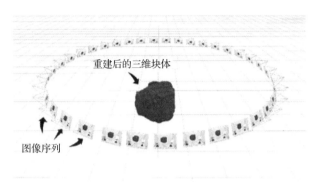

图 6-37　基于多视图像序列的煤矸块体三维精准重建示意图

对所获得的煤矸块体数字化模型进行体积、表面积测量，通过分析二维图像中煤矸块体投影面积与三维现实中块体体积的映射关系、表面体积含矸率与内部体积含矸率的映射关系等，为 S2I 含矸率高精度预测两步走策略研究提供便利。由于这种方法获得的模型仿真度高，也可以将其导入数值模拟软件，实现放煤过程高仿真模拟，同时也可用于二维或三维形状特征参数的测量。

6.1.4.4　基于图像体素化的煤矸形态三维快速写意重建

煤矸块体的形状影响着顶煤的放出规律和堆积特征，进而影响到图像识别智能放煤技术对后部刮板输送机煤岩块体流含矸率的辨识精度，常用的形状表征参数见表 6-1[48]。

表 6-1　基于二维图像获得的形状特征

特征名称	符号	定义	备注
宽高比	AR_{2D}	$AR_{2D}=L_{max}/L_{min}$	$L_{max}(L_{min})$ 为与块体在二维图像中投影具有相同标准二阶中心矩的椭圆的长轴(短轴)
长宽比	LWR_{2D}	$LWR_{2D}=F_{max}/F_{min}$	$F_{max}(F_{min})$ 为最大(最小)Feret 直径
圆度	R_{2D}	$R_{2D}=P^2/4A\pi$	P、A 分别为块体在二维图像中投影的周长与面积
Blaschke 指数	BI_{2D}	$BI_{2D}=32A/(\pi P)^2$	
修正 Blaschke 指数	MBI_{2D}	$MBI_{2D}=2(\pi A)^{0.5}/P$	
凸度	C_{2D}	$C_{2D}=\pi D_C/P$	D_C 为与块体在二维图像中投影面积相同的圆的直径

目前在进行放顶煤相关数值模拟研究时，不规则的煤块通常被简化为二维圆

盘或三维球体,这与实际情况存在差异。同时,为了获得海量块体数据,揭示煤矸块体三维形态特征与二维形态特征关系,进而实现通过煤岩流表面的投影面积含矸率预测煤岩流内部的体积含矸率,围绕利用图像识别解决智能放煤问题的基本思路,提出了一种基于二维图像的煤矸块体形状表征模型以及一种块体三维快速写意重建方法。

表 6-1 中的特征参数(feature index, FI)可以定量描述块体在二维图像中的投影形状,作者研究团队分析了煤矸块体多视角下的投影图像,对采集到的多个视角下的煤矸块体图像分别提取形状特征参数,再计算这些形状特征参数的加权平均值和标准差,并将其作为新的用于描述块体形状特征的指标。

$$\text{MoV}_{\text{FI}} = \frac{\sum_{i=1}^{n} \text{FI}_i \times S_i}{\sum_{i=1}^{n} S_i} \tag{6-33}$$

$$\text{DoV}_{\text{FV}} = \frac{\sqrt{\sum_{i=1}^{n} (\text{FI}_i - \text{MoV}_{\text{FV}})^2}}{n} \tag{6-34}$$

式中,MoV_{FI}、DoV_{FI} 分别为多视角下煤矸形状特征参数 FI 的加权平均值(mean of FI under multiple viewing)和标准差(standard deviation of FI under multiple viewing);FI_i 为第 i 个视角下的形状特征参数;n 为视角总数;S_i 为第 i 个视角下煤矸块体的面积或者周长。

为了区别于精准重建方法,将这种方法称为写意重建,写意重建又有别于完全随机的重建,因为它是在形状特征参数的主动干预下完成的重建,所以具有一定的可重复性和科学性。重建后的块体是由若干球组成的体素化刚性簇。体素化刚性簇的分辨率(或体素尺寸)影响到块体细节表征效果,分辨率越高(即体素尺寸越小),细节表征越好,但用到的球数量也越多,会在一定程度上影响运算效率;反之分辨率越低,牺牲了部分细节特征,但是有利于提高运算效率。因此如何在保证重建精度的前提下,有效减少球数量,是提高运算效率的关键。

为此,提出了一种有效的方法来优化上述重建过程,即气泡破裂法(bubble burst method, BBM),主要包括吹气泡和戳气泡两个过程。将刚性簇中的球视为具有不同尺寸的气泡,用气泡的破裂来表示球被简化。首先在块体的所有骨架点生成与该处最大内切球相同尺寸的球,完成吹气泡过程,得到了由若干球组成的骨架化刚性簇,此时,相比于体素化刚性簇,已经得到了初步简化,可以用该刚性簇进行数值模拟。但是此时该刚性簇中包含有大量重叠的球,可以进行 BBM 的第二步操作，即戳气泡进行简化。随机戳破一个球，检测刚性簇中是否会因为该球缺失而产生新的空腔。如果由于该球的破裂使得刚性簇中出现空腔，则认为该球不能被简化，否则可以被简化。在对每一个球完成戳气泡操作之后，即实现了利用 BBM 在保证刚性簇外观形状特征的情况下，对其内部球进行了深度简化(图 6-38)。

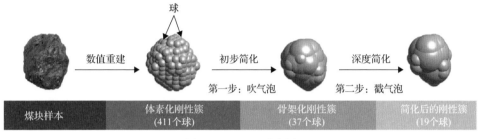

图 6-38　BBM 示意图

实际上，在 BBM 第二步戳气泡操作中，球的破裂顺序也会影响到简化效果。球的破裂顺序主要有随机破裂、按坐标顺序破裂、按球尺寸升序破裂、按球尺寸降序破裂等。研究表明，按球尺寸升序破裂的方法简化效果更好，原因是升序破裂可以让尺寸更大的球占据更多的空间，覆盖住更多的空腔或孔洞，从而使更多的尺寸较小的球被先行解放出来，达到最大限度地降低球数量的目的。通过 BBM 两步简化，可以简化刚性簇中 70.1%~81.9%的球，有效提升数值模拟的运算速度。

在形状特征参数主动干预下完成刚性簇的生成与内部球的简化，实现了基于二维图像的块体三维写意重建，这种方法操作简单快速，可一次性完成多个块体的批量重建(图 6-39)，同时对硬件要求低，使用普通消费级相机即可实现，

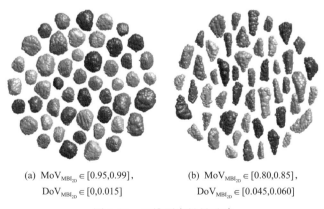

(a) $\mathrm{MoV}_{\mathrm{MBI}_{2\mathrm{D}}} \in [0.95,0.99]$,　　　　(b) $\mathrm{MoV}_{\mathrm{MBI}_{2\mathrm{D}}} \in [0.80,0.85]$,
$\mathrm{DoV}_{\mathrm{MBI}_{2\mathrm{D}}} \in [0,0.015]$　　　　　　　$\mathrm{DoV}_{\mathrm{MBI}_{2\mathrm{D}}} \in [0.045,0.060]$

图 6-39　三维写意批量重建

具有一定的推广应用价值。

6.1.4.5　煤矸堆积体投影面积含矸率与体积含矸率关系

二维和三维形态特征是表征不规则煤矸块体形状的重要指标。二维形态特征很容易从二维图像中获得，但它不能全面反映块体的形状。三维形态特征包含许多指标，对块体的描述更全面，但三维形态特征很难测量，尤其是在放顶煤工作面要求对后部刮板输送机上的煤岩块体流进行实时监测的环境下。因此，从二维图像中快速、直接、准确地估计三维形态特征是一个重要的课题。在实验室实验和数值模拟的基础上，揭示了煤矸块体的三维形态特征与二维形态特征之间的关系。

二维形态特征见表 6-1，三维形态特征主要包括体积、凸包体积、表面积、伸长度、平面度、体凸度和球度等[49]，见表 6-2。

表 6-2　煤矸块体三维形状特征[49]

特征名词	符号	定义	备注
体积	V_{3D}		
凸包体积	Vh_{3D}		
表面积	A_{3D}		
伸长度	El_{3D}	$El_{3D}=W/L$	W、L 分别为三维块体的宽度与长度
平面度	Fl_{3D}	$Fl_{3D}=T/W$	T 为三维块体的厚度
体凸度	Cv_{3D}	$Cv_{3D}=V_{3D}/Vh_{3D}$	
球度	S_{3D}	$S_{3D}=\sqrt[3]{36\pi V_{3D}^2}\,/\,A_{3D}$	

二维形态特征与图像采集的观察视角有关，即不同视角下煤矸块体的二维形态特征不同（图 6-40），所以，在分析煤矸块体二维特征的时候，需要首先确定观

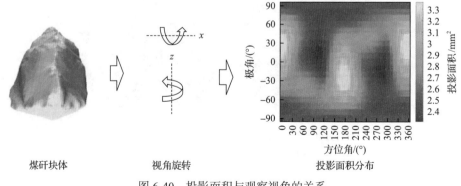

煤矸块体　　　　　　视角旋转　　　　　　投影面积分布

图 6-40　投影面积与观察视角的关系

察视角。在放顶煤工作面，从放煤口放出的煤矸块体在经过放落、碰撞后，会倾向于以优势方位堆积在后部刮板输送机上。因此，有必要确定后部刮板输送机上的煤矸块体的观察视角，而不是随意观察，在优势方位下提取形状特征才有意义。基于这一假设，利用多视图像序列精准重建煤矸块体模型，用离散元法进行自由落体数值计算，确定具有不同形状特征参数的块体优势方位(图 6-41)。

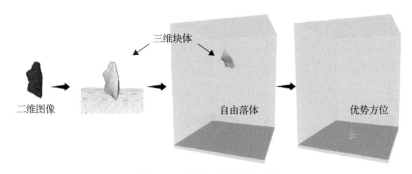

图 6-41　优势方位确定过程

在此基础上，分别计算煤矸块体在优势方位下的二维形态特征和三维形态特征，对两者进行相关分析，揭示二维形态特征与三维形态特征之间的关系。结果表明，二维形态特征与三维形态特征具有较高的相关性(图 6-42)。因此，可以通过对二维图像的分析，估计煤矸块体的三维形态特征，进而修正含矸率数据，作为 S2I 含矸率高精度预测两步走策略的第一步，实现投影面积含矸率向表面体积含矸率的过渡。在此基础上，进一步对煤矸块体堆积特征进行分析，获得煤岩块体流表面体积含矸率与内部体积含矸率的关系，达到利用二维图像预测三维含矸率的目的，实现含矸率的高精度测量。

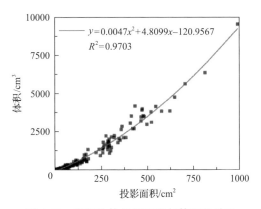

图 6-42　煤矸块体投影面积与体积的关系

6.2　图像识别智能放煤技术及装备

6.2.1　图像采集系统

　　放煤过程粉尘浓度极大，如何保证摄像头的清洁并获取清晰高质量的图像成为制约实现图像识别智能放煤的关键。图 6-43 和图 6-44 为 2020 年作者研究团队研制的能够适应井下高浓度粉尘、水雾环境、具有数据独立处理功能的图像采集系统，即第一代原理样机——"慧眼一号"（Insight-I）。

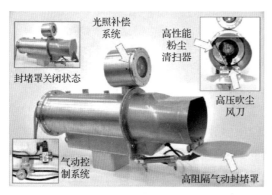

图 6-43　自清洁摄像头　　　　　　图 6-44　摄像头在支架上的安装

　　该系统基于人体仿生学以及边缘人工智能技术，分别模仿眨眼、揉眼、吹灰等动作，通过高阻隔气动封堵罩、高性能粉尘清扫器、高压吹尘风刀，实现图像采集系统粉尘自主感知与清除功能，并实现在图像采集端完成数据处理工作，降低数据传输压力，提升系统可靠性和响应速度。

6.2.2　智能放煤在线检测软件

6.2.2.1　软件架构

　　图像识别智能放煤在线检测软件主要包括采集模块、场景模块、图像模块、通信模块四个部分，涵盖摄像头数据采集、人机交互接口、煤矸目标识别与测量算法、检测结果的图形化显示、数据通信等核心内容，可以实时采集视频/导入视频数据，处理图像数据，弹窗提示、远程传输以及实时存储放煤环节含矸率数据。含矸率的实时检测结果以图形化形式显示，串口通信将含矸率传输至控制器，实施放顶煤的智能控制。软件架构如图 6-45 所示。

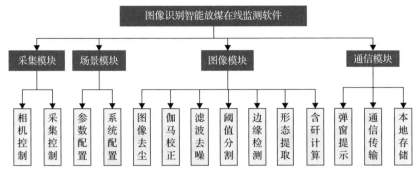

图 6-45　图像识别智能放煤在线监测软件架构

6.2.2.2　软件界面设计

1) Qt 界面设计

Qt Designer (Qt 界面生成器) 作为直观可见的图形用户界面 (graphical user interface, GUI) 构造器，设计的用户界面能够在多种平台上使用。利用 Qt Designer 可以拖放各种 Qt 控件构造图形用户界面并可预览效果。

对软件的功能模块进行划分，分别设计各功能模块的用户界面 (user interface, UI)，各功能模块中使用 Qt 布局管理组织模块内各控件。各 UI 模块之间的布局组织可以放在程序文件中使用纯代码进行控制。

交互设计主要是对界面各控件之间、界面控件和程序代码各对象之间、程序代码各对象之间通信逻辑的设计。

2) 软件界面

主界面包括以下几个部分：菜单栏、文件的打开保存操作、摄像头的打开关闭操作。手动选择文件夹下单张图片或者视频进行煤矸识别，或者选择打开登录界面，配置摄像头采集视频、图像。

主界面从左到右、从上至下分为四个图像区域，分别是采集视频、视频图像检测区域选择、检测结果展示、含矸率曲线图 (图 6-46)。

界面最右侧分别是检测结果通信参数设置和含矸率实时输出 (图 6-47)。

为减小复杂背景对识别过程的干扰，使用手动选取区域的方式进行刮板输送机的区域定位，将图像识别范围约束在刮板输送机工作区域，提高图像处理速度和识别精度。为方便工作人员对图像中刮板输送机的区域圈定，采用鼠标硬件设备和 Qt 实现区域选择任务。此任务的实现包括两步。

(1) 初始矩形框圈定。将 Qt 鼠标事件与鼠标硬件设备进行关联，实现鼠标左键触发、移动与释放功能，进行区域选择定位。触发鼠标左键，触发点为选框起点；移动鼠标，到达所需终点位置；释放鼠标左键，所释放点即为选框终点。

（2）矩形框调节。当初始选框完成后，如需进一步调整选框，可将鼠标光标置于选框端点处，并触发鼠标左键进行相应选框位置的调整。选框完成后，即可确定选框起始点位置，从而计算其宽高。刮板输送机图像区域选择，见图 6-46 中的右上图像框。

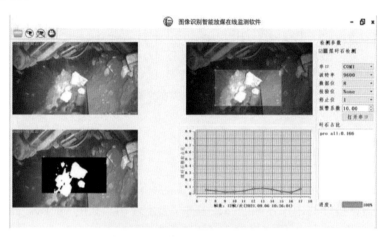

图 6-46　煤矸识别与检测人机交互界面

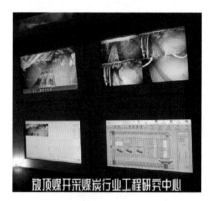

图 6-47　在巷道集中控制中心的监控画面

6.2.2.3　含矸率曲线绘制

在每一帧图像中，矸石为检测目标，用像素数表示面积，则煤与矸石的总量近似等于图像圈定区域像素总数，而矸石量近似等于目标像素数。因此，将煤矸数值信息的客观评价指标定义如式（6-35）：

$$P = \frac{G}{WH} \times 100\% \qquad (6-35)$$

式中，G 为目标像素数；W、H 分别为圈定区域的宽和高；P 为选框中的含矸率。

为准确预测含矸率是否超标，采用累计后平均方法，获得相关时间段内的含矸率数据，具体计算公式如下：

$$\overline{P} = \frac{1}{N}\sum_{i=1}^{N} P_i \qquad (6\text{-}36)$$

式中，P_i 为第 i 帧含矸率；$\overline{P}$ 为累计 N 帧之后的含矸率平均值。

6.3　精准控制多轮放煤技术

对于顶煤厚度大的放顶煤工作面，采用多轮放煤工艺有利于煤岩分界面均匀下沉，避免矸石提前窜入，可以获得较高的顶煤回收率，但是人工放煤时很难掌控多轮放煤的时间。当顶煤中含有夹矸时，放煤工经常将放出的夹矸误认为顶板岩石，而提前关闭放煤口，导致顶煤大量损失。针对多轮放煤工艺中难以精确掌控每一轮放煤时间、误判煤层夹矸问题，作者研究团队研发了顶煤放出时间测量系统，可以准确记录不同层位顶煤的放出时间，结合图像识别的顶煤含矸率检测技术，研发了精准控制多轮放煤技术，如图 6-48 所示。

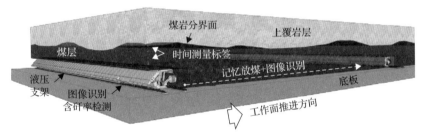

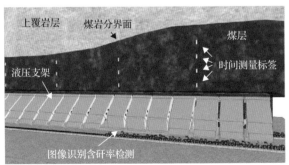

图 6-48　精准控制多轮放煤技术

精准控制多轮放煤技术主要包含多轮放煤工艺确定、多轮放煤时间参数测定、多轮记忆放煤与工艺参数修正。

（1）多轮放煤工艺确定。根据工作面地质条件及煤与矸石的物理特征，利用数值模拟结合相似模型实验研究不同多轮放煤工艺的顶煤回收率及含矸率，确定放煤轮数、放煤步距等工艺参数及顶煤运移时间测量标签布置方式。

（2）多轮放煤时间参数测定。根据所确定的放煤轮数及标签布置方式，在工作面顶煤中自下而上直到煤岩分界面布置若干层顶煤运移时间测量标签，以某一层标签掉落至刮板输送机为某一轮放煤的结束标志，自动记录每层标签从开始运动到掉落至刮板输送机的时间作为该轮放煤时间，以此作为后续自动多轮放煤的时间参数。

（3）多轮记忆放煤与工艺参数修正。在工作面推进过程中，根据形成的多轮放煤工艺及时间参数进行记忆放煤，同时结合含矸率检测技术对放出顶煤进行煤矸识别，根据识别结果决定放煤关闭与否，以及修正放煤工艺参数。当顶煤厚度或地质条件发生明显变化时，或者根据含矸率检测结果判断当前工艺参数已经不再适用时，重新布置顶煤运移时间测量标签，确定新一周期多轮放煤的工艺参数。整个放煤过程如图 6-49 所示。

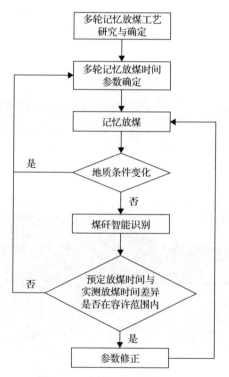

图 6-49　多轮记忆放煤流程图

当工作面煤厚等条件变化时，需要在记忆放煤过程中对工艺参数进行适当调整，利用视频、图像对放出顶煤的含矸率进行在线监测，实时监控记忆放煤过程，得出实际的放煤结束时间，与记忆放煤参数设置的多轮总放煤时间进行比对，根据两者的差异结合参数修正算法对每轮放煤时间参数进行修正，形成多轮记忆放煤过程的闭环精准控制。图 6-50 为放煤工艺参数修正的原理框图。

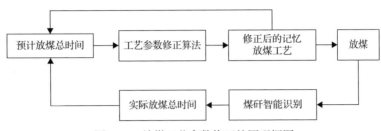

图 6-50　放煤工艺参数修正的原理框图

精准控制多轮放煤技术的优点如下。

(1) 克服了人工放煤时放煤工无法精准控制每一轮放煤时间，实现了多轮精准记忆放煤，最大限度地提高了顶煤回收率。

(2) 通过均匀布置在顶煤中的跟踪标签可以准确判断放煤进度和完成情况，避免了误判放出顶煤夹矸作为放煤结束的标志。

(3) 记忆放煤参数为图像识别智能放煤的含矸率检测提供了必要的先验知识，从一定程度上能够克服单一图像数据可能导致误判夹矸的问题，提高了煤矸图像识别的鲁棒性。

(4) 利用含矸率检测结果对多轮记忆放煤工艺参数进行对比和修正，形成放煤过程的闭环控制，可以有效提高放煤的精准程度和智能水平。

6.3.1　顶煤运移时间测量系统

多轮放煤精准控制的核心技术就是如何精确测量和控制每一轮的放煤时间，如果无法对每一轮放煤时间主动控制，也就无法实现真正意义上的精准控制多轮放煤工艺。为了准确测量顶煤回收率，作者研究团队在 2009 年研制了基于无线射频技术的第一代顶煤运移跟踪仪，采用标志点法代替称重法进行顶煤回收率现场测试，先后在大同、淮北、靖远、汾西等十余个矿区推广应用，首次实现了顶煤回收率现场精准测量。但是第一代顶煤运移跟踪仪仅能观测顶煤不同层位的回收率，并不能记录不同层位的顶煤运移放出时间。为了实现多轮放煤的精准控制，作者研究团队研发了基于重力感应的顶煤运移时间测量系统，由顶煤运移时间测量标签和标签信号接收器组成 [图 6-51 (a)]。顶煤运移时间测量系统结构如图 6-51 (b)所示。通过工作面或者巷道的钻孔将时间测量标签送入顶煤内，放煤过程中时间测量标签跟随顶煤一起运动，并向标签信号接收器发送无线信号，标签信号接收器记录各时间测量标签(顶煤)的运移时间。标签信号接收器汇总各轮放煤的顶煤运移时间，发送给工作面电液控制系统，作为后续的多轮放煤工艺时间参数，实现自动控制的多轮放煤。

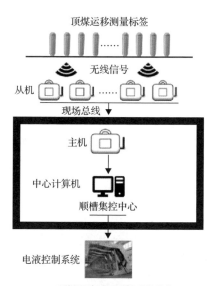

(a) 顶煤运移时间测量标签和标签信号接收器　　(b) 顶煤运移时间测量系统结构

图 6-51　顶煤运移时间测量系统关键设备与系统结构

时间测量标签均采用电池供电，标签数量与放煤轮数和标签布置密度有关，当标签从顶煤中放出掉落至刮板输送机时，将启动无线通信功能与标签信号接收器进行通信，通信信道采用 ISM 频段。为了保证标签信号的可靠接收，在工作面可布置多个标签信号接收器，接收器之间通过控制器局域网络(controller area network, CAN)总线进行通信，接收器与顺槽控制中心计算机通过 RS485/RS422 接口连接，接收器根据现场情况可以选择使用电池供电、电液控制器供电或单独供电的方式。

综放工作面时间测量标签布置如图 6-52 所示。假定放煤轮数为 M 轮，将工作面液压支架分为 N 组，每一组包括 1 架或多架支架，液压支架组按顺序依次编号为 1、2、3、…、N。在各液压支架组上方根据实际地质情况(如煤层厚度、夹矸层数及厚度)，以合适间距放置 M 个顶煤运移时间测量标签,从下向上编号为 1、2、3、…、M，第 M 个时间测量标签放置在煤岩分界面处。当沿工作面倾向煤层厚度变化较大时，时间测量标签的布置个数、布置间距会根据情况进行调整，如仍布置相同数量的标签，则标签可以布置得密一些，如保持标签布置间距不变，则可适当少布置一些标签。在刮板输送机运输能力允许的前提下，每一组液压支架的数量可以适当多一些，主要是考虑到当成组数量较少时，在放煤过程中邻组上方的顶煤会随之运动，导致邻组的时间测量标签发生运动从而干扰时间测量的准确性，采用较多的成组数量一方面可以减少标签的数量，降低成本和钻孔数量，更加方便现场应用；另一方面成组数量越多，煤岩分界面下沉越均匀，对相邻的时间测量标签影响越小，放煤时间测量越准确。

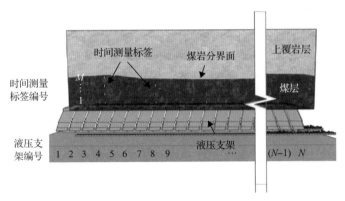

图 6-52　综放工作面时间测量标签布置示意图

为了方便描述多轮放煤时间测量流程，对每一个时间测量标签进行编号，编号形式为(n, m)，表示第 n 组液压支架对应顶煤的 m 水平位置的时间测量标签。开始放煤后，首先控制第 1 组支架同时打开放煤口进行第 1 轮放煤，第 1 组支架上方的 M 个标签会随着顶煤下沉，在此过程中时间测量标签内部的加速度传感器实时监测标签运动状态，当编号为$(1, 1)$的标签随顶煤放出并掉落至刮板输送机时，时间测量标签启动无线通信功能将监测数据发送给标签信号接收器，同时通知电液控制系统关闭第 1 组支架的放煤口，结束第 1 组支架的第 1 轮放煤。时间测量标签记录的数据包含了放煤开始和终止时刻，两者相减得到第 1 组支架第 1 轮放煤的放煤时间 T_{11}。随后，进行第 2 组支架的第 1 轮放煤任务，以编号为$(2, 1)$的时间测量标签掉落为结束放煤标志，测量得到第 2 组支架第 1 轮放煤时间 T_{21}。以此类推，依次完成第 3 组直至第 N 组支架的第 1 轮放煤任务，同时测量得到所有液压支架组的第 1 轮放煤时间$(T_{11}, T_{21}, \cdots, T_{N1})$。

第 1 轮放煤结束后，开始第 1 组支架第 2 轮放煤，以编号为$(1, 2)$的时间测量标签掉落至刮板输送机为终止标志，得到第 1 组支架第 2 轮放煤时间 T_{12}。随后依次完成后续各组液压支架的放煤操作，得到第 2 轮放煤时间$(T_{12}, T_{22}, \cdots, T_{N2})$。以此类推，进行第 3 轮直至第 M 轮放煤操作，由于第 M 个标签放置在煤岩分界面处，它的放出标志着所有顶煤均已放出。最终形成完整的 M 轮放煤时间$[(T_{11}, T_{21}, \cdots, T_{N1}); (T_{12}, T_{22}, \cdots, T_{N2}); \cdots; (T_{1M}, T_{2M}, \cdots, T_{NM})]$。

在实际应用中，每一轮放煤时间的测量除了可以利用与当前放煤轮数相对应的标签测量数据，还可以参考后续放煤轮数对应的标签测量数据，以提高时间测量精度。以第 1 组支架第 1 轮放煤为例，除了编号为 $(1,1)$ 的标签可以测量到该轮的放煤时间外，实际上编号为 $(1,2)\sim(1,M)$ 的所有标签均会记录该轮放煤时间，标签信号接收器会接收所有关于该轮放煤的时间测量数据，当整个工作面放煤结束之后，会汇总所有测量时间数据，进行处理和修正后形成完整的 M 轮放煤时间工艺数据。

6.3.2　现场测试

为了验证顶煤运移时间测量系统应用于综放工作面的可行性，在淮北矿业朱仙庄煤矿 8105 工作面进行了现场测试。顶煤运移时间测量系统的现场布置如图 6-53 所示。

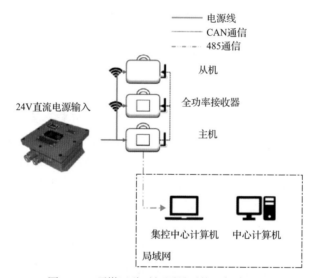

图 6-53　顶煤运移时间测量系统现场布置图

系统采用 24V 直流供电，通过四芯电缆（电源线两芯、CAN 总线信号线两芯）连接 3 台标签信号接收器，标签信号接收器主机通过 RS422 通信接口连接至顺槽中心控制计算机。通过安装在控制计算机上的上位机监控组态软件对系统的工作状态进行监控，同时还可根据需要在地面调度中心安装上位机监控组态软件实现井上井下联动。另外，标签信号接收器主机上也备有人机交互界面，用于监控接收器从机的工作状态、标签回收情况等信息。

在工作面不同位置共施工钻孔 7 处，钻孔方向垂直向上，在钻孔不同深度处各安放 2 个或 3 个顶煤运移时间测量标签，总计安放时间测量标签 18 个，具体的布置位置如图 6-54 所示。

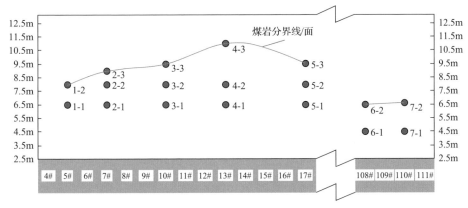

图 6-54 顶煤运移时间测量标签布置位置图

工作面推过顶煤运移时间测量标签布置区域后，共回收时间测量标签 16 个，回收率为 88.9%。时间测量标签回收情况及到达放煤口的时间见表 6-3。根据时间测量标签到达放煤口的时间计算得出顶煤的平均流动速度为 0.03m/s。按顶煤平均厚度 14m，如放煤轮数为 6 轮，可得每轮放煤时间为 77.8s。

表 6-3 顶煤运移时间测量标签回收情况及回收时间

编号	时间	编号	时间
1-1	5:41:49	4-2	6:02:09
1-2	5:42:33	4-3	6:03:47
2-1	未回收	5-1	6:30:30
2-2	5:49:32	5-2	6:31:17
2-3	5:50:15	5-3	6:32:07
3-1	5:54:52	6-1	17:52:47
3-2	5:55:50	6-2	未回收
3-3	5:56:41	7-1	17:57:11
4-1	6:01:24	7-2	17:58:17

6.4 智能放煤技术现场应用

6.4.1 朱仙庄煤矿 8105 工作面

8105 工作面位于十采区四区段，工作面走向长 615m，倾斜宽为 171m，煤层倾角 5°～15°，煤层厚度 3.8～30.6m，平均厚度为 16.5m。煤以半亮半暗型为主，断面以块状、鳞片状为主，煤层松软。

6.4.1.1 智能放煤控制系统安装

通过在工作面煤壁、主辅运巷道打钻孔将顶煤运移时间测量标签安放于煤岩体内，在工作面每个支架上方安放两个标签，一个位于煤岩分界面处，另一个位于煤岩分界面下方 1m，作为放煤终止前的预警信号，如图 6-55 所示。工作面推进方向，每隔 0.6m（或采煤机截深）安放一排标签。沿工作面倾向每隔 10m 布设一台标签信号接收仪于综放支架掩护梁处，接收天线朝向刮板输送机输送方向，从而保证任一位置处的顶煤运移时间测量标签在到达放煤口时其信号都可以被接收。

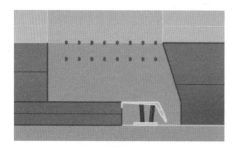

(a) 工作面推进方向　　　　　　　(b) 工作面倾向

图 6-55　顶煤运移时间测量标签布设方式

同时，在工作面每台支架上加装摄像头，当支架进行最后一轮放煤时，通过煤矸识别系统对后部刮板输送机上放出的顶煤进行含矸率的动态检测，当含矸率超过阈值，且上部顶煤运移时间测量标签已被放出时，系统向电液控制系统发送控制指令，控制支架自动关闭放煤口。

通过该系统，调度室可以实时查看不同位置的顶煤运移时间测量标签的放出情况，即判断工作面不同位置处的顶煤是否被回收，如图 6-56 所示。放煤前期，通过上下位置相邻处的时间测量标签放出时间差来反算顶煤流动速度，并以此确定每轮放煤时间。在顶煤厚度不发生明显变化的情况下实行记忆放煤，当顶煤厚度发生较大变化时，则对放煤轮数及放煤时间进行动态调整。

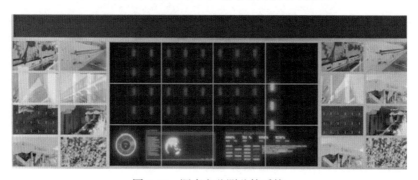

图 6-56　调度室监测监控系统

6.4.1.2 含矸率检测实验

朱仙庄煤矿含矸率检测实验环境在应用程序框架 VS 下进行，GUI 采用 Qt 开发，检测算法在跨平台的 C++库下运行。同时进行深度学习图像像素分类检测实验，训练时实验采用动量因子为 0.9，采用带动量梯度下降方法训练网络，训练次数设置为 200 次，初始学习率设置为 0.007，使用权值衰减策略防止过拟合，根据计算机性能设置批处理量为 8。

训练结束后，保存一个用于预测或再训练时的参数模型。该模型包括优化器的参数字典、迭代次数、最后一层迭代的损失及其他参数，该参数模型以.tar 文件后缀表示，保存训练得到的参数模型，后期直接用于现场数据测试。

在煤矸识别软件中，提前选取好模型所在地址、模型骨干网络类型，GPU 加载模型独立启动一个线程用于加载轻量多尺度放顶煤工作面煤矸识别及边界测量模型，利于整体程序的流畅性，避免长时间的加载模型给程序带来干扰。

1)含矸率检测实验一

现场所采集到的图片分辨率均为 1280px×720px，检测试验未进行手动圈定，将图像总面积视为煤矸总面积。图 6-57～图 6-60 是处理的 4 帧刮板输送机图像及煤矸识别软件获得的煤矸识别结果。表 6-4～表 6-8 分别为 4 帧矸石图像中矸石目标的检测数据。

实验一检测出 49 个矸石目标，移除面积非常小的目标，保留有效目标 27 个(图 6-57)。27 个矸石目标的总面积为 79737px^2，图像区域总面积 921600px^2，含矸率为 8.65%(表 6-4)。

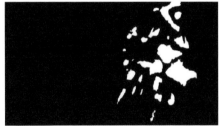

图 6-57　含矸率检测实验一图像

表 6-4　含矸率检测实验一图像检测数据

编号	周长 c/px	长轴 a/px	短轴 b/px	粒径 d/px	面积/px^2	拟体积/px^3
1	278.0071	1184.3865	4.1058	25.0878	1088.5	11207.546
2	14.2426	113.6069	0.9266	2.4640	10.5	10.618
3	259.4802	1174.8843	7.7107	32.3868	1814	24111.476

续表

编号	周长 c/px	长轴 a/px	短轴 b/px	粒径 d/px	面积/px²	拟体积/px³
4	325.7056	1195.7318	7.9434	37.1670	2389	1424734.506
5	186.6518	1156.2618	3.1513	17.9464	557	4102.519
6	582.3645	11182.3090	3.0633	31.8512	1754.5	22934.957
7	249.9655	1175.7643	3.8021	22.8756	905	8496.513
8	18.2426	115.0872	0.7195	2.5786	11.5	12.171
9	383.0609	11112.0629	9.8691	44.8225	3474.5	2488594.595
10	211.5807	1162.3807	4.9674	23.7256	973.5	9479.203
11	313.3208	1191.5006	8.2325	36.9916	2366.5	1404846.965
12	62.76955	1118.5749	1.4051	6.8858	82	231.733
13	28	116.5207	2.3919	5.3228	49	107.044
14	34.7279	1110.161473	0.892767	4.059498	28.5	47.483
15	185.4385	1152.6381	6.3887	24.7163	1056.5	10716.973
16	75.5979	1122.0577	2.0058	8.9651	139	511.435
17	20	115.0398	1.3263	3.4846	21	30.033
18	88.3259	1123.8510	4.2639	13.5920	319.5	1782.273
19	2139.7728	11663.0768	18.0340	147.3849	37567	88003883.43
20	44.7279	1112.9191	1.3181	5.5619	53.5	122.123
21	97.0121	1127.1315	3.7484	13.5920	319.5	1782.273
22	588.8843	11178.8244	8.6232	52.9266	4844.5	4088386.358
23	600.4406	11183.0743	8.0518	51.7472	4631	3822013.082
24	379.8477	11113.0841	7.8251	40.0933	2780	1784962.327
26	262.3502	1175.3064	8.2022	33.4970	1940.5	26677.083
27	1079.4011	11333.5042	10.0798	78.1452	10561	13129083.3
总计					79737	116268867.1

2) 含矸率检测实验二

实验二检测出 20 个矸石目标，移除面积非常小的目标，保留有效目标 17 个 (图 6-58)，17 个矸石目标的面积总计 87307px²，图像区域面积 921600px²，含矸率为 9.47%(表 6-5)。

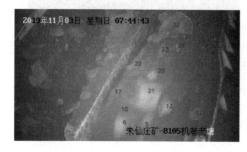 

图 6-58　含矸率检测实验二图像

表 6-5　含矸率检测实验二图像检测数据

编号	周长 c/px	长轴 a/px	短轴 b/px	粒径 d/px	面积/px²	拟体积/px³
1	50	1114.9351	0.9803	5.1573	46	97.3653
2	12	113.3437	0.4759	1.7003	5	3.4891
3	20	115.0398	1.3263	3.4846	21	30.0328
4	715.8792	11218.7697	9.1017	60.1424	6255.5	5992513.757
5	667.5533	11194.1366	18.3522	80.4494	11193	14323820.14
6	31.5563	118.5341	1.5105	4.8392	40.5	80.4359
7	376.6173	11111.7118	8.1691	40.7158	2867	1868758.607
8	481.2274	11142.7637	10.4157	51.9730	4671.5	3872080.525
9	720.8082	11224.3830	5.0573	45.4024	3565	2585918.021
11	1461.9423	11447.4526	17.8980	120.6148	25159.5	48239263.56
12	1058.1118	11330.4951	6.3123	61.5606	6554	6425527.309
13	293.3624	1185.8700	7.5101	34.2270	2026	28459.4847
14	177.8233	1153.5852	3.0176	17.1388	508	3573.2503
16	21.6568	116.5535	0.3399	2.0118	7	5.7798
17	18	114.8014	0.9281	2.8452	14	16.3478
19	21.6568	116.5535	0.3399	2.0118	7	5.7798
20	1338.9473	11407.1545	19.0456	118.6866	24361.5	45963150.73
总计					87307	129303305

3) 含矸率检测实验三

实验三检测出 26 个矸石目标，移除面积非常小的目标，保留有效目标 20 个（图 6-59），20 个矸石目标的面积总计 38221px²，图像区域面积 921600px²，含矸率为 4.15 %（表 6-6）。

4) 含矸率检测实验四

实验四检测出 33 个矸石目标，移除面积非常小的目标，保留有效目标 32 个（图 6-60），32 个矸石目标的面积总计 80834px²，图像区域面积 921600px²，含矸率为 8.77%（表 6-7）。

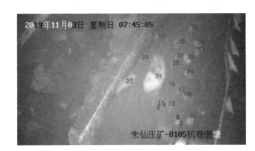

图 6-59　含矸率检测实验三图像

表 6-6　含矸率检测实验三图像检测数据

编号	周长 c/px	长轴 a/px	短轴 b/px	粒径 d/px	面积/px^2	拟体积/px^3
1	14.8284	113.4151	1.3048	2.8452	14	16.3478
2	33.4142	119.9136	0.7224	3.6069	22.5	33.3074
3	25.6568	116.6306	1.5361	4.3015	32	56.4927
4	27.6568	117.3801	1.4233	4.3682	33	59.1614
5	463.9137	11143.4992	4.1691	32.9663	1879.5	25429.1220
6	164.3675	1149.4829	2.8368	15.9686	441	2890.1857
7	94.6690	1126.2472	3.8868	13.6133	320.5	1790.6467
8	104.4680	1130.7423	2.5108	11.8414	242.5	1178.5160
9	707.8204	11215.9130	9.3931	60.6974	6371.5	6159587.208
10	191.4802	1158.2276	2.7223	16.9693	498	3468.2619
11	121.2964	1136.0349	2.5749	12.9828	291.5	1553.1940
12	110.0832	1133.4414	1.5990	9.8560	168	679.5662
13	157.2375	1147.6205	2.4297	14.4978	363.5	2162.8405
14	298.1909	1188.5161	6.4009	32.0818	1780	23436.7762
15	1434.2022	11441.0161	15.5038	111.4479	21480.5	38058104.78
16	259.8061	1178.8751	3.8237	23.4066	947.5	9101.9972
17	191.7228	1155.7044	5.3228	23.2081	931.5	8872.4213
18	316.4335	1196.6791	4.0447	26.6524	1228.5	13437.8754
19	202.693	1159.9044	4.6148	22.4096	868.5	7987.7158
20	100.4680	1128.5771	3.4028	13.2909	305.5	1666.4208
总计					38221	48321513.06

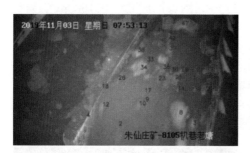

图 6-60　含矸率检测实验四图像

表 6-7　含矸率检测实验四图像检测数据

编号	周长 c/px	长轴 a/px	短轴 b/px	粒径 d/px	面积/px^2	拟体积/px^3
1	123.8406	1136.1483	3.2712	14.6564	371.5	2234.6324
2	346.1492	1199.5780	10.6046	43.7981	3317.5	2322754.433
3	69.0710	1121.0563	0.9297	5.9633	61.5	150.5152
4	357.1025	11105.9479	7.7213	38.5493	2570	1588097.02

续表

编号	周长 c/px	长轴 a/px	短轴 b/px	粒径 d/px	面积/px^2	拟体积/px^3
5	20	115.0398	1.3263	3.4846	21	30.0328
6	618.4406	11187.8086	9.0471	55.5570	5338	4726609.772
7	752.0630	11224.1533	15.2357	78.7643	10729	13443276.57
8	95.3969	1128.2959	2.0698	10.3147	184	778.9231
9	315.8477	1192.7692	7.7682	36.1816	2264	1315448.547
10	517.1858	11158.4855	6.1398	42.0433	3057	2056190.461
11	54.5269	1115.6133	1.7430	7.0312	85.5	246.7272
12	112.7106	1133.7451	2.1318	11.4315	226	1060.3043
13	329.0193	11100.9101	3.8199	26.4619	1211	13151.7663
14	20	115.0398	1.3263	3.4846	21	30.0328
15	463.8721	11140.4670	7.1880	42.8268	3172	2172523.14
16	410.0731	11124.8152	5.7151	35.9973	2241	1295661.743
17	164.1665	1148.8477	3.4080	17.3900	523	3732.6769
18	359.0193	11109.7309	4.5484	30.1108	1568	19377.0187
19	344.0315	11105.6381	3.8704	27.2531	1284.5	14367.0973
20	73.8406	1120.3713	3.1328	10.7673	200.5	886.0116
21	79.9827	1122.6884	2.7708	10.6864	197.5	866.2006
22	867.6610	11265.7836	10.4013	70.8654	8685	9794575.843
23	675.0924	11208.5971	6.2915	48.8266	4123	3212887.423
24	905.8447	11279.7022	8.6370	66.2455	7589.5	8003619.376
25	291.3624	1187.3076	5.4359	29.3622	1491	17967.3627
26	452.4579	11136.5717	7.4501	42.9919	3196.5	2197583.383
27	446.7005	11133.8567	8.3324	45.0123	3504	2520181.249
29	164.9949	1149.1589	3.3605	17.3234	519	3689.9366
30	189.7228	1156.9028	3.4878	18.9875	623.5	4858.7276
31	31.7989	118.6499	1.4719	4.8092	40	78.9510
32	211.0365	1163.1178	4.0571	21.5681	804.5	7121.2616
33	1107.0235	11341.5528	10.823657	81.94847	11614	15138732.5
总计					80834	109878769.63

最后将检测完成以后的信息通过发送控制信号传输给控制系统。

6.4.1.3　含矸率检测分析

图像识别智能放煤在线监测软件在朱仙庄煤矿进行了 4 次现场图像的实验分析，结果见表 6-8。

表 6-8 含矸率检测结果分析

编号	矸石量/个	面积/px²	面积比/%	拟体积/px³	(面积/体积)/%
1	27	79737	8.65	116268867	0.0686
2	17	87307	9.47	129303305	0.0675
3	20	38221	4.15	48321513	0.0791
4	32	80834	8.77	109878769	0.0736
平均					0.0722

根据每块矸石的面积和周长，拟合了矸石的粒径数据，并依据体积模型获得了矸石体积。图像中所有矸石的面积累计值与体积累计值相比，平均值为0.0722%。实验中没有进行图像像素与物理尺寸的标定，即面积是平面内的像素数量，体积是三维空间的像素数量。

4 次实验的面积体积比偏差分别为−5.25%、−6.96%、8.72%和1.90%，面积体积比在非常小的范围波动，即图像检测出的矸石面积可以近似表示矸石的体积数值，且图像检测出的面积非常可靠，图像检测及体积建模的实验结果可靠。

6.4.1.4 应用效果分析

通过比较不同放煤工艺条件下放出体与煤岩分界面的特点，对于工作面存在倾角的情况，下行多轮放煤可以实现更好的顶煤回收效果，并基于现场煤层厚度沿走向及倾向的变化特点，提出放煤轮数及放煤时间动态优化方法，给出了智能综放开采相关设备的现场安装布设参数。

煤矸识别系统在朱仙庄煤矿进行了现场检测，实验表明：图像检测出的矸石投影面积数据可靠，基于图像检测的体积模型得到的矸石体积数据可靠；矸石在刮板输送机上的投影面积与建模体积比值范围波动小于10%，即图像检测出的矸石面积可以代替矸石的体积及质量。

由表 6-9 可知，相比于单轮顺序放煤和单轮间隔放煤工艺，六轮顺序下行放煤工艺顶煤回收率最高，较单轮顺序放煤提高 5.42%～6.64%，较单轮间隔放煤提高 2.0%～3.87%。这主要是由于多轮顺序放煤时煤岩分界面下降得最为均匀，而单轮顺序放煤时相邻放煤口之间都会存在一个由残余顶煤形成的"锯齿"。

表 6-9 不同放煤工艺顶煤回收率

放煤工艺	单轮顺序		单轮间隔		六轮顺序
	上行	下行	上行	下行	下行
顶煤回收率/%	91.37	92.59	94.14	96.01	98.01

6.4.2 袁店一矿 824 工作面

824 工作面开采 8^1、8^2 煤层，工作面可采走向长 865m，倾斜宽为 147m，煤层倾角为 8°～13°，平均为 9°。8^1 煤层厚度 1.4～6.1m，平均 3.2m，8^2 煤层厚度 0.7～5.1m，平均 2.2m；8^1 与 8^2 煤层间距 0.6～4.2m，平均 2.1m，为深灰色泥岩夹矸。工作面采高为 3.0m。工作面回采过程一般为采煤机截割 8^2 煤及部分夹矸，利用综放支架放出另一部分夹矸及 8^1 煤。

针对倾斜煤层工作面多轮顺序放煤工艺条件下的最优放煤顺序问题，构建了基于 824 工作面的离散元计算模型(图 6-61)，并通过等效重力法实现对工作面倾角的调整，对比研究了不同放煤顺序下顶煤的回收情况及两巷围岩稳定性。

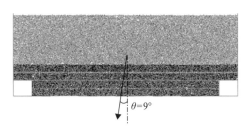

$\theta = 9°$

图 6-61　824 工作面倾向模型

如图 6-62 所示，结果表明使用上行放煤时，放顶煤工作面顶煤回收率为 71.2%，使用下行放煤时，放顶煤工作面顶煤回收率为 71.7%，倾斜煤层工作面使用下行放煤方式可以实现更好的顶煤回收效果。同时，无论采用上行或下行放煤均不会造成工作面上端头被放空等问题，对工作面两巷的维护不会造成明显影响。

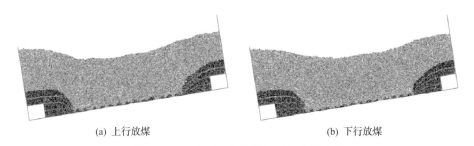

(a) 上行放煤　　　　　　　　　　　　(b) 下行放煤

图 6-62　工作面上行放煤与下行放煤比较

通过进行现场取样及大量实验测试(图 6-63)得到了 824 工作面煤矸图像识别及矸石体积建模的重要参数，最终实现了放顶煤工作面煤矸图像的精确识别及放煤过程含矸率的自动监测。

(a) 大尺度矸石样本　　　　　　　　(b) 小尺度矸石样本

图 6-63　矸石样本

利用顶煤运移时间测量系统测定了顶煤从开始运动到放煤口的运动时间，进而得到了 824 工作面顶煤运移速度(图 6-64)，构建了基于时间控制的多轮顺序放煤工艺，实现了从放煤量模糊控制到放煤时间精确控制的转变。

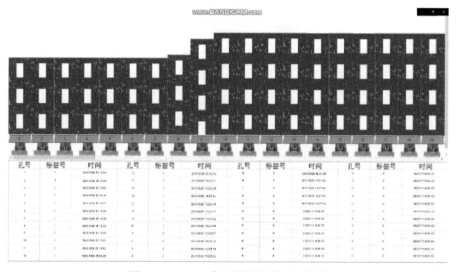

图 6-64　824 工作面多轮顺序记忆放煤

参 考 文 献

[1] 王家臣, 黄国君, 杨胜利, 等. 煤矸识别与自动化放煤控制系统: ZL200910152006. X[P]. 2011-05-25.

[2] 王家臣. 我国放顶煤开采的工程实践与理论进展[J]. 煤炭学报, 2018, 43(1): 43-51.

[3] 王家臣, 张锦旺, 王兆会. 放顶煤开采基础理论与应用[M]. 北京: 科学出版社, 2018.

[4] 王家臣, Peng Syd S, 李杨. 美国煤炭地下开采与自动化技术进展[J]. 煤炭学报, 2021, 46(1): 36-45.

[5] Peng S S. Longwall Mining[M]. London: Taylor & Francis Group, 2020.

[6] 王国法, 刘峰, 孟祥军, 等. 煤矿智能化(初级阶段)研究与实践[J]. 煤炭科学技术, 2019, 47(8): 1-36.

[7] 王国法, 徐亚军, 张金虎, 等. 煤矿智能化开采新进展[J]. 煤炭科学技术, 2021, 49(1): 1-10.

[8] 葛世荣, 张帆, 王世博, 等. 数字孪生智采工作面技术架构研究[J]. 煤炭学报, 2020, 45(6): 1925-1936.

[9] 王国法, 徐亚军, 孟祥军, 等. 智能化采煤工作面分类、分级评价指标体系[J]. 煤炭学报, 2020, 45(9): 3033-3044.

[10] 葛世荣, 胡而已, 裴文良. 煤矿机器人体系及关键技术[J]. 煤炭学报, 2020, 45(1): 455-463.

[11] 赵明鑫. 综放煤矸放落的环境特征及自动识别的影响因素研究[D]. 徐州: 中国矿业大学, 2020.

[12] 宋庆军. 综放工作面放煤自动化技术的研究与应用[D]. 徐州: 中国矿业大学, 2015.

[13] 向阳. 近红外光谱煤岩识别环境适应性研究[D]. 徐州: 中国矿业大学, 2020.

[14] 张宁波, 刘长友, 陈现辉, 等. 综放煤矸低水平自然射线的涨落规律及测量识别分析[J]. 煤炭学报, 2015, 40(5): 988-993.

[15] 张宁波, 鲁岩, 刘长友, 等. 综放开采煤矸自动识别基础研究[J]. 采矿与安全工程学报, 2014, 31(4): 532-536.

[16] Zhang N B, Liu C Y. Radiation characteristics of natural gamma ray from coal and gangue for recognition in top coal caving[J]. Scientific Reports, 2018, 8: 190.

[17] 张宁波. 综放开采煤矸自然射线辐射规律及识别研究[D]. 徐州: 中国矿业大学, 2015.

[18] 胡而已. 基于激光扫描的综放工作面放煤量智能监测技术[J/OL]. 煤炭科学技术. (2021-08-12)[2022-04-20]. http://kns.cnki.net/kcms/detail/11.2402.TD.20210812.1322.002.html.

[19] 刘闯. 综放工作面多放煤口协同放煤方法及煤岩识别机理研究[D]. 焦作: 河南理工大学, 2018.

[20] 杨扬. 基于动态冲击滑移接触特性的煤矸识别与试验研究[D]. 青岛: 山东科技大学, 2020.

[21] 张守祥, 张学亮, 刘帅, 等. 智能化放顶煤开采的精确放煤控制技术[J]. 煤炭学报, 2020, 45(6): 2008-2020.

[22] 王家臣, 杨胜利, 黄国君, 等. 综放开采顶煤运移跟踪仪研制与顶煤回收率测定[J]. 煤炭科学技术, 2013, 41(1): 36-39.

[23] 潘卫东, 李新源, 员明涛, 等. 基于顶煤运移跟踪仪的自动化放煤技术原理及应用[J]. 煤炭学报, 2020, 45(S1): 23-30.

[24] Lu F L, Fu C C, Zhang G Y, et al. Convolution neural network based on fusion parallel multiscale features for segmenting fractures in coal-rock images[J]. Journal of Electronic Imaging, 2020, 29(2): 023008.

[25] Yuan Y H, Chen X L, Wang J D. Object-contextual representations for semantic segmentation[C]//European Conference on Computer Vision. Springer, Cham, 2020: 173-190.

[26] Li X T, Li X, Zhang L, et al. Improving semantic segmentation via decoupled body and edge supervision[C]// European Conference on Computer Vision. Springer, Cham, 2020: 435-452.

[27] Wan M, Wang Z B, Si L, et al. An initial alignment technology of shearer inertial navigation positioning based on a fruit fly-optimized kalman filter algorithm[J]. Computational Intelligence and Neuroscience, 2020, (4): 1-15.

[28] Li M G, Zhu H, You S Z, et al. UWB-based localization system aided with inertial sensor for underground coal mine applications[J]. IEEE Sensors Journal, 2020, 20(12): 6652-6669.

[29] Wei W, Li L, Shi W F, et al. Ultrasonic imaging recognition of coal-rock interface based on the improved variational mode decomposition[J]. Measurement, 2020, 170(1): 108728.

[30] Wang H J, Huang X X, Zhao X M, et al. Dynamic coal-rock interface identification based on infrared thermal image characteristics[C]//2019 IEEE 3rd information technology, networking, electronic and automation control conference (ITNEC). IEEE, 2019: 589-596.

[31] Wang X, Hu K X, Zhang L, et al. Characterization and classification of coals and rocks using terahertz time-domain spectroscopy[J]. Journal of Infrared, Millimeter, and Terahertz Waves, 2017, 38(2): 248-260.

[32] Pedram S, Ogie R, Palmisano S, et al. Cost–benefit analysis of virtual reality-based training for emergency rescue workers: A socio-technical systems approach[J]. Virtual Reality, 2021, 25: 1071-1086.

[33] Wang H J, Zhang Q. Dynamic identification of coal-rock interface based on adaptive weight optimization and multi-sensor information fusion[J]. Information Fusion, 2019, 51: 114-128.

[34] 于国防, 邹士威, 秦聪. 图像灰度信息在煤矸石自动分选中的应用研究[J]. 工矿自动化, 2012, 38(2):36-39.

[35] 王培珍, 殷子晥, 王高, 等. 一种基于 PCA 与 RBF-SVM 的煤岩显微组分镜质组分类方法[J]. 煤炭学报, 2017, 42(4): 977-984.

[36] Murty G S, Kiran J S, Kumar V V. Facial expression recognition based on features derived from the distinct LBP and GLCM[J]. International Journal of Image, Graphics and Signal Processing, 2014, 6(2): 68-77.

[37] Liu Q, Liu X P, Zhang L J, et al. Image texture feature extraction & recognition of chinese herbal medicine based on gray level co-occurrence matrix[J]. Advanced Materials Research, 2013, 605-607(12): 2240-2244.

[38] 王启明. 矿井高清图像去雾算法研究[D]. 阜新: 辽宁工程技术大学, 2018.

[39] 娄小龙, 毕笃彦, 李权合, 等. 一种新的单幅图像快速去雾算法[J]. 中南大学学报(自然科学版), 2014, 46(6): 1854-1859.

[40] 李一菲. 基于自适应透射率和 Retinex 理论的单幅图像去雾算法研究[D]. 兰州: 兰州交通大学, 2019.

[41] 常建力. 基于暗通道先验的单幅图像去雾改进算法[D]. 兰州: 兰州交通大学, 2021.

[42] He K M, Sun J, Tang X O. Single image haze removal using dark channel prior[J]. IEEE Transactions on Pattern Analysis and Machine Intelligence, 2010, 33(12): 2341-2353.

[43] 陈高科. 高斯模型下的单幅图像可见度复原算法研究[D]. 兰州: 兰州交通大学, 2018.

[44] 张琳. 基于暗通道的降质图像增强与复原算法研究[D]. 邯郸: 河北工程大学, 2018.

[45] 吴明祥. 基于 Retinex 理论的图像去雾算法研究[D]. 淮南: 安徽理工大学, 2020.

[46] Jobson D J, Rahman Z, Woodell G A. Properties and performance of a center surround Retinex[J]. IEEE Transactions on Image Processing, 1997, 6(3): 451-462.

[47] 王家臣, 张锦旺. 综放开采顶煤放出规律的 BBR 研究[J]. 煤炭学报, 2015, 40(3): 487-493.

[48] Hentschel M L, Page N W. Selection of descriptors for particle shape characterization[J]. Particle & Particle Systems Characterization, 2003, 20(1): 25-38.

[49] Xie W Q, Zhang X P, Yang X M, et al. 3D size and shape characterization of natural sand particles using 2D image analysis[J]. Engineering Geology, 2020, 279: 105915.